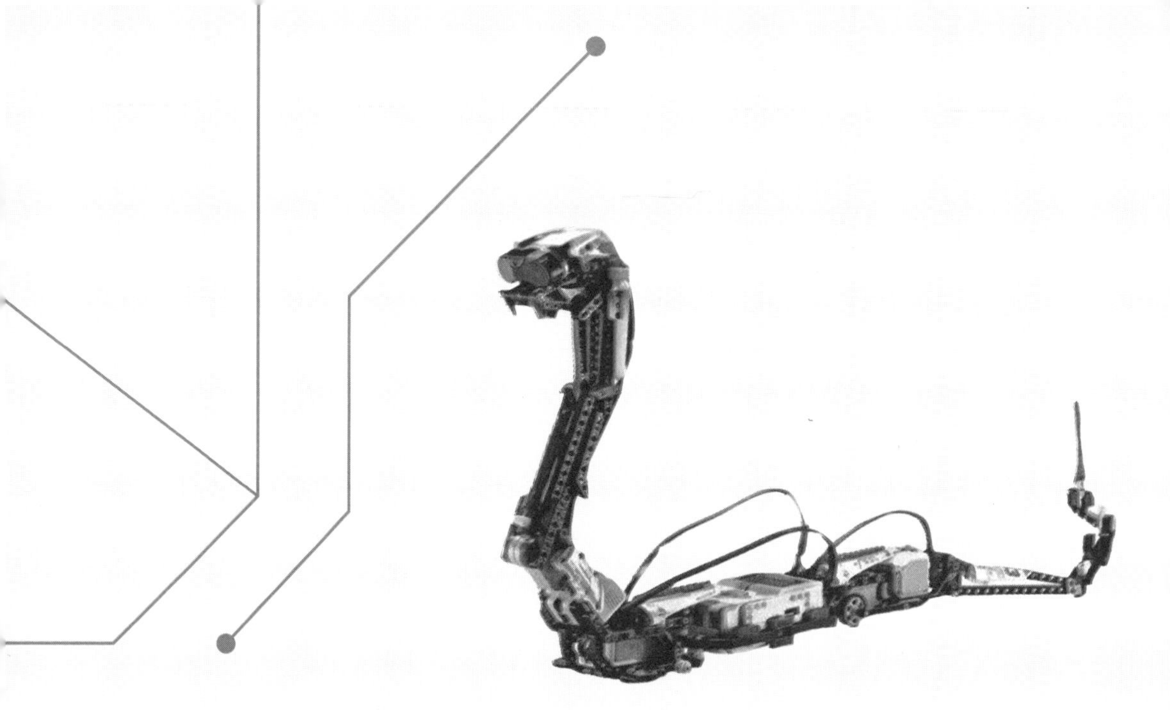

我的机器人创客教育系列

仿蛇机器人的设计与制作

罗庆生　罗　霄　乔立军◉编著

北京理工大学出版社
BEIJING INSTITUTE OF TECHNOLOGY PRESS

版权专有 侵权必究

图书在版编目（CIP）数据

仿蛇机器人的设计与制作/罗庆生，罗霄，乔立军编著 . —北京：北京理工大学出版社，2019. 7

（我的机器人创客教育系列）

ISBN 978 – 7 – 5682 – 7267 – 4

Ⅰ. ①仿… Ⅱ. ①罗… ②罗… ③乔… Ⅲ. ①仿生机器人 – 设计 – 青少年读物②仿生机器人 – 制作 – 青少年读物 Ⅳ. ①TP242 – 49

中国版本图书馆 CIP 数据核字（2019）第 142829 号

出版发行 / 北京理工大学出版社有限责任公司
社　　址 / 北京市海淀区中关村南大街 5 号
邮　　编 / 100081
电　　话 / （010）68914775（总编室）
　　　　　（010）82562903（教材售后服务热线）
　　　　　（010）68948351（其他图书服务热线）
网　　址 / http：//www. bitpress. com. cn
经　　销 / 全国各地新华书店
印　　刷 / 保定市中画美凯印刷有限公司
开　　本 / 710 毫米 × 1000 毫米　1/16
印　　张 / 13. 75
字　　数 / 260 千字
版　　次 / 2019 年 7 月第 1 版　2019 年 7 月第 1 次印刷
定　　价 / 58. 00 元

责任编辑 / 张慧峰
文案编辑 / 张慧峰
责任校对 / 周瑞红
责任印制 / 李志强

图书出现印装质量问题，请拨打售后服务热线，本社负责调换

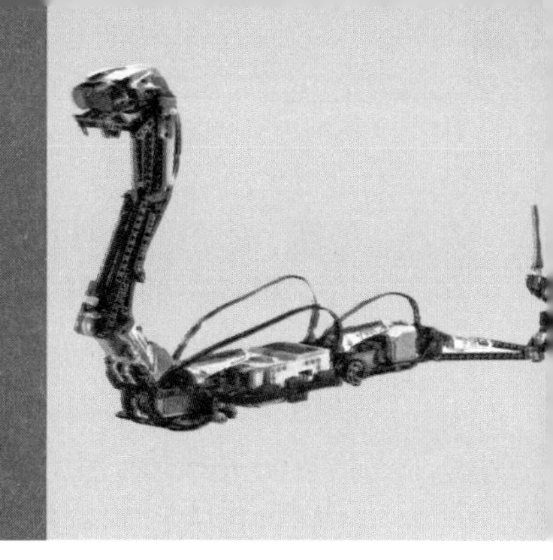

序　言

青少年是祖国的未来，科学的希望。以我国广大青少年为对象，开展规范性、系统性、引领性、全局性的科技创新教育与实践活动，让广大青少年通过这些活动，将理论研究与实际应用结合，将动脑探索与动手实践结合，将课堂教学与社会体验结合，将知识传承与科技创新结合，使广大青少年能有效提升创新兴趣，熟悉创新方法，掌握创新技能，增长创新能力，成为我国新时代的科技创新后备人才，意义重大，影响深远。

在形形色色的青少年科技创新教育与实践活动中，机器人科普教育、科研探索、科技竞赛别具特色，作用显著。这是因为机器人是多学科、多专业、多技术的综合产物，融合了当今世界多种先进理念与高新技术。通过机器人科普教育、科研探索、科技竞赛，可以使广大青少年在机械技术、电子技术、计算机技术、传感器技术、智能决策技术、伺服控制技术等方面得到宝贵的学习与锻炼机会，能够有效加深青少年对科技创新的理解能力，并提高其实践水平，让他们尽早爱科学、爱创新。

了解机器人的基本概念，学习机器人的基本知识，掌握机器人的设计技术与制作技巧，提升机器人的展演水平与竞技能力，将使广大青少年走近我国科技创新的最前沿，激发青少年对于科技创新尤其是机器人创新的兴趣与爱好，挖掘青少年开展科技创新的潜力，夯实青少年成为创新型、复合型人才的理论与技术基础。

“我的机器人创客教育系列”丛书重点讲述了仿人、仿蛇、仿狗、仿鱼、仿蛛、仿龟等六种机器人的设计与制作，之所以选择了这六种仿生机器人作为本套丛书的主题，是出于以下考虑：在仿生学一词频繁在科研领域亮相时，仿生机器人也逐步进入了人们的视野。由于当代机器人的应用领域已经从结构化环境下的定点作业，朝着航空航天、军事侦察、资源勘探、管线检测、防灾救险、疾病治疗等非结构化环境下的自主作业方向发展，原有的传统型机器人已不再能够满足人们在自身无法企及或难以掌控的未知环境中自主作业的要求，更加人性化和智能化的、具有一定自主能力、能够在非结构化的未知环境中作业的新型机器人已经被提上开发日程。为了使这一研制过程更为迅速、更为高效，人们将目光转向自然界的各种生物身上，力图通过有目的的学习和优化，将自然界生物特有的运动机理和行为方式，运用到新型仿生机器人的研发工作中去。

仿生机器人是一个庞大的机器人族群，从在空中自由飞翔的“蜂鸟机器人”和“蜻蜓机器人”，到在陆地恣意奔跑的“大狗机器人”和“猎豹机器人”，再到在水下尽情嬉戏的“企鹅机器人”和“金枪鱼机器人”；从肉眼几乎无法看清的“昆虫机器人”到可载人行走的“螳螂机器人”，现实世界中处处都可看见仿生机器人的身影，以往只有在科幻小说中出现的场景正在逐步与现实世界交汇。

仿生机器人的家族成员们拥有五花八门的外观形貌和千奇百怪的身体结构，它们通过不同的机械结构、步态规划、行动特点、反馈系统、控制方式和通信手段模拟着自然界中各种卓越的生物个体，同时又通过人类制造的计算机、传感器、控制器以及其他外部构件，诠释着自己来自实验室的特殊身份。如今，这支源于自然世界和科学世界混合编组的突击部队正信心满满，准备在人类生活中大显身手。

时至今日，仿生机器人已经成为家喻户晓的“大明星”，每一款造型新颖、构思巧妙、功能独特、性能卓异的仿生机器人自问世之时起都伴随着全世界的惊叹和掌声，仿生机器人技术的迅速发展对全球范围内的工业生产、太空探索、海洋研究，以及人类生活的方方面面产生越来越大的影响。在减轻人类劳动强度，提高工作效率，改变生产模式，把人从危险、恶劣、繁重、复杂的工作环境和作业任务中解放出来等方面，它们显示出极大的优越性。人们不再满足于在展示厅和实验室中看到机器人慢悠悠地来回走动，而是希望这些超能健儿们能够在更加复杂的环境中探索与工作。

北京理工大学特种机器人技术创新团队成立于2005年，是在罗庆生教授和韩宝玲教授带领下，长期不懈地走在特种机器人科技创新探索、科研任务攻关道路上，充满创新能量、奋斗不息的一支标兵团队。该创新团队的主要研究领域为光机电一体化特种机器人、工业机器人技术、机电伺服控制技术、机电装置测试技术、传感探测技术和机电产品创新设计等。目前已研制出仿生六足爬行机器人、新型特种搜救机器人、多用途反恐防暴机器人、新型工业码垛机器人、新型轮腿式机器人、新型节肢机器人、新型工业焊接机械臂、陆空两栖作战任务组、外骨骼智能健身与康复机、“神行太保”多用途机器人、履带式壁面清洁机器人、小型仿人机器人、“仿豹”跑跳机器人、先进综合验证车、仿生乌贼飞行机器人、履带式变结构机器人、制导反狙击机器人、新型球笼飞行机器人等多种特种机器人。该团队在承研某部“十二五”重点项目——新型仿生液压四足机器人过程中，系统、全面、详尽、科学地开展了四足机器人结构设计技术研究、四足机器人动力驱动技术研究、四足机器人液压控制技术研究、四足机器人仿生步态技术研究、四足机器人传感探测技术研究、四足机器人系统控制技术研究、四足机器人器件集成技术研究、四足机器人操控装备技术研究，在有关液压四足机器人的仿生研究、机构设计、结构优化、机械加工、驱动传感、液压伺服、系统控制、人工智能、决策规划和模式识别等高精尖技术方面取得一系列创新与突破，从而为本套丛书的撰写提供了丰富的资料和坚实的基础。

本套丛书的主创人员在开发高性能、多用途仿生机器人方面具有丰富的研制经验和深厚的技术积累，由罗庆生、韩宝玲、罗霄撰写的专著《智能作战机器人》曾获“第五届中华优秀出版物奖图书奖”称号，这是我国出版物领域中的三大奖项之一，表明其在科技领域，尤其是在机器人领域中的实力与地位。

本丛书由罗庆生、罗霄担任主撰；蒋建锋、乔立军、王新达、陈禹含、郑凯林、李铭浩等人参与了本套丛书的研究与撰写工作，并担任各分册的主创人员。

在本套丛书的研究与写作过程中，得到了北京市教委、北京市科委等部门相关领导的极大关怀，得到了北京理工大学出版社的热情帮助，还得到了许多同仁的无私支持。值本书即将付印出版之际，谨向所有关心、帮助、支持过我们的领导、专家、同事、朋友表示衷心的感谢！

少年强则中国强，创新多则人才多。让机器人技术助圆我国广大青少年的“中国梦”！

作　者

2019 年 7 月于北京

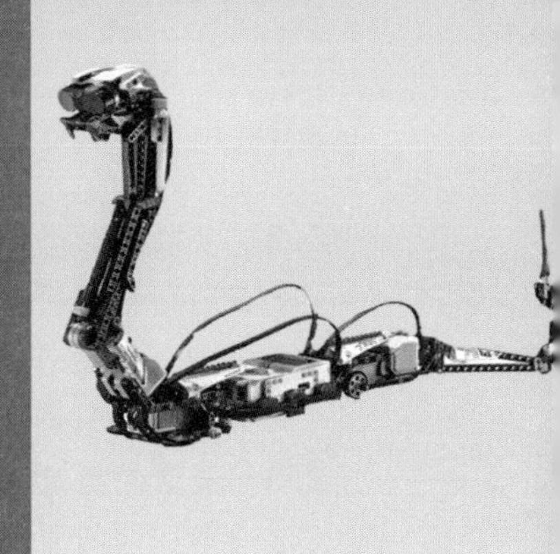

目　录
CONTENTS

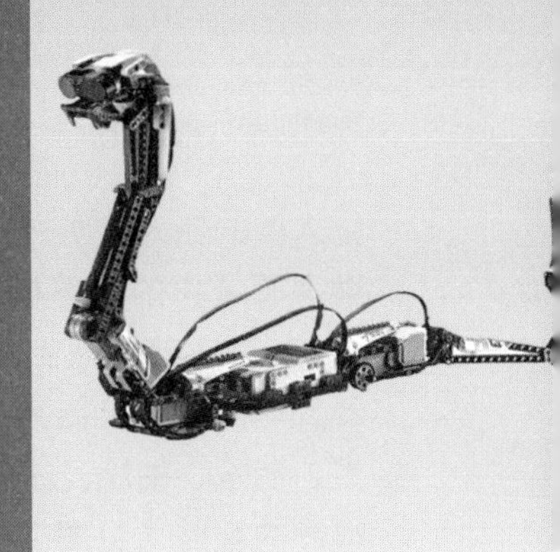

第 1 章 我能像蛇一样在丛林里穿梭

本章首先来探讨一下国内外研究机构对仿蛇机器人的研发历史，然后对人们已经开发出的不同种类仿蛇机器人进行介绍，进而再对仿蛇机器人的发展方向进行分析，加深大家对仿蛇机器人的兴趣，掌握国内外仿蛇机器人的发展趋势，并指导学生在相关技术领域开展研究与探索；其次，对生物蛇的身体构造、运动方式、控制机理进行分析，启发青少年学生理论联系实际，动脑结合动手，设计仿蛇机器人合理的结构，并了解仿蛇机器人在运动控制过程中存在的难点和重点；最后，对本书撰写的主要意义和重点内容进行概况总结，方便学生从整体把握本书的内容。

1.1 给你讲讲我的历史

1.1.1 仿生机器蛇的诞生

随着科学技术的日益进步和人们生活水平的不断提高，机器人作为 20 世纪人类的伟大发明之一，已经逐步进入了日常的生产和生活领域，例如海洋勘探领域中的水下机器人（见图1－1），太空探索领域中的火星探测车（见图1－2），流水线上代替工人生产的工业机器人（见图1－3）。现在研制的机器人与传统的机器人相比，发生了质的变化，不仅仅只是简单地把人类从繁重、危险、枯燥、重复的劳动中解放出来，而是它们越来越像“人”，具有了很高的智能（见图1－4）。

图1－1　水下机器人

图1－2　火星探测车

图1－3　工业机器人

图1－4　步行机器人

目前，人们对机器人的研究重点已经从在制造环境下使用的工业机器人转向在非结构环境下使用的自主作业机器人，例如星际探索机器人、军事侦察机器人、管道疏通机器人、疾病治疗机器人、抢险救灾机器人等的开发[1]。为了提升机器人的工作能力和应用范围，科学家和工程师们纷纷把目光转向了自然界中形形色色的生物。地球上的各种生物种类难以详计，其数量更是难以尽数。每种生物个体在长期进化中形成了各自独特的生命体态。例如展翅高翔的鸟类、自在巡游的鱼类、尽展生命活力的昆虫等。同时，每个生物物种都可以适应自己所处的环境，并不停地向着完美的生命体系进化[2]。于是将一些对人类颇有助益的生物特征与机器人功能需求相互结合的方法就成为促进现代机器人技术不断创新的重要途径，各国的科学家和工程师们研制出许许多多性能独特的仿生机器人，其中就有仿鱼机器人、仿壁虎机器人、仿蛇机器人，等等。

仿生机器人的研究主要集中在以下两个方面：

一是为了仿造人类自身功能而研制的机器人，例如模仿人手功能研制的灵巧手（见图1－5），这种灵巧手可以像人手一样灵巧、准确、可靠地抓取物品；模仿人脑功能研制的智能机器人，这种机器人具有感觉要素、思考要素和决策要素，可以实现自主运动。

二是模仿某些生物特质的仿生机器人，此类仿生机器人的研制难度并不亚于仿人机器人，例如能够在水里自由游动的仿鱼机器人（见图1－6）、能够在多种地形下自由运动的仿狗机器人（见图1－7）、能够在复杂环境中协同作业的仿蚁机器人（见图1－8）等[3-4]。

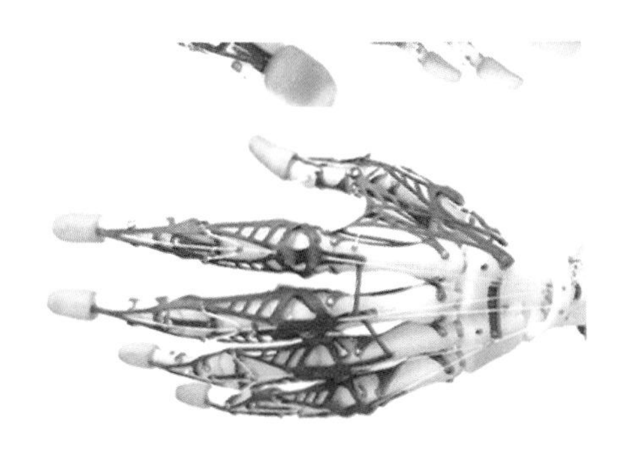

图1－5 灵巧手

图1－6 仿鱼机器人

图1－7 仿狗机器人

图1－8 仿蚁机器人

通过对比各类生物的生存环境和运动特性，人们不难发现：蛇类的生存环境丰富多样，森林、沙漠、山地、平原、石堆、草从、沼泽、湖泊都能见到蛇的踪影。蛇类的独特爬行方式使其在各种生态条件下都能随遇而安，且运动迅速自如，比如爬树、游水、钻洞、潜行、绕过障碍、穿越沙漠等[3]。蛇的身体虽然只不过像一条华彩斑斓的绳子，但其功能极其强大，前行的时候可以当“腿脚”，尤其是在平坦地面爬行时更是行动如飞；攀爬的时候可以当“手臂”，在不同树木间上下爬行、穿梭往来；在攫取东西的时候又可以当“手指”，准确无误、迅捷无比。蛇在复杂多变环境中的杰出适应能力引起众多学者的青睐，使得仿蛇机器人的研究与探索变得日益兴旺起来。

1.1.2 仿蛇机器人的发展

1. 国外仿蛇机器人的研究现状

国外对于仿蛇机器人的研制进行得较早，且已取得显著成果。1972 年，日本东京工业大学 Hirose 教授率领的团队成功研制出第一台仿蛇机器人（名为 ACM，见图 1-9）。该机器人由 20 个关节构成，身长 2 m，重量 28 kg，可以实现平面内的螺旋运动。它利用躯干上每个关节的相互转动，使得整体按照特定曲线形式发生弯曲变化，产生向前的驱动力；同时在每节单元下装有两个从动轮，减少与地面的摩擦；通过从动轮获得不同的径向摩擦力和轴向摩擦力来实现机器人整体在地面上滑行，滑行的曲线为一条螺旋曲线，其速度可达 40 cm/s。

此后，Hirose 教授及其团队又研制出了仿蛇机器人 ACM-R3（见图 1-10）。该机器人由 20 个两两正交的体节组成，身长 1.8 m，重达 12 kg，每个关节自带电源，采用完全无线控制的方式。ACM-R3 的机械结构比较简单，体节上也安装着从动轮，通过每个关节的运动提供仿蛇机器人运动所需要的摩擦力，并可以实现直接单元驱动、侧面滚动、螺旋运动、S 曲线等各类运动形式，其最大的特点在于可以实现空间内的三维运动和各类复杂的动作。

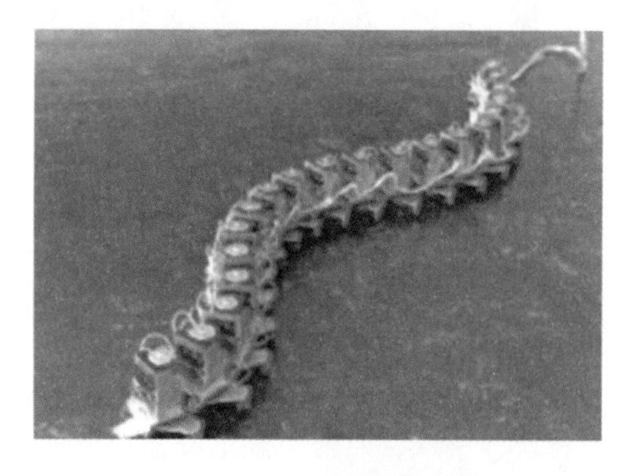

图 1-9 ACM 仿蛇机器人

图 1-10 ACM-R3 仿蛇机器人

2005 年在日本的爱知世博会上，Hirose 及其团队又公布了一款仿蛇机器人 ACM-RS5，该机器人共有 9 个体节，身长 1.6 m，重量 6.5 kg，它是世界上第一台水陆两栖仿蛇机器人（图 1－11）。ACM－RS5 每个模块内装有两个驱动器，每个关节专门设计了一对驱动伺服电机，通过齿轮系传动原理使其中一个电机控制关节偏航运动，另一个控制关节俯仰运动，并在关节处进行防水处理。因此，ACM－RS5 既可实现陆地上的蜿蜒、翻滚和侧向运动，又可实现水下的自由游动，其游动速度不小于 0.9 m/min。在机器人的头部装有一个摄像头，凭借自身的无线传输功能，可以将摄像头采集到的数据传输给上位机，以便进行数据处理。该机器人可通过尾部的电源接口实现有线供电，当进行水下作业时，也可通过自身携带的聚合物锂电池进行自主供电。

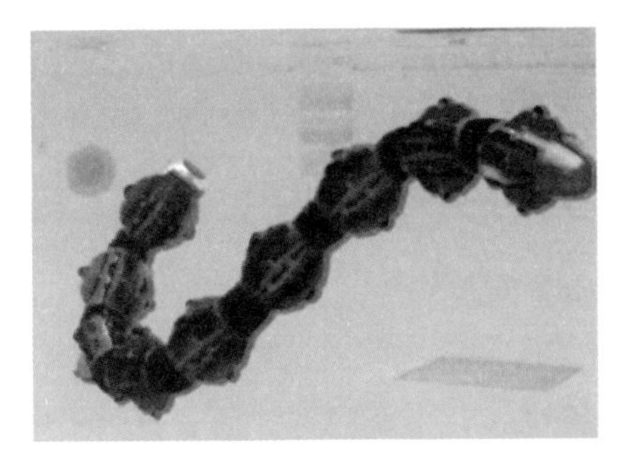

图 1－11　ACM－RS5 仿蛇机器人

其后，Hirose 率领团队又研制了 ACM－S1、Slim Slime robot、Souryu－IV 等各类仿蛇机器人，其中 ACM－S1（见图 1－12）只有 3 个关节，长 0.9 m，重 3.7 kg，其内部使用了弹性杆驱动结构，通过三个绕轴均匀分布的螺旋杆共同控制各个单元的前进、扭转、旋转。Slim Slime robot（见图 1－13）由气动

图 1－12　ACM－S1 仿蛇机器人

图 1－13　Slim Slime robot

控制，共有 6 个关节，长 1.12 m，重 12 kg，关节内均匀分布三个波纹管，可以通过填充压缩空气使其伸长或缩短，以达到关节运动的效果；Souryu－IV（见图 1－14）是用于地震救援的，该机器人只有两个关节，长 1.12 m，重 11.9 kg，主要特点是采用了履带作为驱动装置，运动能力强，可以很好地转向和翻越障碍物。该团队最

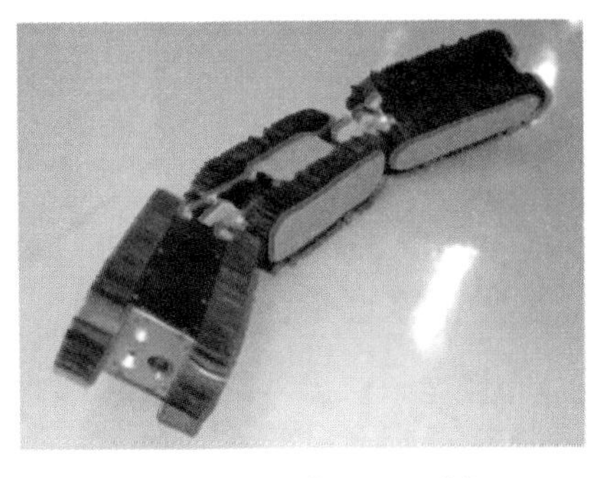

图 1－14　Souryu－IV

新研制开发出的仿蛇机器人为 ACM R7，该机器人的特点是可以将自身弯曲成一个环状，然后像轮子一样在草地上滚动[8]。

1995 年，日本 NEC 公司的 Takanash 研制出了一条由刚性体关节（万向节）构成的仿蛇机器人（见图 1 – 15（a）），长 1.4 m，直径 42 mm，重 4.6 kg，它的每个关节均是一个细圆柱，可绕相邻单体做 360°的球面旋转，因而能够实现三维空间运动[9]。该机器人一共具有 6 个管状的连杆，并在身体两侧装了一些微型的金属托架以增加身体的稳定，它所使用的万向节与人们平时所用的十字万向节不同，无论输出轴和输入轴成何角度，其总能保持 1∶1 的传动比。它被认为是在结构方面设计得最好的仿蛇机器人，但加工精度要求较高[10]。由于刚性体连杆结构使其不能逼真模仿生物蛇的运动，其运动特性还不够理想。它主要应用于在危险情况下探查和在倒塌的建筑物中施行救援工作。

2017 年 6 月，日本东北大学发布了一款可以通过喷射空气抬高配备摄像头、穿越较高障碍物，并在废墟内部自由展开搜索的仿蛇机器人，其身体呈软管状，直径约 5 cm，全长约 8 m，重约 3 kg，如图 1 – 15（b）所示[11]。该机器人采用了大量软性材料，混合了多种动力，穿越障碍物能力极强，通过前端部分向下喷射空气可使其头部抬高至最高 30 cm，除了可以越过有高低差异的地方，也可以对更广阔的范围进行观察。由于机器人身体直径很小，地震灾害中倒塌的废墟也能顺着孔洞钻进去，堪称救援领域的神器。

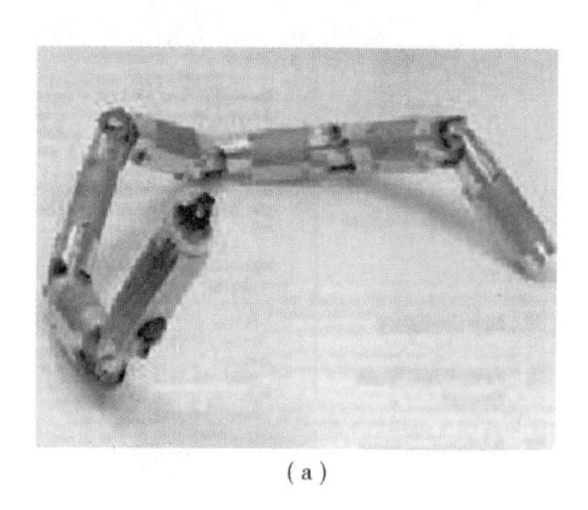
（a）

（b）

图 1 – 15　日本其他的仿蛇机器人

（a）日本 NEC 公司研制的仿蛇机器人；（b）日本东北大学研制的仿蛇机器人

20 世纪末，德国国家信息技术研究中心先后研制出了基于模块式结构和 CAN 总线的仿蛇机器人 GMD – Snake（见图 1 – 16）。

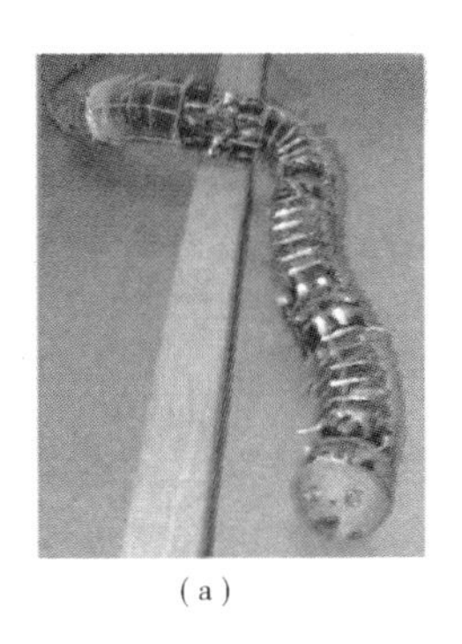

(a)

(a)

图 1 – 16 德国 GMD – Snake 仿蛇机器人

(a) GMD – Snake1；(b) GMD – Snake2

GMD – Snake1 直径约为 20 cm，主体结构为三维关节，每个关节装有 3 个电动机、6 个力矩传感器、6 个红外传感器；头部带有用于探测障碍物的压力传感器和照明用的 LED 灯，各个关节装有检测角度的弹簧触点装置，以及用于控制水平和垂直方向的驱动电机。该机器人具有速度及位置闭环，能翻越简单障碍，其优点是在各个方向都能灵活运动，缺点是结构显得相当复杂，抬起时由于重力作用，关节将可能产生失控的扭动。基于 GMD – Snake1 的前期研究成果，GMD – Snake2 的头部装有一个用于图像识别的摄像头，每节躯干单元的壳体都由圆柱形铝材制成，其关节与 GMD – Snake1 相同，通过两个电动机连接而成的万向节实现运动驱动，在壳体外侧安装一对小从动轮，可显著改善运动效果。

美国密歇根大学研制的 OmniTread OT – 4 和 OmniTread OT – 8 仿蛇机器人具有独特的结构（见图 1 – 17）。其中，OmniTread OT – 4 是由 7 节躯干单元组成，每个单元具有不同的功能，具体情况如下：单元 1 为有效载荷单元，单元 2 和单元 6 为空气压缩器，单元 3 和单元 5 为能源单元，单元 4 为驱动单元；在每个躯干单元外与地面接触的平面上分别装有一对履带，以保证机器人发生机体翻覆时仍然具有足够的爬行能力；躯干单元之间采用二自由度的气动关节，利用气动驱动关节可实现机器人的俯仰和偏航运动。OmniTread OT – 4 利用两块并联的 7.4 V \ 730 mAh 的聚合物锂电池作为驱动电源，安装在驱动电机两侧。OmniTread OT – 8 与 OmniTread OT – 4 的不同之处在于它可实现无线操控，而 OmniTread OT – 4 则需要有线操控。Omni – Tread 系列机器人采用脊柱结构，具有很强的翻越能力，能够适应丛林、戈壁、管道等崎岖环境。

美国学者 Uavin Miller 带领团队研制了 S 系列的仿蛇机器人，其中，S5 仿蛇机器人（见图 1 – 18（a））由 64 个伺服电机和 8 个伺服控制躯干单元组成，

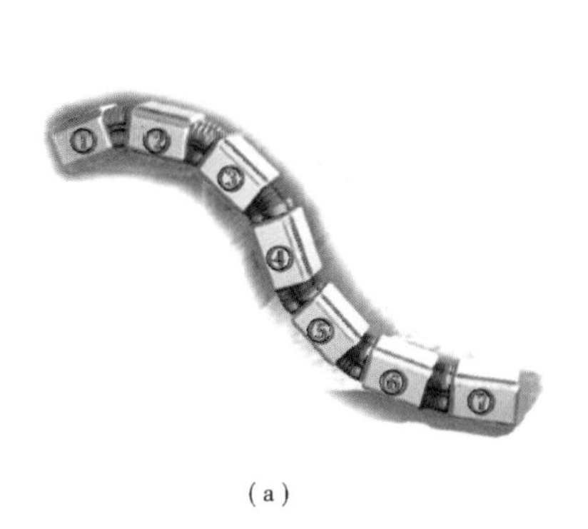

(a)

(b)

图1－17　美国密歇根大学研制的OmniTread机器人
(a) OmniTread OT－4；(b) OmniTread OT－8

并由自身携带的42块聚合物锂电池进行供电。S5躯干关节数量大、长径比小，所以在平面上进行蜿蜒运动时具有极为逼真的仿生效果。为实现距离检测、运动测量、图像采集、多向转动等功能，Uavin Miller为最新款的S7仿蛇机器人（见图1－18（b））集成了多种传感器，其运动功能得到进一步增强。

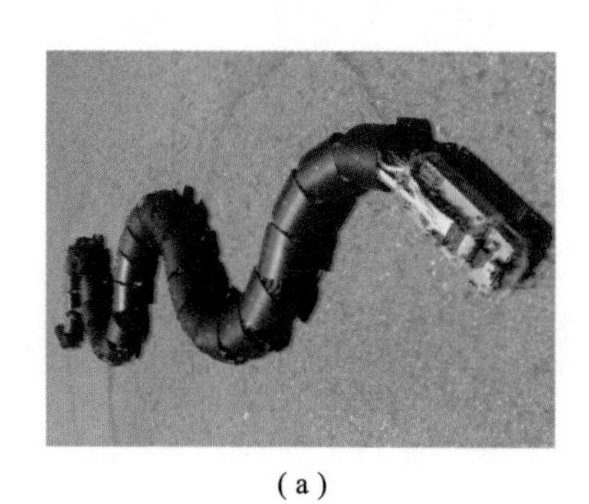

(a)

(b)

图1－18　美国Uavin Miller团队开发的仿蛇机器人
(a) S5仿蛇机器人；(b) S7仿蛇机器人

美国卡内基梅隆大学的Biorobotics Laboratory实验室对仿蛇机器人有着长期的研究，其研究不但十分系统，而且非常深入，已经研究出了四款具有代表性的仿蛇机器人，是研究仿蛇机器人极具先进性的团队之一。Uncle Sam是该实验室研制的一种可重构的仿蛇机器人（见图1－19（a）），全长为94 cm，直径为5.1 cm。设计时，充分考虑了尺寸、功耗和速度等因素对机器人步态控制的影响，因而该机器人具有结构节奏、运动灵活等特点，但其需要有线控制和外接电源。组成该机器人的每个模块均装有一个伺服电机，通过减速结构实现驱动杆的动力输出，驱动杆与连接杆正交设计，将两个模块进行连接后，水平方向的驱动杆可以实现偏航运动，垂直方向的驱动杆可以实现俯仰运动。这种模块化的仿蛇机器人采用螺旋步态实现向前爬行，具有很强的翻越能力。根据仿蛇机器人攀爬方式的不同，可分为内攀爬式和外攀爬式两种，二者均以自身和外部环境的摩擦作为力学约束条件，通过身体的运动，实现沿壁或杆（柱）体爬行。另外，卡耐基梅隆大学还研制了一种经皮肤驱动的仿蛇机器人 TSDS（见图 1－19（b））。TSDS 有两套驱动方式：一是经由皮肤驱动，它的皮肤遍布机器人外表和内部，构成一个循环，驱动单元带动皮肤向后收缩而使机器人向前爬行，这套皮肤驱动主要使机器人向前运动；二是采用角执行器驱动，它可以提供机器人的转向动力和控制机器人的姿态。TSDS 在实验中有很好的运动表现，速度能达到 0.26 m/s，能完成过间隙、穿过灌木丛、爬楼梯、穿洞穴、爬越垂直障碍等复杂动作。

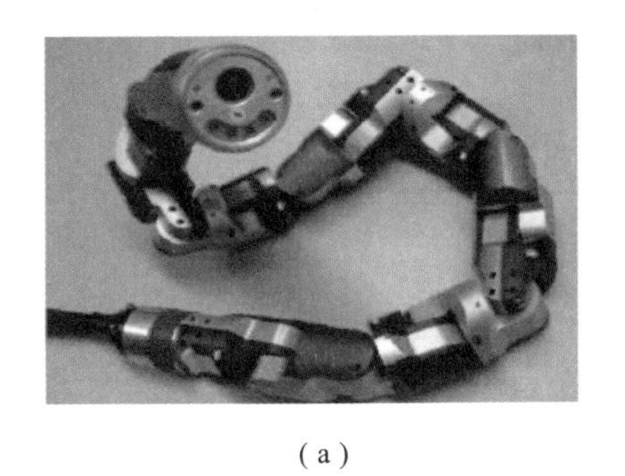

(a)

(b)

图 1－19　美国卡耐基梅隆大学研制的仿蛇机器人

（a）Uncle Sam 仿蛇机器人；（b）TSDS 仿蛇机器人

挪威科技大学研发了一种用于火灾扑救的仿蛇机器人 Anna Konda，该机器人体型较大，身长达到 3 m，总质量为 75 kg，躯干采用金属材料加工制成，由 20 个液压马达驱动。其头部带有两个灭火剂喷嘴，当火灾发生时，可对准火源进行扑救。后来，为深入研究仿蛇机器人辅助越障的运动步态，挪威科技大学又研制了名为 Aiko（见图 1－20（a））和 Kullo 的仿蛇机器人（见图 1－20（b）），尽管二者均为无轮式的机器人，但都可以实现多步态运动。Aiko 身长 1.5 m，总质量为 7 kg，比起其前辈 Anna Konda 来说，体型娇小玲珑得多了。它采用直流电机驱动，需外接电源供电，未携带任何传感器。Kullo 由 10 节躯干单元组成，每个单元均装有压力传感器，可感知机器人自身与外界的作用力。Kullo 是用一个球形壳体来封装每个关节模块，保证每个关节模块具有光滑的外表面，每个半球形的壳厚为 1.5 mm，外径 140 mm，单个质量约 0.042 kg，球壳材质为塑料，在每个球形壳体周围安装力传感器实现接触力的实时感知。该机器人是第一个可以测量沿其身体作用的外力大小的仿蛇机器人。同时，每个躯干单元包裹着一个环形和两个半环形的金属框架，通过两个输出轴为正交安装的伺服电机，以及齿轮系的传动装置，可实现水平方向的框架发生俯仰运动，铅垂方向的框架发生偏航运动。

(a) (b)

图 1-20　挪威科技大学研制的仿蛇机器人

(a) Aiko 仿蛇机器人；(b) Kullo 仿蛇机器人

David Zarrouk 等人研制了一个单驱动器的仿蛇机器人 SAW（Single Actuator Wave-like robot，如图 1-21 所示），该机器人最大的特点是只用一个电机就可以驱动整个仿蛇机器人进行蛇形运动，其结构设计十分巧妙，可将空间螺旋运动转换成平面波动。在实验中，该机器人不仅可以在平地上运动，还可以沿两垂直墙壁攀爬，运动特性非常优秀。

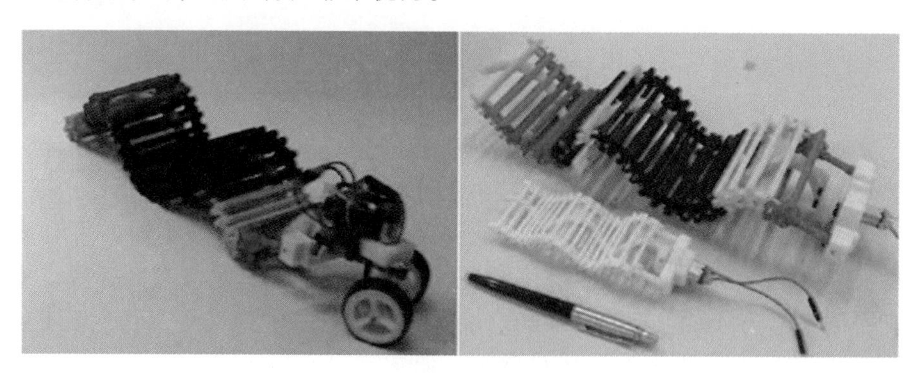

图 1-21　单驱动器仿蛇机器人

2. 国内仿蛇机器人的研究现状

我国对仿蛇机器人结构和控制的研究稍晚于国外，但研发脚步逐渐赶上国外的先进水平，由跟跑、并跑，到领跑，近年来取得了可喜成果。

1999 年，以上海交通大学为首的研究团队研制出我国第一台仿蛇机器人，其结构虽然简单，但是能实现在二维平面上的移动。目前，该团队的研究对象主要是仿蛇攀爬机器人，比较成熟的是 CSR 仿蛇机器人（见图 1-22）。该机器人全长约1.5 m，总质量约2.7 kg，由15个具有俯仰和滚转功能的躯干单元组成，外面包裹着一层能增大接触力的胶带。与其他类型机器人不同，该机器人的躯干单元两端可实现绕径向转动，躯体中间可绕轴向转动，改变径向转动的角度，从而实现绕柱体的攀爬。

图1-22　上海交大研制的CSR仿蛇机器人

2001年11月，我国国防科技大学研制的第一条仿蛇机器人（简称NUDT SR，见图1-23）问世，其总长为1.2 m，总质量为1.8 kg。该机器人能像蛇一样扭动身躯，在地上或草丛中自主地蜿蜒运动，可前进、后退、拐弯和加速，最大运动速度可达20 m/min。控制中心位于机器人的头部，安装有视频监视器，在机器人运动过程中可将前方景象实时传输到后方的电脑中，科研人员可根据实时传输的图像观察仿蛇机器人运动前方的情景，并向其发出各种遥控指令。另外，该机器人披上“蛇皮”外衣后，还能像蛇一样在水中游泳。它的执行单元仿制了日本Hirose的仿蛇机器人结构，在身体下端装有从动轮，可减小身体与地面之间的摩擦。由于其执行单元采用平行连接方式（电机轴线相互平行），因此只能完成平面内的螺旋运动，无法进行更复杂的空间运动。

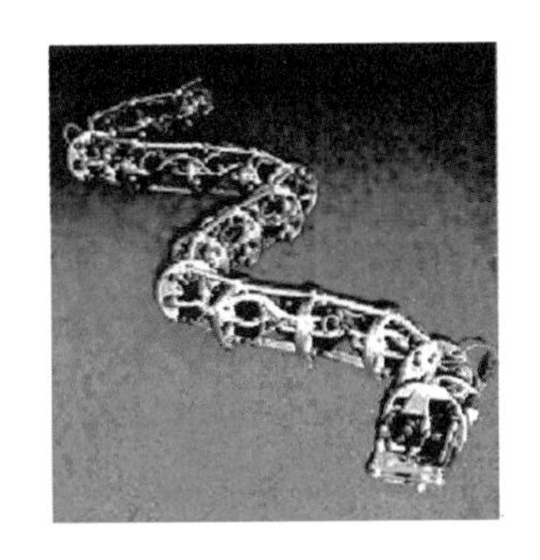

图1-23　国防科大研制的仿蛇机器人

中国科学院沈阳自动化研究所以马书根为核心的机器人研发团队，通过与日本有关方面合作，共同研制出具有代表性的仿蛇机器人巡视者Ⅱ和探查者Ⅲ，分别如图1-24（a）和图1-24（b）所示。巡视者Ⅱ由金属材质制成的躯干单元组成，全长约为1.2 m，总质量为8 kg，单元之间通过特有的万向节连接，能够实现俯仰、偏航和滚转的三轴转动，每节躯干单元周围装有“体轮”，可减小运动阻力，提高运动效率，其头部装有视觉传感器，用来辅助运动控制。此外，该机器人可自身携带电源，也可实现无线操控。探查者Ⅲ是基于对巡视者Ⅱ的优化而开发的，它可实现在水陆两栖复杂环境中的运动，共由9节躯干单元组成，总长1.17 m，总质量6.75 kg。为适应水下环境，在躯干单元的径向，每间隔45°安装一个带有从动轮的桨，而取代了“体轮”，并且在单元之间增加了防水密封装置。单元内采用两个伺服电机驱动，通过齿轮系传动实现俯仰和偏航运动，当左右齿轮同向运动时，产生俯仰运动，当左右齿轮发生相反方向运动时，产生偏航运动。

(a)

(b)

图1-24 中国科学院沈阳自动化研究所研制的仿蛇机器人

(a) 巡视者Ⅱ；(b) 探查者Ⅲ

北京信息科技大学研制了一种新型的仿蛇机器人——中国龙（见图1-25），该机器人全长约1.2 m，总质量约2.6 kg。该机器人由9个躯干单元和头、尾关节构成，躯干单元中有一节为分体单元。

图1-25 北京信息科技大学研制的仿蛇机器

该机器人躯干单元内部装有控制系统和聚合物锂电池组，而分体单元内部装有一个伺服电机。单元之间通过伺服电机连接，水平方向安装的电机实现机器人的俯仰运动，垂直方向安装的电机实现机器人的偏航转动。躯干单元间装有一对从动轮，从动轮与单元之间通过伺服电机连接，实现自身变形。该机器人还将地图创建（SLAM）技术、粒子滤波方法和激光测距仪很好地结合起来，准确地创建出周围环境的电子地图，实现了移动搜救机器人在可变环境中的精准定位。研制者们还在该机器人身上应用了复合织物电子皮肤技术，利用聚苯胺的导电机理进行仿蛇机器人表面复合织物的工艺合成，实现了机器人对复杂环境的直接感知。因此，这款“中国龙”机器人不但具有多种运动步态，而且能够利用自身穿戴带有温湿度、气体、压力等传感器的全织物皮肤，感知外界环境变化，并能采用分体、变形方式调整自身参数，以适应复杂恶劣的环境。

华南理工大学某研究团队利用仿蛇机器人进行了桥梁缆索的检测，其研制的仿蛇机器人如图1-26所示。该机器人结构紧凑、步态稳定，可完成攀爬运动，弥补了过去缆索检测机器人十分笨重、不易携带、难以实现缆索间的翻越等不足。该机器人已在国内一些大桥的检修工作中得到了实际运用。

图1-26 华南理工大学研制的仿蛇机器人

1.1.3 仿生蛇的研究内容

目前，国内外对仿蛇机器人的结构特点、运动特性、控制方式等研究开展得如火如荼，并已取得了极好成绩。但仿蛇机器人现今还不能完全实现蛇类的结构布局和运动方式，还有许多理论疑点和技术难题等待人们去破解与攻克。许许多多的科学家和工程师仍在耗费极大精力对这些理论疑点和技术难题进行持续、深入的研究，力求取得进展。例如，下述研究内容就是人们的重大关切所在：

1. 仿蛇机器人本体的构形设计及其研究

包括仿蛇机器人所需完成任务描述方法的研究、仿蛇机器人构形表达公式的研究、仿蛇机器人构形优化方法的研究。

2. 仿蛇机器人运动学模型和动力学模型的建模及其研究

仿蛇机器人的运动学和动力学研究应主要考虑软件的可重构性，包括模块运动学和动力学的分析方法，分布式模块化机器人运动学和动力学分析方法的研究[12]。同时，国内外大多数的仿蛇机器人可以完成二维的平面运动，或者可以实现螺旋运动等单一的运动方式。目前国外已经有人使用有限元、遗传算法来着手仿蛇机器人运动三维曲线的研究。

3. 仿蛇机器人嵌入式操作系统的研究

适用于可重构仿蛇机器人系统的实时控制软件，包括仿蛇机器人控制模块的功能分析和划分方法的研究，仿蛇机器人重构方法的研究。

4. 仿蛇机器人环境感知与自主判断能力研究

仿蛇机器人在运动过程中，需要根据不同的路面状况进行变形运动，而变形运动的相互切换需要根据实际状况对其输入和输出进行优化处理。

5. 仿蛇机器人系统模块的功能、设计及实现方法研究

包括仿蛇机器人的功能分析和功能分配，模块的软、硬件功能分析，模块描述方法的研究，软、硬件模块的设计，软、硬件模块自动和快速连接方法的研究。

1.2 我没有腿，但我超级能爬

生物蛇的全身覆盖有鳞片，并且在其腹部覆盖着无数的小型腹鳞。鳞片的相互配合使蛇类能实现多种运动。蛇通过肋皮肌与弧形肋骨连接。肋皮肌的伸缩会带动肋骨的摆动，进而带动腹鳞移动，由此引起蛇腹与地表之间作用力的变化，从而使蛇体获得运动所需的动力[13]。由此可见，鳞片能够大大提高蛇类的运动能力。同时，蛇类的运动模式又是多种多样的，不管身处何地，蛇总能选择最适合当前所处环境的运动方式进行运动。学者们通常将蛇的运动方式分为以下几种[14]：

1.2.1 蛇的蜿蜒运动

蛇的蜿蜒运动也叫蜷曲爬行，如图 1－27 所示。蜿蜒运动的运动机理是：上下肋皮肌有规律地伸缩，肋骨随着摆动并带动腹鳞动作，并且椎骨可实现偏转，蛇体左右与上下两个方向的运动叠加，蛇体侧面与粗糙的地面或障碍物相互作用，由于蛇体腹鳞摩擦各向异性的特点，就产生了蜿蜒运动的推动力。蜿蜒运动是蛇最快的运动方式，也是蛇最常用的运动方式。在蜿蜒爬行过程中，蛇通过腹部与地面的摩擦作用持续前行。学者们通过深入研究发现，蛇蜿蜒时在地面上形成一连串近似于正弦波规律的波状弯曲，这种波能沿着蛇体从头到尾连续向后传播，蛇在蜿蜒运动中身体各部分的速度大小相等。这类运动方式的特点是运动速率高，十分适合蛇在凹凸不平的地面爬行，多用在较为粗糙的地面或较为宽敞的通道中。一旦蛇在沙漠地区、玻璃表面或冰面等比较光滑的地带，蛇再采用这种方式，运动起来就会比较困难。

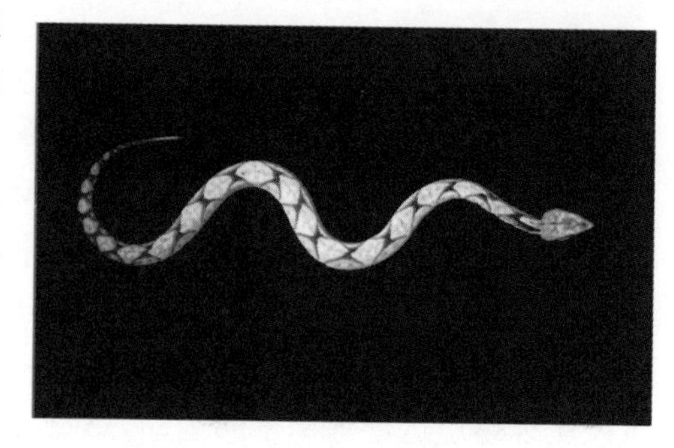

图 1－27 蛇的蜿蜒运动

1.2.2 蛇的蠕动运动

蛇的蠕动运动又称行波运动，如图 1－28 所示。其运动机理是：蛇依靠强劲的肌肉为伸缩运动提供驱动力，通过骨骼、肌肉和鳞片的协调配合完成最终

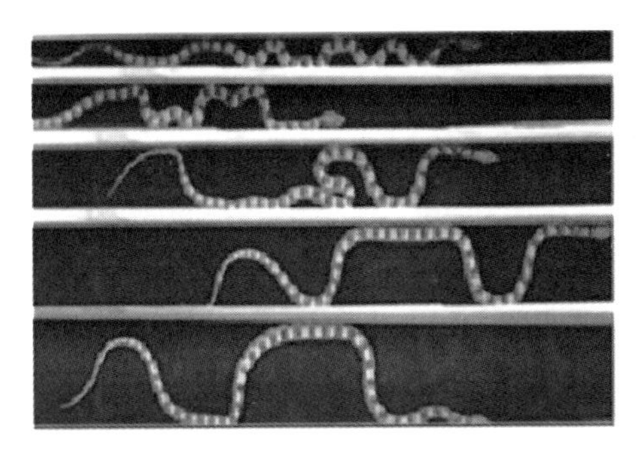

图 1－28 蛇的蠕动运动

运动。蛇的肋皮肌连接肋骨和腹鳞，肌肉通过相应动作，使腹鳞竖起，与接触面之间出现较大的静摩擦力。简言之，蠕动运动是蛇体通过自身有节奏的往复伸缩而形成的，当蛇在经过较窄空间或较滑表面时，蜿蜒运动将无法完成，此时蛇一般就会采用蠕动运动。在运动时，蛇体初始状态呈“S”状，需要将身体的前部向前延伸，而身体后面部分弯曲几次，这样可以在狭窄的环境下为蛇的身体提供一种固定支撑。一旦身体的头部和前部完全伸出，头部和前部会以和前面相同的方式给身体提供支撑，使得身体后面的部分可以向前，然后重复该顺序运动直至脱离环境。虽然这种运动方式能够克服因地面光滑导致无法移动的困难，适应于狭小空间，但是这种运动方式会消耗巨大的能量，并且使蛇的移动比较缓慢。

1.2.3 蛇的直线运动

图 1－29 所示为蛇的直线运动。它通常是体积较大的蛇所采取的一种运动方式。作为脊椎动物，蛇在一个周期内的运动范围较小，因此行进速度较慢。一般来说，要么在距离被捕食者较近时，要么在摩擦较小的表面上时，蛇才会以这种方式前进。生物学的研究表明，蛇前进的动力来自蛇皮和弧形肋骨之间的肌肉。在作直线运动时，蛇体腹部的部分皮肤先往前凸起，然后凹进去，其间蛇体前移，如此周而复始，缓慢向前。在作直线运动时，蛇体在竖直方向的运动很少。

图 1－29 蛇的直线运动

1.2.4 蛇的侧向运动

蛇的侧向运动也可称之为蛇的侧向蜿蜒运动，如图 1－30 所示。蛇侧向运动的机理是：在其进行侧向运动过程中，蛇与地面之间没有相对滑动，而是靠着蛇的身体与地面接触部分的静摩擦力作为朝侧方向运动的动力，蛇能不断朝侧方向移动，这种运动方式适合沙漠等低剪切运动环境[15]。蛇为了尽量减小自身与高温地面的接触面积，减少体内水分的消耗，运动时从头至尾各部分依次进行抬起、向侧方向移动、接地、完成运动，这样循环向前爬行。由于侧向运动时的任意时间点蛇与地面接触面积都很小，蛇体大部分处于悬空状态，减小了摩擦，能够实现在干旱的环境中快速运动。同时，这种运动方式能够使蛇有效躲避自然界中的很多障碍物，在一些平坦光滑的地带也能有效克服蜿蜒运动产生的摩擦问题。但一旦蛇体进入到狭小区域时，蛇将无法展开这种运动。

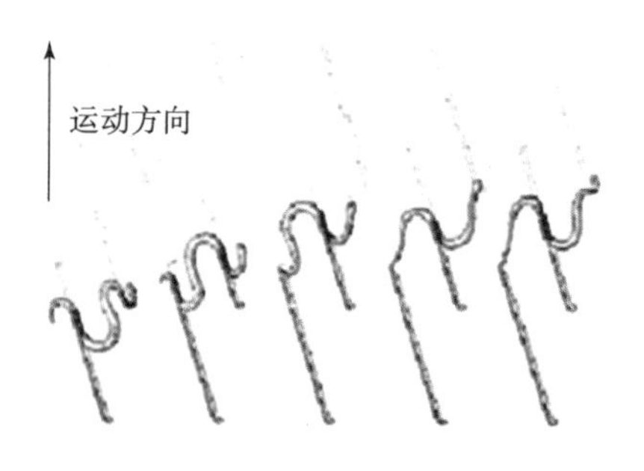

图 1－30　蛇的侧向运动

1.2.5　蛇的翻滚运动

蛇的翻滚运动如图 1－31 所示，它是通过蛇体的多个部位的相互配合进行翻滚前进。这种运动方式也能使蛇体有效躲避自然界中的很多障碍物，并且这种运动方式的速度相当快。

1.2.6　蛇的攀爬运动

蛇的攀爬运动可以分为外攀爬和内攀爬两种。外攀爬（见图 1－32）是指蛇绕着某些杆状物体外部而不借助任何的胶粘剂，并沿着杆体向上运动，这时蛇的抱紧力量非常大。内攀爬是指蛇在杆状物体的内部呈螺旋向上移动。

图 1－31　蛇的翻滚运动

图 1－32　蛇的攀爬运动

1.3 我的名字叫仿蛇机器人

本书以“仿蛇机器人”为对象，进行系统、详细的描述，包括仿蛇机器人的分析、设计、加工、制作、组装、调试、控制、演示等多个环节，下面对本书的内容进行简单归纳。

第1章详细介绍了国内外仿蛇机器人的发展现状和研究内容，使青少年学生对仿蛇机器人的发展历史进行深入的了解；同时，通过对自然界中蛇类运动方式和基本原理的介绍，增进青少年学生对于蛇类知识的学习和掌握。

第2章对仿蛇机器人的各类动力源进行了详细描述，促进青少年学生了解主流的动力元件；同时对仿蛇机器人的关节连接方式进行了分析，并辅导青少年学生使用三维建模软件制作仿蛇机器人的各个零部件，采用更先进、更可靠、更直观的方法指导青少年学生自主学习仿蛇机器人的设计与开发流程。

第3章对仿蛇机器人使用的各类传感器进行了选型分析、结构描述、参数介绍和工作原理概述，使青少年学生能够根据所设计的仿蛇机器人自行选择合理的传感器；同时，青少年学生可以通过对本章的学习，加深对电气元件的选型方法和使用技巧的理解。

第4章详细介绍了仿蛇机器人零件切割图的生成流程、激光切割机的详细使用准则，为青少年学生自行加工所需零件提供技术参考；同时，本章详细介绍了仿蛇机器人组装的整体流程，为青少年学生自行组装仿蛇机器人提供指导，并为其自行设计和加工仿蛇机器人的零部件提供支持与帮助。

第5章对仿蛇机器人的控制模块进行了系统介绍，详细讲解了对应软件的安装流程和具体的使用方法，为青少年学生自行操作提供一定的指导；同时，本章详细介绍了仿蛇机器人的动力学和运动学理论，并描述了仿蛇机器人实现遥控器控制的方法，为青少年学生自主学习仿蛇机器人的运动控制构建良好的平台。

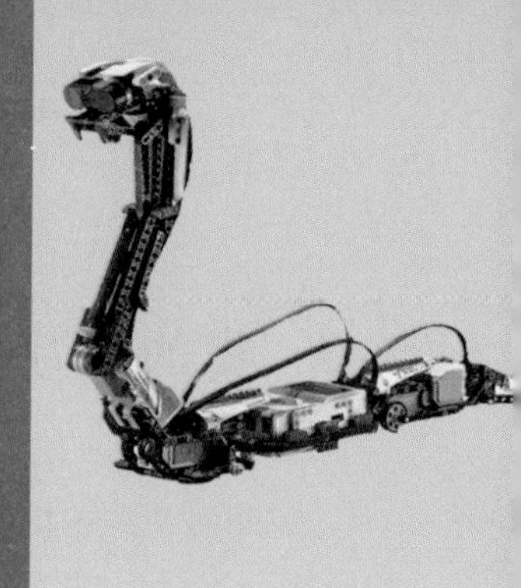

第 2 章 我身体的由来

本章主要指导青少年学生完成仿蛇机器人的三维建模和结构组装。在仿蛇机器人设计时，为了保证能实现其基本的运动性能，动力系统需要外购，而非自己设计与制作，所以需要先行选定仿蛇机器人关节的动力来源，再依据动力器件的具体形状与尺寸进行仿蛇机器人的整体设计。本章具体的内容安排如下：首先，了解仿蛇机器人主要的动力源，以及各类动力源的主要参数和性能特征，并根据仿蛇机器人的设计需要选择合适的动力源；其次，根据结构特征对当前仿蛇机器人关节的主流连接方式进行比较与选定；最后，对本书仿蛇机器人设计中采用的三维建模软件进行了简单介绍，并指导青少年学生使用该软件完成仿蛇机器人各个主体零件、附加零件、外购零件等多种零件的具体建模，还会具体描述仿蛇机器人整体模型的完整装配过程。

2.1 我的动力源

蛇在运动过程中，蛇的肌肉、肌腱、韧带会为蛇的活动提供驱动力。要想让仿蛇机器人运动起来，也必须向其关节或运动部位提供所需的驱动力或驱动力矩。能够提供机器人所需驱动力或驱动力矩的器件或方式多种多样，有液压驱动、气压驱动、直流电机驱动、步进电机驱动、直线电机驱动，以及其他驱动形式。在上述各种驱动形式中，直流电机驱动、步进电机驱动、直线电机驱动均属于电气驱动，而电气驱动因运动精度好、驱动效率高、操作简单、易于控制，加上成本低、无污染，在机器人技术领域得到了广泛应用。人们可以利用各种电动机产生的驱动力或驱动力矩直接或经过减速机构去驱动机器人的关节，获得所要求的位置、速度和加速度。因此，为机器人系统配置合理、可靠、高效的驱动系统是让机器人具有良好运动性能的重要条件。

2.1.1 直流电机

对于机器人来说，尤其是对于本章介绍的小型仿蛇机器人来说，其常用的电气驱动器件为直流电机和舵机，因此本章将着重对这些器件及其使用方法进行阐述和分析。

直流电机分直流有刷电机和直流无刷电机[16]。其中，直流无刷电机由电动机主体和驱动器组成，是一种典型的机电一体化产品。无刷电机是指无电刷和换向器（或集电环）的电机，又称无换向器电机[17]。早在 19 世纪电机诞生的时候，产生的实用性电机就是无刷形式，即交流鼠笼式异步电动机，这种电动机得到了广泛的应用[18]。但是，异步电动机有许多无法克服的缺陷，以致电机技术发展缓慢。20 世纪中叶晶体管诞生了，采用晶体管换向电路代替电刷与换向器的直流无刷电机应运而生。这种新型无刷电机称为电子换向式直流电机，它克服了第一代无刷电机的缺陷。

直流有刷电机（见图 2－1）是典型的同步电机，由于电刷的换向使得由永久磁钢产生的磁场与电枢绕组通电后产生的磁场在电机运行过程中始终保持垂直，从而产生最大转矩使电机运转起来[19]。但由于采用电刷以机械方法进行换向，因而存在机械摩擦，由此带来了噪声、火花、电磁干扰以及寿命减短等缺点，再加上制造成本较高以及维修困难等不足，从而大大限制了直流有刷电机的应用范围[20]。随着高性能半导体功率器件的发展和高性能永磁材料的问世，直流无刷电机（其结构如图 2－2 所示）技术与产品得到了快速发展。由于直流无刷电机既具有交流电机的结构简单、运行可靠、维护方便等一系列优点，又具备直流电机的运行效率高、无励磁损耗以及调速性能好等诸多长处，因而得到了广泛的应用[21]。

图 2-1 直流有刷电机

图 2-2 直流无刷电机结构图

1. 直流无刷电机的结构

从结构上分析，直流无刷电机和直流有刷电机相似，两者都有转子和定子。只不过两者在结构上相反，有刷电机的转子是线圈绕组，和动力输出轴相连，定子是永磁磁钢；无刷电机的转子是永磁磁钢，连同外壳一起和输出轴相连，定子是绕组线圈，去掉了有刷电机用来交替变换电磁场的换向电刷，故称之为无刷电机[22]。直流无刷电机是同步电机的一种，也就是说电机转子的转速受电机定子旋转磁场的速度以及转子极数的影响：在转子极数固定的情况下，改变定子旋转磁场的频率就可以改变转子的转速。直流无刷电机即是将同步电机加上电子式控制（驱动器），控制定子旋转磁场的频率并将电机转子的转速回授至控制中心反复校正，以期达到接近直流电机的特性[23]。也就是说直流无刷电机能够在额定负载范围内，当负载变化时仍可以控制电机转子维持一定的转速。

2. 直流无刷电机的工作原理

直流无刷电机的运行原理为：依靠改变输入到无刷电机定子线圈上的电流波交变频率和波形，在绕组线圈周围形成一个绕电机几何轴心旋转的磁场，这个磁场驱动转子上的永磁磁钢转动，实现电机输出轴转动[24]。电机的性能和磁钢数量、磁钢磁通强度、电机输入电压大小等因素有关，更与无刷电机的控制性能有关，因为输入的是直流电，电流需要电子调速器将其变成 3 相的交流电[25]。

直流无刷电机按照是否使用传感器分为有感的和无感的。有感的直流无刷电机必须使用转子位置传感器来监测其转子的位置[26]。直流无刷电机的输出信号经过逻辑变换后去控制开关管的通断，使电机定子各相绕组按顺序导通，保证电机连续工作。转子位置传感器也由定、转子部分组成，转子位置传感器的转子部分与电机本体同轴，可跟踪电机本体转子的位置；转子位置传感器的定子部分则固定在电机本体的定子或端盖上，以感受和输出电机转子的位置信号[27]。转子位置传感器的主要技术指标为：输出信号的幅值、精度、响应速度、工作温度、抗干扰能力、损耗、体积、重量、安装方便性以及可靠性等。其种类包括磁敏式、电磁式、光电式、接近开关式、正余弦旋转变压器式以及编码器等，其中最常用的是霍尔磁敏传感器。

2.1.2 舵机

舵机是一种位置（角度）伺服的驱动器，适用于那些需要角度不断变化并可以保持的控制系统[28]。目前，在高档遥控玩具，如飞机模型、潜艇模型、遥控机器人中已经得到了普遍应用。舵机（见图 2－3）最早用于航模制作。航模飞行姿态的控制就是通过调节发动机和各个控制舵面来实现的。

图 2－3 各种舵机

大家肯定在机器人和电动玩具中见到过这个小东西，至少也听到过它转起来时那种与众不同的“吱吱吱”叫声——它就是遥控舵机，常用在机器人、电影效果制作和木偶控制中，不过让人大跌眼镜的是，它最初竟是为控制玩具汽车和模型飞机才设计制作的。

舵机的旋转不像普通电机那样只是呆板、单调地转圈圈，它可以根据你的指令旋转到 0 至 180°之间的任意角度然后精准地停下来[29]。如果你想让某个东西按你的想法随意运动，舵机可是个不错的选择：它控制方便、易于实现，而且种类繁多，总能有一款适合你的具体需求。

典型的舵机是由直流电动机、减速齿轮组、传感器和控制电路组成的一套自动控制系统[30]。通过发送信号，指定舵机输出轴的旋转角度来实现舵机的可控转动。一般而言，舵机都有最大的旋转角度（比如 180°）。其与普通直流电机的区别主要在于：直流电机是连续转动，而舵机却只能在一定角度范围内转动，不能连续转动（数字舵机除外，它可以在舵机模式和电机模式中自由切换）；普通直流电机无法反馈转动的角度信息，而舵机却可以。此外，它们的用途也不同：普通直流电机一般是整圈转动，作为动力装置使用；舵机是用来控制某物体转动一定的角度（比如机器人的关节），作为调整控制器件使用。

舵机的分解如图 2－4 所示，它主要是由外壳、传动轴、齿轮传动、电动机、电位计、控制电路板元件所构成。其主要工作原理是：由控制电路板发出信号并驱动电动机开始转动，通过齿轮传动装置将动力传输到传动轴，同时由电位计检测送回的信号，判断是否已经到达指定位置[31]。

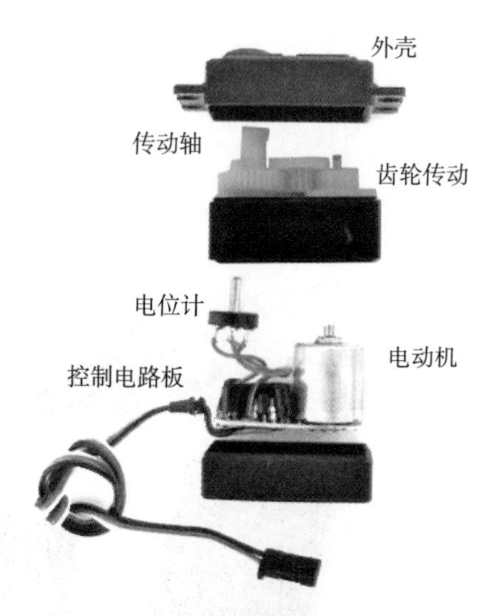

图 2－4　舵机结构分解图

简言之，舵机控制电路板接受来自信号线的控制信号，控制舵机转动，舵机带动一系列齿轮组，经减速后传动至输出舵盘[32]。舵机的输出轴和位置反馈电位计是相连的，舵盘转动的同时，带动位置反馈电位计，电位计输出一个电压信号到控制电路板进行反馈，然后控制电路板根据所在位置决定电机的转动方向和速度，实现控制目标后即告停止。

舵机控制板主要是用来驱动舵机和接受电位器反馈回来的信息。电位器的作用主要是通过其旋转后产生的电阻变化，把信号发送回舵机控制板，使其判断输出轴角度是否输出正确。减速齿轮组的主要作用是将力量放大，使小功率电机产生大扭矩[33]。舵机输出转矩经过一级齿轮放大后，再经过二、三、四级齿轮组，最后通过输出轴将经过多级放大的扭矩输出。图 2－5 所示为舵机的 4 级齿轮减速增力机构，就是通过这么一级级地把小的力量放大，使得一个小小的舵机能有 15 kg · cm① 的扭矩。

---

① 1 kg · cm≈0.098 N · m。

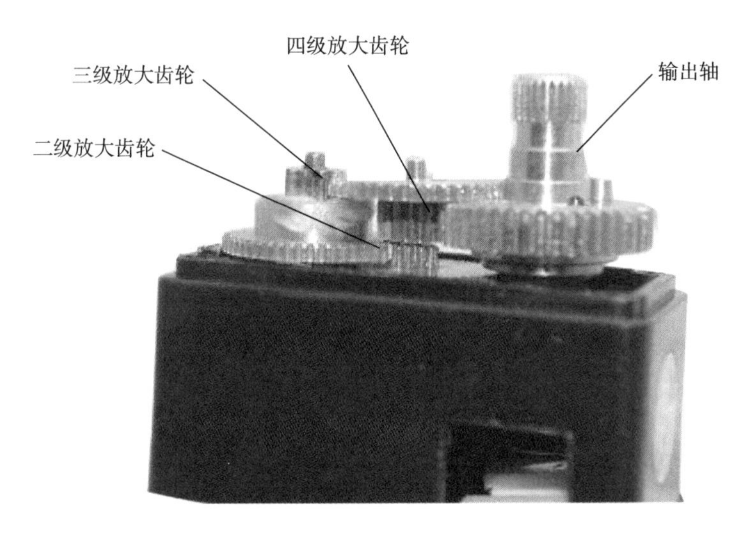

图 2-5 舵机多级齿轮减速机构

为了适合不同的工作环境，舵机还有采用防水及防尘设计的类型，并且因应不同的负载需求，所用的齿轮有塑料齿轮、混合材料齿轮和金属齿轮之分。比较而言，塑料齿轮成本低、传动噪声小，但强度弱、扭矩小、寿命短；金属齿轮强度高、扭矩大、寿命长，但成本高，在装配精度一般时传动中会有较大的噪声。小扭矩舵机、微型舵机、扭矩大但功率密度小的舵机一般都采用塑料齿轮，如 Futaba 3003、辉盛的 9g 微型舵机均采用塑料齿轮。金属齿轮一般用于功率密度较高的舵机上，比如辉盛的 995 舵机，该舵机在和 Futaba 3003 同样大小体积的情况下却能提供 13 kg · cm 的扭矩。少数舵机，如 Hitec，甚至用钛合金作为齿轮材料，这种像 Futaba 3003 体积大小的舵机能提供 20 kg · cm 左右的扭矩，堪称小块头的大力士。使用混合材料齿轮的舵机其性能处于金属齿轮舵机和塑料齿轮舵机之间。

由于舵机采用多级减速齿轮组设计，使得舵机能够输出较大的扭矩。正是由于舵机体积小、输出力矩大、控制精度高的特点满足了仿蛇机器人对于驱动单元的主要需求，所以舵机在本书介绍的仿蛇机器人中得到了采用，由它们来为本书介绍的仿蛇机器人提供驱动力或驱动力矩。

2.1.3 为我选择合适的舵机

舵机主要适用于那些需要角度不断变化并可以保持的控制系统，比如仿蛇机器人的关节[34]。舵机的控制信号实际上是一个脉冲宽度调制信号（PWM 信号），该信号可由 FPGA（Field - Programmable Gate Array，现场可编程门阵列）器件、模拟电路或单片机产生。

舵机的主要性能参数包括转速、转矩、电压、尺寸、重量、材料和安装方式等[35]。人们在进行舵机选型设计时要综合考虑以上参数。

（1）转速：转速由舵机在无负载情况下转过60°角所需时间来衡量[36]。舵机常见的速度一般在0. 11 ~0. 21 s/60°之间。

（2）转矩：也称扭矩、扭力，单位是kg · cm，可以理解为在舵盘上距舵机轴中心水平距离1 cm处舵机能够带动的物体重量。

（3）电压：舵机的工作电压对其性能影响重大。推荐的舵机电压一般都是4. 8 V或6 V。有的舵机可以在7 V以上工作，甚至12 V的舵机也不少。

较高的电压可以提高舵机的速度和扭矩。例如Futaba S－9001在4. 8 V时，其扭矩为3. 9 kg · cm、速度为0. 22 s/60°；在6. 0 V时扭矩为5. 2 kg · cm、速度为0. 18 s/60°。若无特别注明，JR PROPO的舵机都是以4. 8 V为测试电压，而Futaba则是以6. 0 V作为测试电压。所谓天下没有白吃的午餐，速度快、扭矩大的舵机，除了价格贵，还会伴随着高耗电的特点。因此使用高级舵机时，务必搭配高品质、高容量的锂电池，这样才能提供稳定且充裕的电流，发挥出高级舵机应有的性能。

（4）尺寸、重量和材质：舵机功率（速度×转矩）和舵机尺寸的比值可以理解为该舵机的功率密度。一般而言，同样品牌的舵机，功率密度大的价格高，功率密度小的价格低。究竟是选择塑料齿轮减速机构还是选择金属齿轮减速机构，是要综合考虑使用扭矩、转动频率、重量限制等具体条件才能作出的。采用塑料齿轮减速机构的舵机在大负荷使用时容易发生崩齿；采用金属齿轮减速机构的舵机则可能会因电机过热发生损毁或导致外壳变形，因此齿轮减速机构材质的选择应当根据使用情况具体而定，并没有绝对的标准，关键是使舵机的使用情况限制在设计规格之内。表2－1 ~ 表2－4列出了一些常见低成本舵机的主要参数。

表2－1　辉盛SG90（见图2－6）主要参数一览表

最大扭矩	1. 6 kg · cm
速度	0. 12 s/60°（4. 8 V）；0. 10 s/60°（6. 0 V）
工作电压	3. 5 ~6 V
尺寸	23 mm×12. 2 mm×29 mm
重量	9 g
材料	塑料齿
参考价格	10元

表 2－2 辉盛 MG90S（见图 2－7）主要参数一览表

参数	数值
最大扭矩	2.0 kg · cm
速度	0.10 s/60°（6.0 V）；0.12 s/60°（4.8 V）
工作电压	4.8 ~7.2 V
尺寸	22.8 mm×12.2 mm×28.5 mm
重量	14 g
材料	金属齿
参考价格	15 元

图 2－6 辉盛 SG90 舵机

图 2－7 辉盛 MG90S 舵机

表 2－3 银燕 ES08MA（见图 2－8）主要参数一览表

参数	数值
最大扭矩	1.5/1.8 kg · cm
速度	0.12 s/60°（4.8 V）；0.10 s/60°（6.0 V）
工作电压	4.8 ~6.0 V
尺寸	32 mm×11.5 mm×24 mm
重量	8.5 g
材料	塑料齿
参考价格	13 元

表 2-4 银燕 ES08MD（见图 2-9）主要参数一览表

最大扭矩	2.0/2.4 kg·cm
速度	0.10 s/60°（4.8 V）；0.08 s/60°（6.0 V）；0.12 s/60°（4.8 V）；0.10 s/60°（6.0 V）
工作电压	4.8~6.0 V
尺寸	32 mm×11.5 mm×24 mm
重量	12 g
材料	金属齿
参考价格	30 元

图 2-8 银燕 ES08MA 舵机

图 2-9 银燕 ES08MD 舵机

2.2 多彩的形态

2.2.1 蛇的基本结构

自然界中蛇的种类多达 3 000 余种，且分布地域极为广阔，这在一定程度上说明了蛇的身体结构具有很大的优越性，独特的身体结构决定了蛇具有超高的运动能力及超强的环境适应能力[37]。从实际来看，蛇的这些能力对人类研制能够在未知环境中进行深入探索的仿蛇机器人极具启发性与借鉴性，因为未知环境的探索十分需要仿蛇机器人的参与。为了让仿蛇机器人具有优良的结构体系和运动特性，人们需要了解蛇的具体结构，尤其是要充分了解蛇的骨骼、肌肉及各部分的功能。

蛇（见图 2-10）属于脊椎动物，其骨骼系统（见图 2-11）主要包括头骨、脊椎骨和肋骨。腹鳞、肋骨、可以相对转动的脊椎骨连同皮肤和肌肉一起组成了蛇的主要运动器官，蛇类丰富多彩的运动方式均是在这些器官的协调作用下完成的。

图 2－10　蛇的外形图

图 2－11　蛇的骨架图

蛇的脊柱是由脊椎骨周而复始地连接而成，蛇的种类不同，其脊椎骨的数目也不相同，总体在 100～400 根，相邻两椎骨在水平、竖直方向可相对转动，但转动角度较小，水平方向可转 10°～20°，竖直方向只可转 2°～3°，但是经过多根椎骨的转动叠加便可形成较大的转动角度。脊椎骨从前往后一般分为颈椎、躯椎、尾椎，在数百根椎骨中躯椎占据大部分，这些躯椎形状、结构大致相同，一端球形凸起，另一端球形凹陷，相邻躯椎的凸起和凹陷形成球套关节。蛇的躯椎与肋骨通过横突相连，并且肋骨能实现前后摆动。肋骨的形状细长、弯曲，对称分布在躯椎的两侧，同一条蛇的肋骨长短和大小并不完全相同，靠近蛇头部分的肋骨最为短小，往后则逐渐增大，至中部达到最粗长，后部又会逐渐变得短小起来。肋骨由肋骨尖、肋骨和肋骨头三部分组成。肋骨位于各种强有力的肌肉之间并且连接着腹部鳞片，在蛇的运动中起着至关重要的作用。

2.2.2　蛇关节的连接方式

此前已经简要介绍了蛇的骨骼结构及其特点，其脊椎间采用球套式结构连接而成，类似于有一定形状限制功能的球铰连接，巧妙的生物关节连接方式和高超的运动实现形式虽然十分复杂，但却具有很高的参考作用，在实际制作仿蛇机器人时，人们可以根据不同的研究目标和应用场景，建立基于蛇的骨骼结构而构建的仿蛇机器人实体模型，使整个研制工作从一开始就处在良性发展的态势中。目前仿蛇机器人常用的关节模块按照运动副连接形式可大致分为平行连接关节、正交连接关节、万向连接关节、P－R 连接关节等。

1. 平行连接关节

图 2－12 所示为采用平行连接关节的仿蛇机器人连杆模型，从图可见，该类型的仿蛇机器人结构比较简单，控制起来也比较容易，但这种仿蛇机器人只能实现二维平面内的运动，即只可以使相应的机构在水平或垂直平面内运动，例如蜿蜒运动和行波运动等，运动形式比较单一。在这种结构方式中，仿蛇机器人各相邻关节连杆间的转动副轴线互相平行且与身体纵轴方向垂直，此时若将关节连杆 1 固定，关节连杆 2 在理论上就可以绕关节连杆 1 做正反 180°的转动。

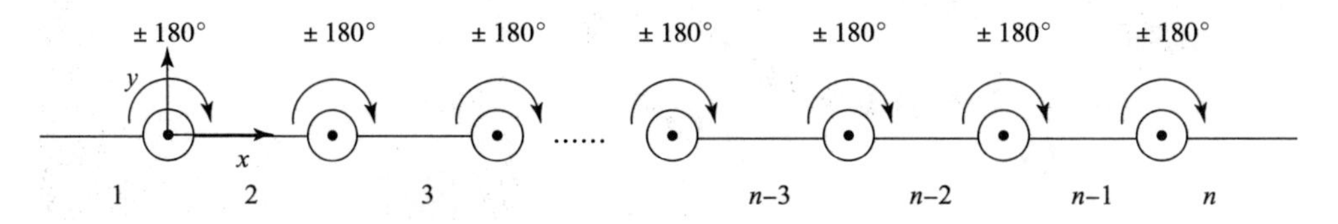

图 2－12 仿蛇机器人平行连接关节模型

2. 正交连接关节

图 2－13 所示为采用正交连接关节的仿蛇机器人连杆模型，从图可见，该类型的仿蛇机器人可以实现三维空间内的运动，不仅可以单独在水平面内转动或垂直平面内转动，如蜿蜒运动和行波运动等，而且可以同时在水平面和垂直面转动，如蛇的翻滚运动和螺旋攀爬运动等。在这种结构方式中，仿蛇机器人各相邻关节连杆间的转动副轴线互相垂直且与身体纵轴方向垂直。此时若将关节连杆 1 固定，关节连杆 2 理论上可以绕关节 1 做正反 180°的转动，关节连杆 3 理论上可以绕关节 2 做正反 180°的转动。

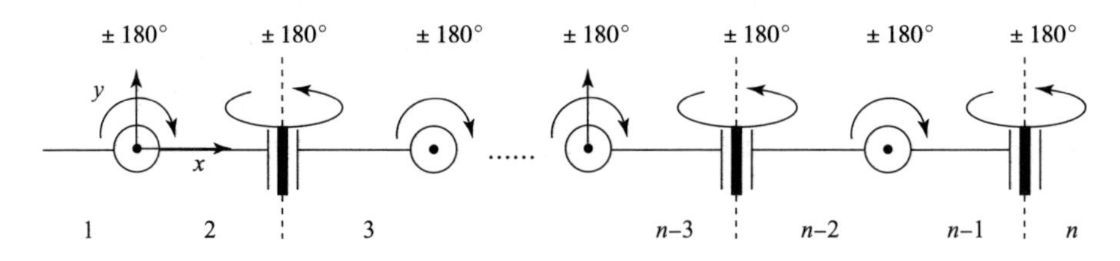

图 2－13 仿蛇机器人正交连接关节模型

在无其他条件约束下，两个转角的取值范围均为［－180°，180°］。那么这种情况下连杆 3 末端的运动范围就是一个内径为零的环管形的表面的三维空间。正交关节的连接方式比其他的连接方式具有结构简单、连接可靠、成本低廉、控制稳妥等优点，因此本书设计的仿蛇机器人采用的关节模块连接方式就是正交连接。

3. 万向连接关节

图 2－14 所示为采用万向连接关节的仿蛇机器人连杆模型。由图可见，该

类型的仿蛇机器人的关节连杆可在三维空间绕同一点做任意相对转动，灵活性大，可实现在二维平面上、三维空间内复杂多样的运动姿态，但是这种机器人的加工精度要求较高，而且制作成本也较高。同时，复杂的结构也会使仿蛇机器人的控制变得困难和复杂。在这种结构方式中，仿蛇机器人以关节连杆 1 和关节连杆 2 的交点为原点，前面两关节会发生转动，这两个连杆的转动角度与关节结构设计和驱动器转动范围有关，理想条件下其范围为 [−180°，180°]。

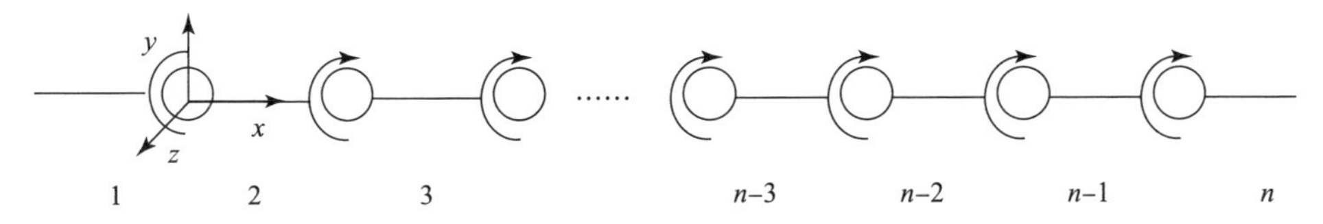

图 2−14 仿蛇机器人万向节连接关节模型

采用万向节连接方式可以使仿蛇机器人具有三维运动能力，且活动起来十分灵活。但万向节的控制难度往往很高，精确控制的难度就更大，而且万向节加工较为复杂烦琐，从实用角度和经济角度来看是否选用万向节连接方式都需要慎重考虑。

（4）P−R 连接关节

图 2−15 所示为采用 P−R 连接关节的仿蛇机器人连杆模型。由图可见，该类型的仿蛇机器人可实现三维空间内复杂多样的运动姿态，相对万向连接关节较易实现与控制，但 P−R 连接关节模块的长度较长，体积也较大，对在狭窄空间使用的仿蛇机器人来说具有一定的局限性。在这种结构方式中，仿蛇机器人的关节连杆 1 与关节连杆 2 以转动副连接在一条直线上，但转动轴线与该直线重叠。如果此时固定关节连杆 1，那么关节连杆 2 可以自转 360°；关节连杆 2 和关节连杆 3 以转动轴连接且轴线垂直机器人身体的纵轴；以关节连杆 1 和关节连杆 2 连接坐标原点，假设连杆 1 处于固定状态，连杆 2 理论上可以自转 360°，连杆 3 可以绕关节连杆 2 进行正反 180°的转动。

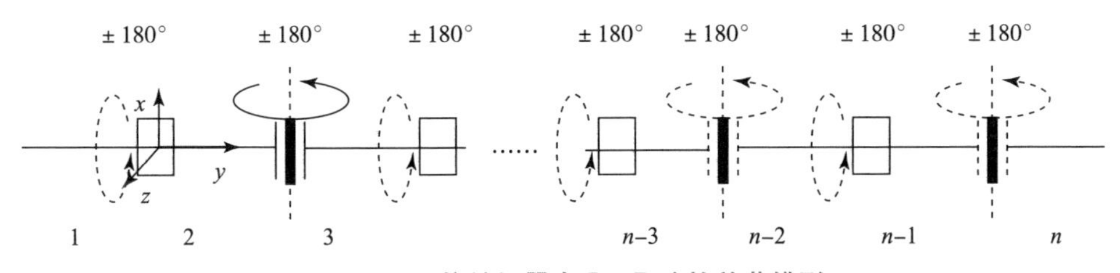

图 2−15 仿蛇机器人 P−R 连接关节模型

P−R 关节与万向节一样，能进行全方位的球面运动。但是 P−R 关节毕竟是复合关节，对控制要求很高，要进行高精度的控制需要关节本身的加工非常精细，而且需要控制器抗干扰能力很强，这将导致控制成本增高。而且 P - R 关节相对来说比较细长，不利于仿蛇机器人在各种复杂环境进行运动。

2.2.3 关节连接的选择

人们不但要求仿蛇机器人能够完成攀爬任务，而且希望它们在狭窄空间进行特殊作业时也能大显身手，所以，目前国内外主流的仿蛇机器人结构多为正交连接关节，由于其最小单位具有两个方向上的运动自由度，当足够数量的构型单位连接成高冗余自由度的运动链时，其运动性能将大为改观，并且控制方法也不太复杂。

本书介绍的仿蛇机器人主要以我国初、高中学生的机器人知识水平为基础，辅助学生独立学习一套机器人的理论知识，其中包括机器人整体结构设计、相关零件加工、关键结构组装、主要电路调试、基本运动控制等。同时，以理论与实际结合、动脑与动手结合、继承与创新结合等方式、激发学生对仿生机器人的学习兴趣，进而提高我国青少年学生创新实践与创新体验的积极性。所以，综合考虑以上几种关节的结构特点和本仿蛇机器人的设计目的，决定采用平行连接关节模块的基本结构形式，使各个模块结构相同，而长度较短，模块相互之间通过螺栓进行连接，方便青少年学生快速组装，即使某一处的关节发生损坏，学生们也可以将其他完好的零件安装到同类型的机器人中，提升零件的使用效率。

2.3 灵活的身躯

仿蛇机器人必须具备精巧的结构、合适的零件，再加上充沛的动力与精准的控制才能展现出灵活的身躯和出色的运动。而这些零件与结构是青少年学生可以通过自己的努力制作出来的，当然其中需要用到一些专用的加工装备和工具。需要注意的是在使用这些设备或工具时一定要讲究方式方法，更要注意安全，防止造成伤害。

2.3.1 主流加工生产工具

1. 激光切割机

在制作仿蛇机器人时，需要将三维实体造型设计的结果采用 SOLIDWORKS 中的相应功能模块生成二维切割图形，并按这些图形将所设计的零件一个个切割出来[38]。除了人工手动切割以外，常用的切割设备为激光切割机，加工场景如图 2 - 16 所示。

图2－16 激光切割机加工场景

该机器将从激光器发射出的激光，经光路系统聚焦成高功率密度的激光束，当激光束照射到被切割材料表面，使激光所照射的材料局部达到熔点或沸点，同时与光束同轴的高压气体将熔化或气化的材料碎末吹走。随着光束与被切割材料相对位置的移动，最终使材料形成连续的切缝，从而达到切割图形的目的。激光切割机采用激光束代替传统的切割刀具进行材料的切割加工，具有精度高、切割快、切口平滑、不受切割形状限制等优点，同时，它还能够自动排版，优化切割方案，达到节省材料、降低加工成本等目的，将逐渐改进或取代传统的金属切割工艺设备。

由于制作小型仿蛇机器人的材料大多选用亚克力板或三合板等非金属板材，所用激光切割设备的功率不需太大，可使用小型激光切割机（见图2－17）。

图2－17 小型激光切割机

图2－17所示的小型激光切割机在加工时其激光切割头的机械部分与被切割材料不发生接触，所以工作中不会对材料表面造成划伤，而且切割速度快，切口光滑，一般不需后续加工；另外，由于该设备的功率不是很大，所以切割热影响区小、板材变形小、切缝窄（0.1～0.3 mm）、切口没有机械应力。相比其他切割设备，激光切割机加工材料时无剪切毛刺、加工精度高、重复性好、便于数控编程、可加工任意平面图形、可以对幅面很大的整板进行切割、无须开模具、经济省时，因而在制作小型仿蛇机器人时是一个很好的帮手。

2. 3D 打印机

（1）3D 打印机的起源。

3D 打印机（3D Printers，简称 3DP）是恩里科·迪尼（Enrico Dini）设计的一种神奇机器，它不仅可以打印出一幢完整的建筑，甚至可以在航天飞船中给宇航员打印所需任何形状的物品[39]。

3D 打印的思想起源于 19 世纪末的美国，20 世纪 80 年代 3D 打印技术在一些先进国家和地区得以发展和推广，近年来 3D 打印的概念、技术及产品发展势头铺天盖地，普及程度无处不在。故有人称之“19 世纪的思想，20 世纪的技术，21 世纪的市场”。

19 世纪末，美国科学家们研究出了照相雕塑和地貌成形技术，在此基础上，产生了 3D 打印成型的核心思想。但由于技术条件和工艺水平的制约，这一思想转化为商品的步伐始终踯躅不前。20 世纪 80 年代以前，3D 打印设备的数量十分稀少，只有少数“科学怪人”和电子产品“铁杆粉丝”才会拥有这样的一些“稀罕宝物”，主要用来打印像珠宝、玩具、特殊工具、新奇厨具之类的东西。甚至也有部分汽车“发烧友”打印出了汽车零部件，然后根据塑料模型去订制一些市面上买不到的零部件。

1979 年，美国科学家 Housholder 获得类似“快速成型”技术的专利，但遗憾的是该专利并没有实现商业化。

20 世纪 80 年代初期，3D 打印技术初现端倪，其学名叫做“快速成型”。20 世纪 80 年代后期，美国科学家发明了一种可打印出三维效果的打印机，并将其成功推向市场。自此 3D 打印技术逐渐成熟并被广泛应用。那时，普通打印机只能打印一些平面纸张资料，而这种最新发明的打印机，不仅能打印立体的物品，而且造价有所降低，因而激发了人们关于 3D 打印的丰富想象力[40]。

1995 年，麻省理工学院的一些科学家们创造了“三维打印”一词，Jim Bredt 和 Tim Anderson 修改了喷墨打印机的方案，提出把约束溶剂挤压到粉末床的思路，而不是像常规喷墨打印机那样把墨水挤压在纸张上的做法。

2003 年以后，3D 打印机在全球的销售量逐渐扩大，价格也开始下降。近年来，3D 打印机风靡全球，人们正享受着 3D 打印技术带来的种种便利。

实际上，3D 打印机是一种基于累积制造技术，即快速成形技术的新型打印设备。从本质上来看，它是一种以数字模型文件为基础，运用特殊蜡材、粉末状金属或塑料等可黏合材料，通过打印方式将一层层的可黏合材料进行堆积来制造三维物体的装置。逐层打印、逐步堆积的方式就是其构造物体的核心所在。人们只要把数据和原料放进 3D 打印机中，机器就会按照程序把人们需要的产品通过一层层堆积的方式制造出来[41]。

2016 年 2 月 3 日，中国科学院福建物质结构研究所 3D 打印工程技术研发中心的林文雄课题组在国内首次突破了可连续打印的三维物体快速成型关键技术，并开发出一款超级快速的数字投影（DLP）3D 打印机[42]。该 3D 打印机的速度达到了创纪录的 600 mm/s，可以在短短 6 分钟内，从树脂槽中“拉”出一个高度为 60 mm 的三维物体，而同样物体采用传统的立体光固化成型工艺（SLA）来打印则需要约 10 个小时，速度提高了足足有 100 倍。

（2）3D 打印机的成员。

①最小的 3D 打印机。

世界上最小的 3D 打印机是奥地利维也纳技术大学的化学研究员和机械工程师们共同研制的（见图 2－18）。这款迷你型 3D 打印机只有大装牛奶盒大小，重量为 1.5 kg，造价约合 1.1 万元人民币。相比于其他的 3D 打印机，这款 3D 打印机的成本大大降低。

②最大的 3D 打印机。

2014 年 6 月 19 日，由世界 3D 打印技术产业联盟、中国 3D 打印技术产业联盟、亚洲制造业协会、青岛市政府共同主办、青岛高新区承办的“2014 世界 3D 打印技术产业博览会”在青岛国际会展中心开幕。来自美国、德国、英国、比利时、韩国、加拿大和国内的 110 多家 3D 打印企业展示了全球最新的桌面级 3D 打印机和工业级、生物医学级 3D 打印机。而在青岛高新区，一个长宽高各为 12 m 的 3D 打印机（见图 2－19）傲然挺立，半年内它将打印出一座 7 m 高的仿天坛建筑。

图 2－18　最小的 3D 打印机

图 2－19　最大的 3D 打印机

这台 3D 打印机就像一个巨大的钢铁侠，甚为壮观。该打印机所属的青岛尤尼科技有限责任公司的工作人员说：“这是世界上最大的 3D 打印机，光设计、制造和安装，我们就花了好几个月。”这台打印机的体重超过了 120 吨，是利用吊车安装起来的。当天正式启动后，它就投入紧张的打印工作。“打印天坛至少需要半年左右，需要一层层地往上增加，就跟盖房子似的。”工作人员继续说，这台打印机的打印精度可以控制在毫米以内，对于以厘米计算精度的传统建筑行业来说，这是一个质的飞跃。它采用热熔堆积固化成型法，通俗地讲，就是将挤压成半熔融状态的打印材料层层沉积在基础地板上，从数据资料直接建构出原型。打印这座房屋所用的材料，是玻璃钢，这是一种复合材料，不仅轻巧、坚固耐腐蚀，而且抗老化、防水与绝缘，更为重要的是它在生产使用过程中大大降低了能耗和污染物的排放，这种优势决定了它不仅可以成为新型的建筑材料，还可以在机电、管道、船舶、汽车、航空航天，甚至是太空科学等领域发挥作用。

③激光 3D 打印机。

我国大连理工大学参与研发的最大加工尺寸达 1.8 m 的世界最大激光 3D 打印机进入调试阶段，其采用“轮廓线扫描”的独特技术路线，可以制作大型工业样件及结构复杂的铸造模具。这种基于“轮廓失效”的激光三维打印方法已获得两项国家发明专利。该 3D 打印机只需打印零件每一层的轮廓线，使轮廓线上砂子的覆膜树脂碳化失效，再按照常规方法在 180℃ 加热炉内将打印过的砂子加热固化和后处理剥离，就可以得到原型件或铸模。这种打印方法的加工时间与零件的表面积成正比，大大提升了打印效率，打印速度可达到一般 3D 打印的 5～15 倍。

④家用 3D 打印机。

近来，德国发布了一款迄今为止最高速的纳米级别微型 3D 打印机——Photonic Professional GT。这款 3D 打印机能制作纳米级别的微型结构，能够以最高的分辨率、极快的打印速度，打印出不超过人类头发直径的三维物体。

⑤彩印 3D 打印机。

2013 年 5 月，一种 3D 打印机新产品“ProJet x60”上市了。ProJet 品牌主要有基于四种造型方法的打印装置。其中有三种均是使用光硬化性树脂进行 3D 打印，包括用激光硬化光硬化性树脂液面的类型、从喷嘴喷出光硬化性树脂后进行光照射硬化的类型（这种类型的造型材料还可以使用蜡）、向薄膜上的光硬化性树脂照射经过掩模的光的类型[43]。其高端机型 ProJet 660Pro 和 ProJet 860Pro 可以使用 CMYK（青色、洋红、黄色、黑色）4 种颜色的黏合剂，而实现 600 万色以上颜色打印的 ProJet 260C 和 ProJet 460Plus 则使用了 CMY 三种颜色的黏合剂。

（3）3D 打印机的技术原理。

3D 打印机又称三维打印机（3DP），是一种基于累积制造技术（即快速成形技术）的机器[44]。它以数字模型文件为基础，运用特殊蜡材、粉末状金属或塑料等可黏合材料，通过打印一层层的黏合材料来制造三维物体。

3D 打印机与传统打印机最大的区别在于它使用的“墨水”是实实在在的原材料，堆叠薄层的形式多种多样，可用于打印的介质也多种多样，从繁多的塑料到金属、陶瓷以及橡胶类物质。有些 3D 打印机还能结合不同的介质，使打印出来的物体一头坚硬而另一头柔软。

有些 3D 打印机使用“喷墨”方式进行工作，它们使用打印机喷头将一层极薄的液态塑料物质喷涂在铸模托盘上，该涂层会被置于紫外线下进行固化处理。然后，铸模托盘会下降极小的距离，以供下一层塑料物质堆叠上来。

有些 3D 打印机使用一种叫做“熔积成型”的技术进行实体打印，整个流程是在喷头内熔化塑料，然后通过沉积塑料的方式形成薄层。

有些 3D 打印机使用一种叫做“激光烧结”的技术进行工作，它们以粉末微粒作为打印介质。粉末微粒被喷撒在铸模托盘上形成一层极薄的粉末层，熔铸成指定形状，然后由喷出的液态黏合剂进行固化。

还有些 3D 打印机则是利用真空中的电子流熔化粉末微粒，当遇到包含孔洞及悬臂这样的复杂结构时，介质中就需要加入凝胶剂或其他物质以提供支撑或用来占据空间。这部分粉末不会被熔铸，最后只需用水或气流冲洗掉支撑物便可形成孔隙。

图 2－20 所示为桌面级 3D 打印机，图 2－21 所示为工业级 3D 打印机。

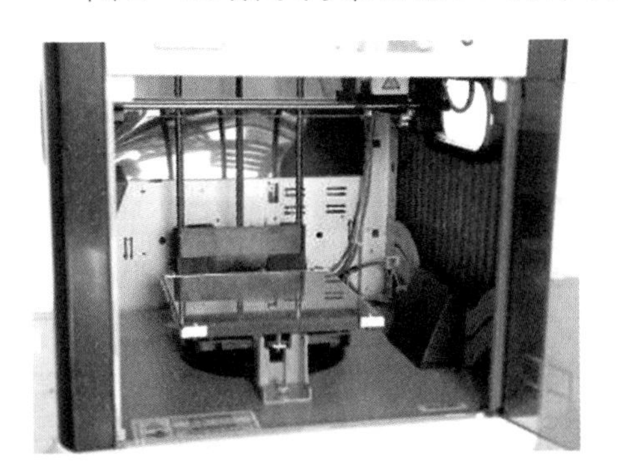

图 2－20　桌面级 3D 打印机

图 2－21　工业级 3D 打印机

3D 打印技术为世界制造业带来了革命性的变化，以前许多部件的设计完全依赖于相应的生产工艺能否实现。3D 打印机的出现颠覆了这一设计思路，使得企业在生产部件时不再过度地考虑生产工艺问题，任何复杂形状的设计均可通过 3D 打印来实现。

3D 打印无须机械加工或模具，能够直接从计算机图形数据中生成任何所需要形状的物体，从而极大地缩短了产品的生产周期，提高了生产率。尽管其技术仍有待完善，但 3D 打印技术市场潜力巨大，势必成为未来制造业的众多核心技术之一。

（4）3D 打印机的工作步骤。

①3D 软件建模。

首先采用计算机建模软件进行实体建模，如果手头有现成的模型也可以，比如动物模型、人物、微缩建筑，等等[45]。然后通过 SD 卡或者优盘把建好的实体模型拷贝到 3D 打印机中，进行相关的打印设置后，3D 打印机就可以把它们打印出来。

3D 打印机的结构和传统打印机基本相同，也是由控制组件、机械组件、打印头、耗材和介质等组成的，打印原理差不多。主要差别在于 3D 打印机在打印前必须在计算机上设计一个完整的三维实体模型，然后再进行打印输出。

3D 打印与激光成型技术一样，采用了分层加工、叠加成型来完成 3D 实体打印[46]。每一层的打印过程分为两步，首先在需要成型的区域喷洒一层特殊胶水，胶水液滴本身很小，且不易扩散。然后是喷洒一层均匀的粉末，粉末遇到胶水会迅速固化黏结，而没有胶水的区域仍保持松散状态。这样在一层胶水一层粉末的交替下，实体模型将会被“打印”成型，打印完毕后只要扫除松散的粉末即可“刨”出模型，而剩余粉末还可循环利用。

②3D 实体设计。

3D 实体设计的过程是：先通过计算机建模软件建模，再将建成的 3D 实体模型“分区”成逐层的截面（即切片），从而指导 3D 打印机逐层打印[47]。

设计软件和 3D 打印机之间交互、协作的标准文档格式是 STL 文件。一个 STL 文件使用三角面来近似模拟物体的表面。三角面越小其生成的表面分辨率就越高。PLY 是一种通过扫描产生的三维文件的扫描器，其生成的 VRML 或者 WRL 文件经常被用作全彩打印的输入文件。

③3D 打印过程。

3D 打印机通过读取 STL 文件中的横截面信息，再采用液体状、粉状或片状的材料将这些截面逐层地打印出来，然后将各层截面以各种方式粘合起来，从而制造出一个所设计的实体。

3D 打印机打印出的截面的厚度（即 Z 方向）以及平面方向即 $X-Y$ 方向的分辨率是以 dpi（指每英寸长度上的点数）或者 μm 来计算的。一般的厚度为 100 μm，即 0.1 mm，也有部分 3D 打印机如 Objet Connex 系列和 3D Systems 公司 ProJet 系列可以打印出 16 μm 薄的一层。在平面方向则可以打印出跟激光打印机相近的分辨率。3D 打印机打印出来的“墨水滴”的直径通常为 50～100 μm。用传统方法制造出一个模型通常需要数小时到数天的时间，有时还会因模型的尺寸较大或形状较复杂而使加工时间延长。而采用 3D 打印则可以将时间缩短为数十分钟或数个小时，当然具体时间也要视 3D 打印机的性能水平和模型的尺寸与复杂程度而定。

④制作完成。

3D 打印机的分辨率对大多数应用来说已经足够（在弯曲的表面可能会比较粗糙，像图像上的锯齿一样），要获得更高分辨率的物品可以通过如下方法实现：先用当前的 3D 打印机打出稍大一点的物体，再经过些微表面打磨即可得到表面光滑的“高分辨率”物品。

有些 3D 打印机可以同时使用多种材料进行打印；有些 3D 打印机在打印过程中还会用到支撑物，比如在打印一些有倒挂状物体的模型时就需要用到一些易于去除的东西（如可溶的东西）作为支撑物。

2.3.2 三维实体设计软件的应用

2.3.2.1 三维实体造型软件简介

三维实体造型是计算机图形学中的一种非常复杂、非常系统、非常普及、非常实用的技术。目前，实体造型与建模的方法共有 5 种，即：线框造型、曲面造型、实体造型、特征造型和分维造型。在实体造型与建模中，人们迫切希望了解和掌握有关实体的更多几何信息，这就使得剖分一个实体成为一种可贵的功能，人们期望能借此观看和认知实体的内部形状和相关信息。

与线框模型和曲面模型相比，实体模型是最为完善、最为直观的一种几何模型。采用这种模型，人们可以从 CAD 系统中得到工程应用所需要的各种信息，并将其用于数控编程、空气动力学分析、有限元分析等[48]。实体建模的方法包括边框描述、创建实体几何形状、截面扫描、放样和旋转等。

1. 软件简介

SOLIDWORKS 是美国 SOLIDWORKS 公司开发的一种计算机辅助设计产品（Computer Aided Design，简称 CAD），是实行数字化设计的造型软件，在国际上有着良好的声誉并得到广泛的应用[49]。SOLIDWORKS 软件是世界上第一个基于 Windows 开发的三维 CAD 系统，由于技术创新符合 CAD 技术的发展潮流，该系统在 1995—1999 年获得全球微机平台 CAD 系统评比第一名。从 1995 年至今，已经累计获得 17 项国际大奖，其中仅从 1999 年起，美国权威的 CAD 专业杂志 CADENCE 连续 4 年授予 SOLIDWORKS 最佳编辑奖，以表彰 SOLIDWORKS 的创新、活力和简明。至此，SOLIDWORKS 所遵循的易用、稳定和创新三大原则得到了全面的落实和证明。

由于使用了 Windows OLE 技术、直观式设计技术、先进的 parasolid 内核以及良好的与第三方软件的集成技术，SOLIDWORKS 成为全球装机量最大、最好用的软件。资料显示，目前全球发放的 SOLIDWORKS 软件使用许可约 28 万个，涉及航空航天、机车、食品、机械、国防、交通、模具、电子通信、医疗器械、娱乐工业、日用品/消费品、离散制造等分布于全球100多个国家的约31 000家企业。

SOLIDWORKS具有非常开放的系统，添加各种插件后可实现产品的三维建模、装配校验、运动仿真、有限元分析、加工仿真、数控加工及加工工艺的制定，以保证产品从设计、工程分析、工艺分析、加工模拟、产品制造过程中数据的一致性，从而真正实现了产品的数字化设计与制造，大幅度提高了产品的设计效率和质量。

SOLIDWORKS是在Windows环境下进行机械设计的软件，它基于特征、参数化进行实体造型，是一个以设计功能为主的CAD/CAE/CAM软件，具有人性化的操作界面，具备功能齐全、性能稳定、使用简单、操作方便等特点，同时SOLIDWORKS还提供了二次开发的环境和开放的数据结构[50]。

2. 软件特点

SOLIDWORKS软件功能强大，组件繁多，具有功能强大、易学易用和技术创新三大特点，这使得SOLIDWORKS成为领先的、主流的三维CAD解决方案。SOLIDWORKS能够提供不同的设计方案、减少设计过程中的错误以及提高产品质量[51]。它不仅提供了如此强大的功能，而且对每个工程师和设计者来说，它的操作简单方便、易学易用。

对于熟悉微软Windows系统的用户来说，基本上可以非常顺利地利用SOLIDWORKS来搞设计了。SOLIDWORKS独有的拖拽功能使用户能够在较短的时间内完成大型的装配设计。SOLIDWORKS资源管理器是同Windows资源管理器一样的CAD文件管理器，用它可以十分方便地管理CAD文件。使用SOLIDWORKS，用户能在较短的时间内完成更多的工作，能够更快地将高质量的产品投放市场。

在目前市场上所见到的三维CAD解决方案中，SOLIDWORKS是设计过程简单而方便的软件之一[52]。美国著名咨询公司Daratech评论说：“在基于Windows平台的三维CAD软件中，SOLIDWORKS是最著名的品牌，是市场快速增长的领导者。”

在强大的设计功能和易学易用的操作（包括Windows风格的拖/放、点/击、剪切/粘贴）协同下，使用SOLIDWORKS，整个产品设计是可百分之百可编辑的，零件设计、装配设计和工程图之间是全相关的，这就给使用者带来了极大的便利。

3. 主要模块

（1）零件建模。

①SOLIDWORKS提供了无与伦比的、基于特征的实体建模功能。通过拉伸、旋转、薄壁特征、高级抽壳、特征阵列以及打孔等操作来实现产品的

设计。

②通过对特征和草图的动态修改，用拖拽的方式实现实时的设计修改。

③三维草图功能为扫描、放样生成三维草图路径，或为管道、电缆、线和管线生成路径。

（2）曲面建模。

通过带控制线的扫描、放样、填充以及拖动可控制的相切操作产生复杂的曲面，可以非常直观地对曲面进行修剪、延伸、倒角和缝合等曲面操作。

（3）钣金设计。

SOLIDWORKS 提供了顶尖的、全相关的钣金设计能力。可以让客户直接使用各种类型的法兰、薄片等特征，使正交切除、角处理以及边线切口等钣金操作变得非常容易。尤其是 SOLIDWORKS 的 API 可为用户提供自由的、开放的、功能完整的开发工具。

开发工具包括 Microsoft Visual Basic for Applications（VBA）、Visual C++，以及其他支持 OLE 的开发程序。

（4）帮助文件。

SolidWork 配有一套强大的、基于 HTML 的全中文帮助文件系统。其中包括超级文本链接、动画示教、在线教程，以及设计向导和术语。

（5）高级渲染。

与 SOLIDWORKS 完全集成的高级渲染软件能够有效地展示概念设计，减少样机的制作费用，快速地将产品投入市场。PhotoWorks 可为用户提供方便易用的、优良品质的渲染功能。图 2-22 所示案例展现了 SOLIDWORKS 的高级渲染效果。

图 2-22 SOLIDWORKS 的渲染效果图

任何熟悉微软 Windows 的人都能用 PhotoWorks 快速地将 SOLIDWORKS 的零件和装配体渲染成漂亮的图片。用 PhotoWorks 的菜单和工具栏中的命令，可以十分容易地产生高品质的三维模型图片。PhotoWorks 软件中包括一个巨大的材质库和纹理库，用户可以自定义灯光、阴影、背景、景观等选项，为 SOLIDWORKS 零件和装配体选择好合适的材料属性，而且在渲染之前可以预览，设定好灯光和背景选项，随后就可以生成一系列用于日后交流的品质图片文件[53]。

（6）特征识别。

与 SOLIDWORKS 完全集成的特征识别软件 FeatureWorks 是第一个为 CAD

用户设计的特征识别软件，它可与其他 CAD 系统共享三维模型，充分利用原有的设计数据，更快地将向 SOLIDWORKS 系统过渡。

FeatureWorks 同 SOLIDWORKS 可以完全集成。当引入其他 CAD 软件设计的三维模型时，FeatureWorks 能够重新生成新的模型，引进新的设计思路[54]。FeatureWorks 还可对静态的转换文件进行智能化处理，获取有用的信息，减少了重建模型时间。

FeatureWorks 最适合识别带有长方形、圆锥形、圆柱形的零件和钣金零件，还提供了崭新的灵活功能，包括在任何时间按任意顺序交互式操作以及自动进行特征识别。此外，FeatureWorks 也提供了在新的特征树内进行再识别和组合多个特征的能力，新增功能还包含识别拔模特征和筋特征的能力。

2.3.2.2 三维实体造型设计的基本步骤

由于 SOLIDWORKS 优点突出、使用方便，本书将以其为应用工具，进行书中所述仿蛇机器人的三维实体造型设计[55]。

1. 使用教程

1）启动 SOLIDWORKS 和界面简介

成功安装 SOLIDWORKS 以后，在 Windows 操作环境下，选择【开始】→【程序】→【SOLIDWORKS 2016】→【SOLIDWORKS 2016】命令，或者在桌面双击 SOLIDWORKS 2016 的快捷方式图标，就可以启动 SOLIDWORKS 2016（见图 2－23），也可以直接双击打开已经做好的 SOLIDWORKS 文件，启动 SOLIDWORKS 2016。

图 2－23　SOLIDWORKS 启动界面

图 2－23 所示界面只显示了几个下拉菜单和标准工具栏，选择下拉菜单【文件】→【新建】命令，或单击标准工具栏中按钮，出现“新建 SOLIDWORKS 文件”对话框，这里提供了类文件模板，每类模板有零件、装配体和工程图三种文件类型，用户可以根据自己的需要选择一种类型进行操作。这里先选择零件，单击【确定】按钮，则出现图 2－24 所示的新建 SOLIDWORKS 零件界面。

图 2－24 零件界面

图 2－24 里有下拉菜单和工具栏，整个界面分成两个区域，一个是控制区，另一个是图形区。在控制区有三个管理器，分别是特征设计树、属性管理器和组态管理器，可以进行编辑。在图形区显示造型，进行选择对象和绘制图形。特别是下拉菜单几乎包括了 SOLIDWORKS 2016 所有的命令，在常用工具栏中没有显示的那些不常用的命令，可以在菜单里找到；常用工具栏的命令按钮可以由用户自己根据实际使用情况确定。图形区的视图选择按钮是 SOLIDWORKS 2016 新增功能，单击【倒三角】按钮，可以选择不同的视图显示方式。

用户单击【文件】→【保存】命令，或单击标准工具栏中按钮，则会出现“另存为”对话框，如图 2－25 所示。这时，用户就可以自己选择保存文件的类型进行保存。如果想把文件换成其他类型，只需单击【文件】→【另存为】命令，随后在出现的“另存为”对话框中选择新的文件类型进行保存。

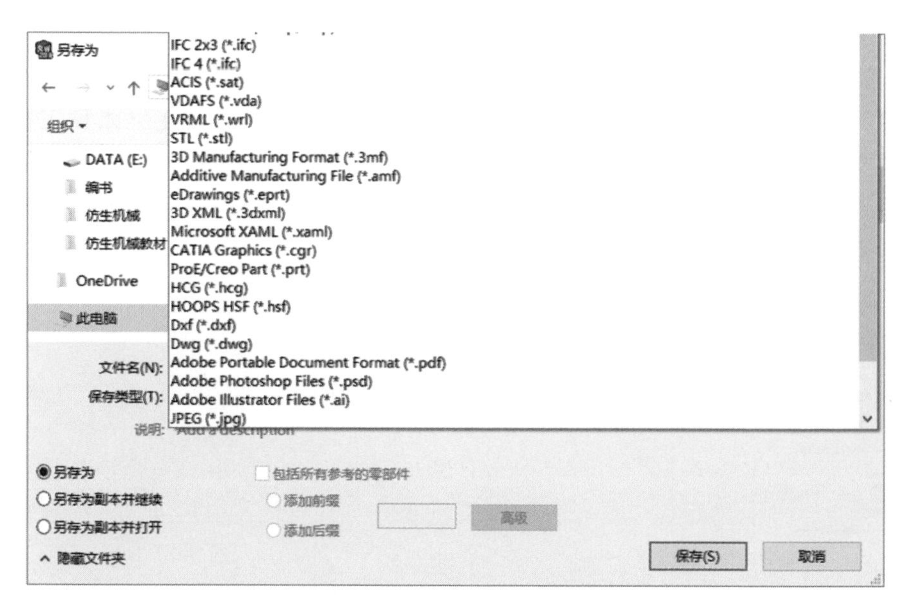

图 2－25 “另存为”对话框

2）快捷键和快捷菜单

使用快捷键、快捷菜单及鼠标按键功能是提高作图速度和准确性的重要方式，在 Windows 操作里面有很多时候都会使用它们，这里主要介绍 SOLIDWORKS 快捷命令的使用和鼠标的特殊用法。

（1）快捷键。

SOLIDWORKS 里面快捷键的使用和 Windows 里面快捷键的使用基本上一样，用 Ctrl + 字母，就可以进行快捷操作。

（2）快捷菜单。

在没有执行命令时，常用快捷菜单有四种：一种在图形区里，一种在零件特征表面上，一种在特征设计树里，还有一种在工具栏里，单击右键后就出现如图 2－26 所示的快捷菜单。在有命令执行时，单击不同的位置，也会出现不同的快捷菜单，用户可以自己在实践中慢慢体会。

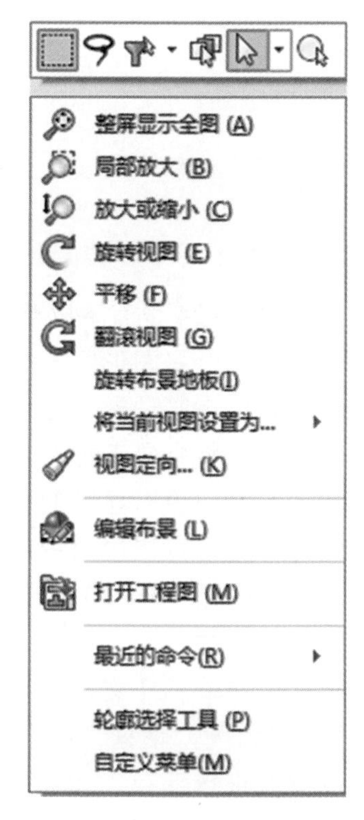

图 2－26 快捷菜单

（3）鼠标按键功能。

左键——可以选择功能选项或者操作对象。

右键——显示快捷菜单。

中键——只能在图形区使用，一般用于旋转、平移和缩放。在零件图和装配体的环境下，按住鼠标中键不放，移动鼠标就可以实现旋转；在零件图和装配体的环境下，先按住 Ctrl 键，然后按住鼠标中键不放，移动鼠标就可以实现图形平移；在工程图的环境下，按住鼠标的中键，就可以实现图形平移；先按住 Shift 键，然后按住鼠标中键移动鼠标就可以实现缩放；如果是带滚轮的鼠标，直接转动滚轮就可以实现缩放。

3）模块简介

在 SOLIDWORKS 里有零件建模、装配体、工程图等基本模块，因为 SOLIDWORKS 是一套基于特征的、参数化的三维设计软件，符合工程设计思维，并可以与 CAMWorks 及 DesignWork 等模块构成一套设计与制造结合的 CAD/CAM/CAE 系统，使用它可以提高设计精度和设计效率；也可以用插件形式加进其他专业模块（如工业设计、模具设计、管路设计等）。

特征是指可以用参数驱动的实体模型，是一个实体或者零件的具体构成之一，对应着某一形状，具有工程上的意义。因此这里讲的基于特征就是指零件模型是由各种特征生成的，零件的设计其实就是各种特征的叠加。

参数化是指对零件上各种特征分别进行各种约束，各个特征的形状和尺寸大小用变量参数来表示，其变量可以是常数，也可以是代数式。若一个特征的变量参数发生了变化，则该零件的这一个特征的几何形状或者尺寸大小都将发生变化，与这个参数有关的内容都会自动改变，而用户不需要自己修改。

下面介绍零件建模、装配体、工程图等基本模块的特点。

（1）零件建模。

SOLIDWORKS 提供了基于特征的、参数化的实体建模功能，可以通过特征工具进行拉伸、旋转、抽壳、阵列、拉伸切除、扫描、扫描切除、放样等操作以完成零件的建模。建模后的零件，可以生成零件的工程图，还可以插入装配体中形成装配关系，并且还能生成数控代码，直接进行零件加工。

（2）装配体。

在 SOLIDWORKS 中自上而下地生成新零件时，要参考其他零件并保持参数关系。在装配环境里，可以十分方便地设计和修改零部件。在自下而上的设计中，可利用已有的三维零件模型，将两个或者多个零件按照一定的约束关系进行组装，形成产品的虚拟装配，还可以进行运动分析、干涉检查等，因此可以形成产品的真实效果图。

（3）工程图。

利用零件及其装配实体模型，可以自动生成零件及装配的工程图，需要指定模型的投影方向或者剖切位置等，就可以得到所需要的图形，而且工程图是全相关的。当修改图纸的尺寸时，零件模型、各个视图、装配体都会自动更新。

4）常用工具栏简介

SOLIDWORKS 中有丰富的工具栏，在这里，只是根据不同的类别，简要介绍一下常用工具栏里面的常用命令功能。在下拉菜单中选择【工具】→【自定义】命令，或者右键单击【工具栏】出现的快捷菜单中的【自定义】命令，就会出现一个“自定义”的对话框如图 2－27 所示，接下来就可按图进行操作。

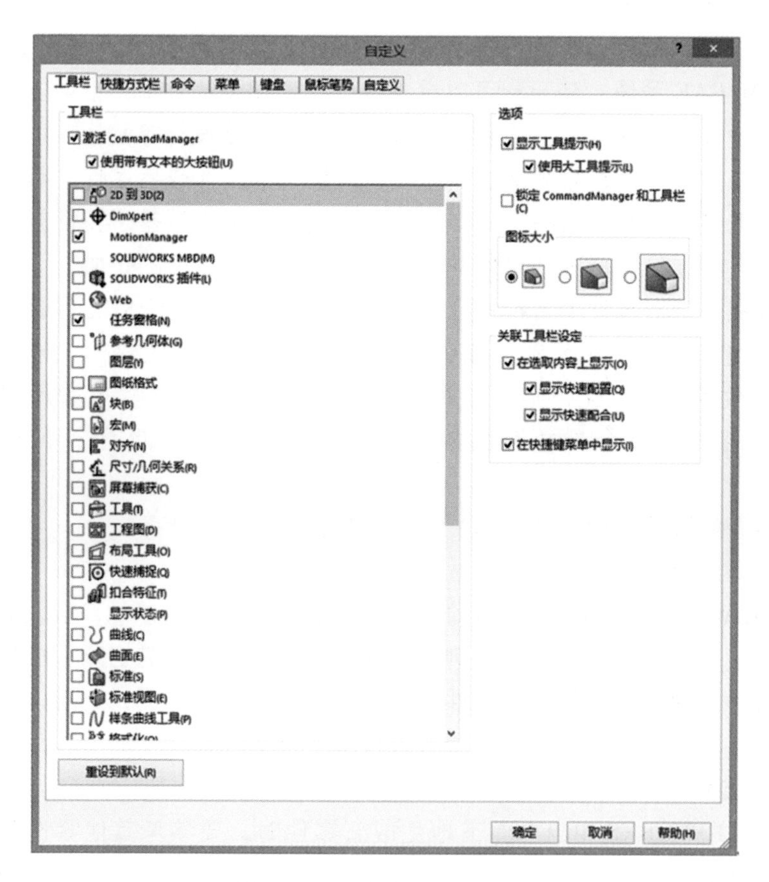

图 2－27 “自定义”对话框

2. 采用 SOLIDWORKS 进行三维实体造型的具体步骤

1）草图的绘制

草图是三维实体造型设计的基础，不论采用哪一种建模方式，草图都是实现模型结构从无到有迈出的第一步。但在三维实体造型设计系统中，草图的作用与地位发生了一些变化，其中心思想是人们的设计意图应采用三维实体来表达，这与以前人们只是写写画画、用简单的线条和潦草的图形作为草图使用的概念不同。草图作为实体建模的基础，编辑其中的管理特征比管理草图效率高。所以在三维实体造型设计中，认真完成草图的绘制十分重要。需要指出的是，在绘制草图过程中应注意以下几个原则：

（1）根据建立特征的不同以及特征间的相互关系，确定草图的绘图平面和基本形状；

（2）零件的第一幅草图应该根据原点定位，以确定特征在空间的位置；

（3）每一幅草图应尽量简单，不要包含复杂的嵌套，这样有利于草图的管理和特征的修改；

（4）要非常清楚草图平面的位置，一般情况下可使用“正视于”命令，使草图平面和屏幕平行；

（5）复杂的草图轮廓一般应用于二维草图到三维模型的转化操作，正规的建模过程中最好不要使用复杂的草图；

（6）尽管 SOLIDWORKS 不要求完全定义的草图，但在绘制草图的过程中最好使用完全定义的，合理标注尺寸以及正确添加几何关系，能够真实反映出设计者的思维方式和设计能力；

（7）任何草图在绘制时只需要绘制大概形状以及位置关系，要利用几何关系和尺寸标注来确定几何体的大小和位置，这样有利于提高工作效率；

（8）绘制实体时要注意 SOLIDWORKS 的系统反馈和推理线，可以在绘制过程中确定实体间的关系，在特定的反馈状态下，系统会自动添加草图元素间的几何关系；

（9）首先确定草图各元素间的几何关系，其次是确定位置关系和定位尺寸，最后标注草图的形状尺寸；

（10）中心线（构造线）不参与特征的生成，只起着辅助作用，因此，必要时可使用构造线定位或标注尺寸；

（11）小尺寸几何体应使用夸张画法，标注完尺寸后改成正确的尺寸。

在遵循以上原则的条件下，用户可开始进行草图绘制。首先单击草图绘制工具上的“草图”命令，或者单击草图绘制工具栏上的“草图绘制”，或者单击菜单栏，然后选择“草图绘制”，其步骤如图 2－28 所示。接下来选择所显示的三个基准面上的任意一个基准面，然后在该基准面上单击“绘制草图”，被选中的基准面会高亮显示，如图 2－29 所示。

选中基准面以后，使用草图实体工具绘制草图，或者在草图绘制“工具栏”上“选择”—“工具”，然后生成草图。这里选择了“草图工具/圆”命令，再在基准面上绘制一个圆，如图 2－30 所示。

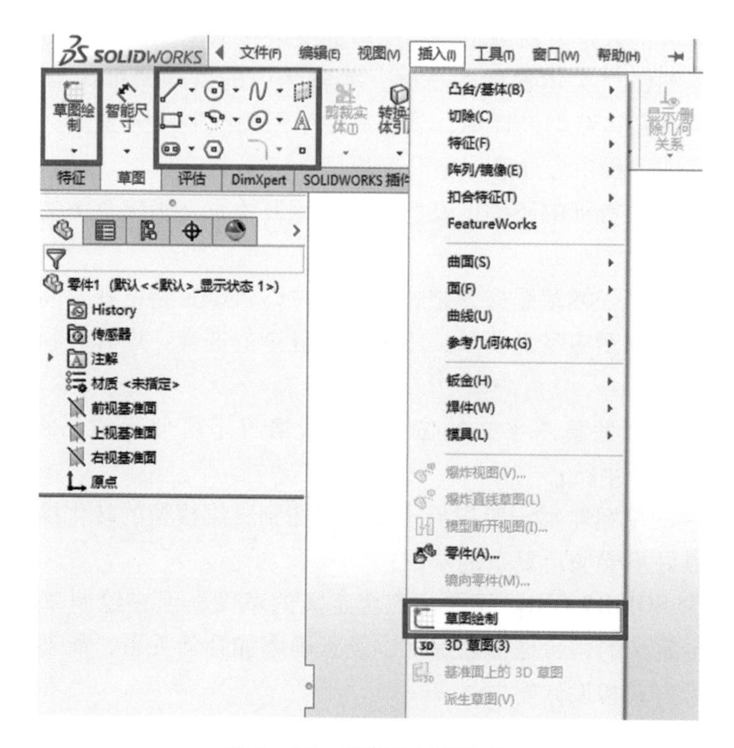

图 2－28　草图绘制界面图

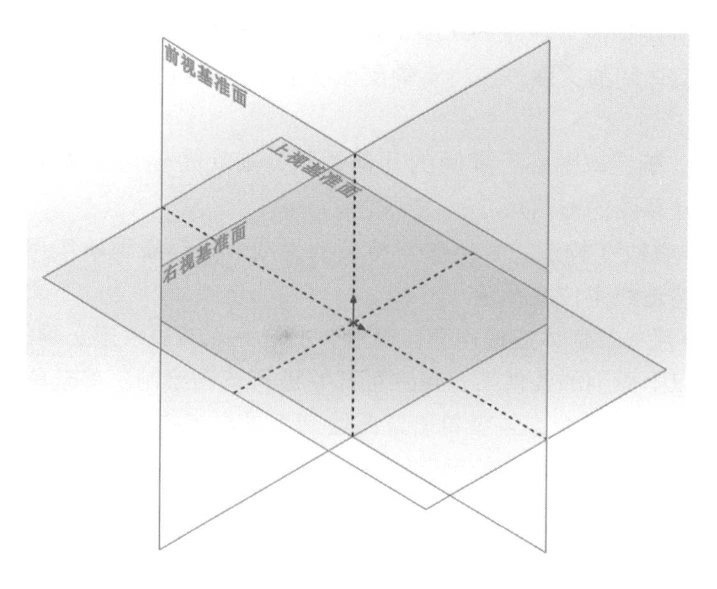

图 2－29　选择草图绘制基准面

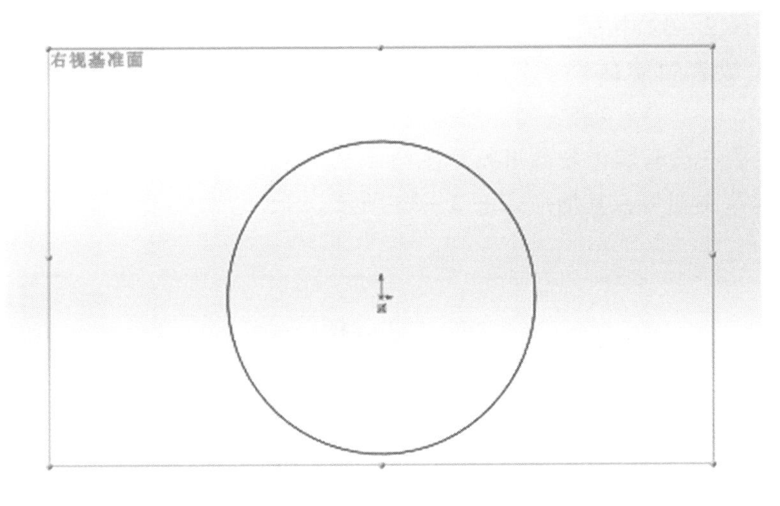

图 2－30　采用画圆命令在基准面作图

绘制好草图轮廓后，可给图形标注尺寸。标注尺寸的数字可以进行修改，图形会根据修改尺寸变大或变小。如果不需要修改则直接单击“确定”即可。草图尺寸标注界面如图 2－31 和图 2－32 所示。

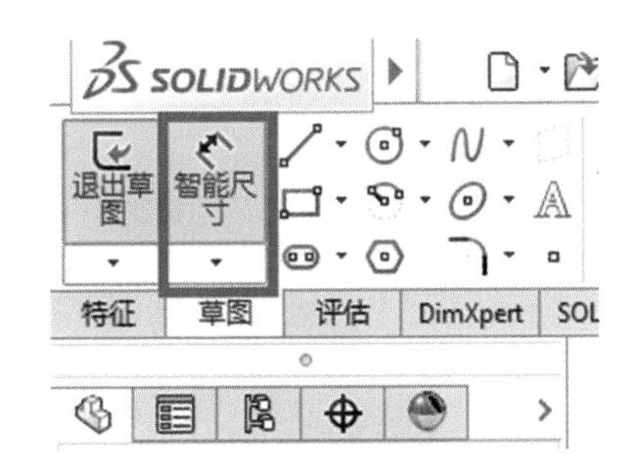

图 2－31　草图尺寸标注界面 1

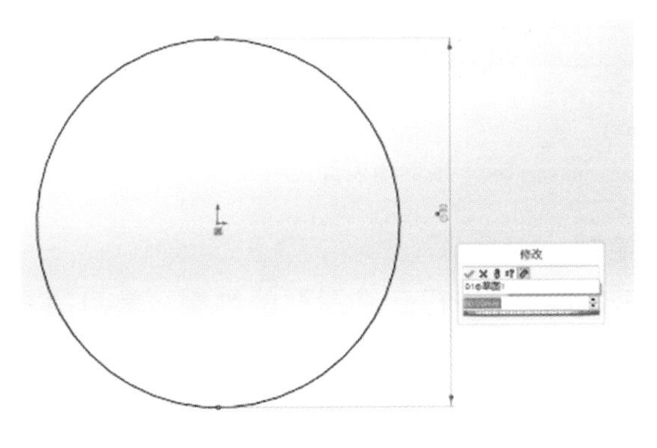

图 2－32　草图尺寸标注界面 2

单击图 2－32 中右上角的“退出草图”图标，或单击特征工具栏上的“拉伸凸台”或者“旋转凸台”命令，就可以退出草图编辑状态，如图 2－33 所示。

如果要在已有实体表面进行草图绘制，只需右键选择实体的某个平面，再选择创建草图即可，其情形如图 2－34 所示。

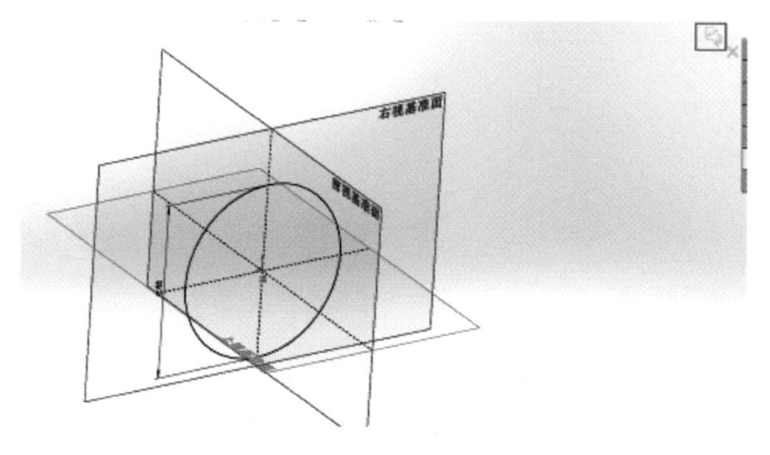

图 2－33　退出草图编辑状态界面图

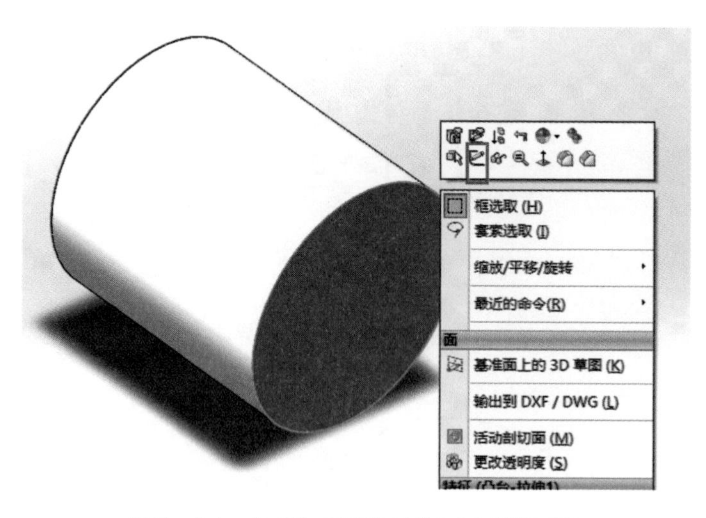

图 2－34　在实体表面进行草图绘制界面图

2）三维图的绘制

在草图绘制完毕后，可进行三维图形的绘制。常用的方法有拉伸、旋转等，具体步骤如下：

（1）建零件图。在前视基准面上创建直径为 40 mm 的圆形草图，如图 2－35 所示。

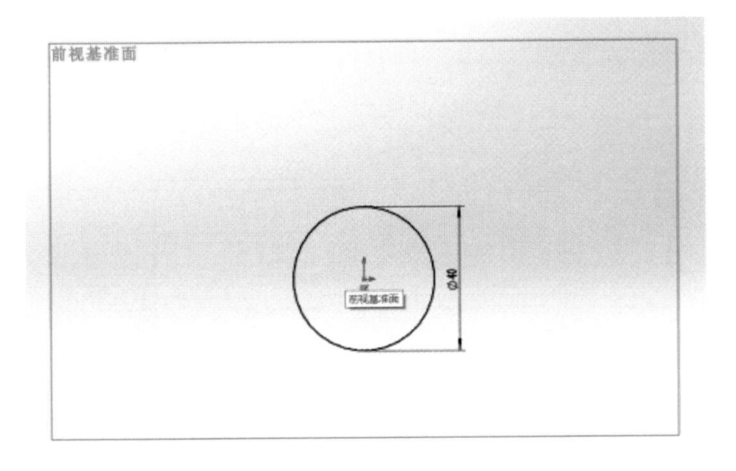

图2-35 在前视基准面上创建圆形

(2) 退出草图绘制界面，在特征选项栏里选择“拉伸凸台/基体”，长度设为 20 mm。选择绿色√，然后退出拉伸。其步骤与结果如图 2-36 所示。

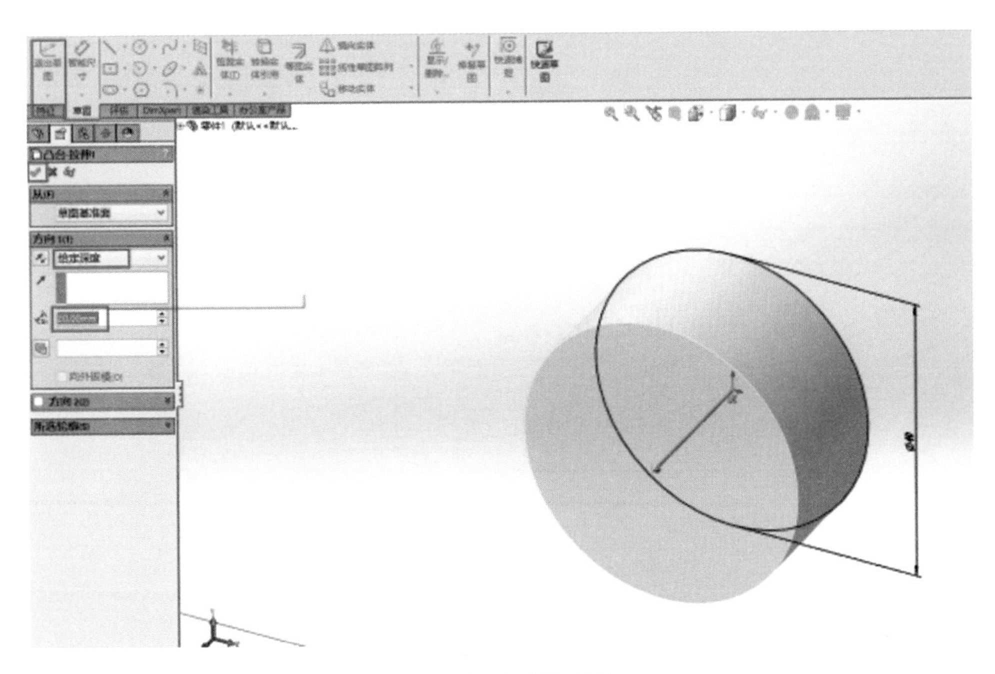

图2-36 拉伸界面图

(3) 在拉伸得到的基体的一面选择创建新草图。可以按组合快捷键 Ctrl + L 显示前视图。其情形如图 2-37 所示。

(4) 在新创建的草图上绘制直径分别为 30 mm 和 20 mm 的同心圆，其情形如图 2－38 所示。

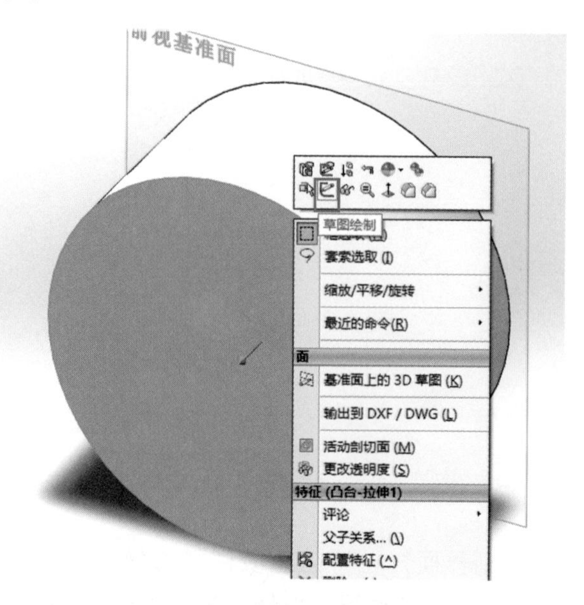

图 2－37　创建新草图界面图

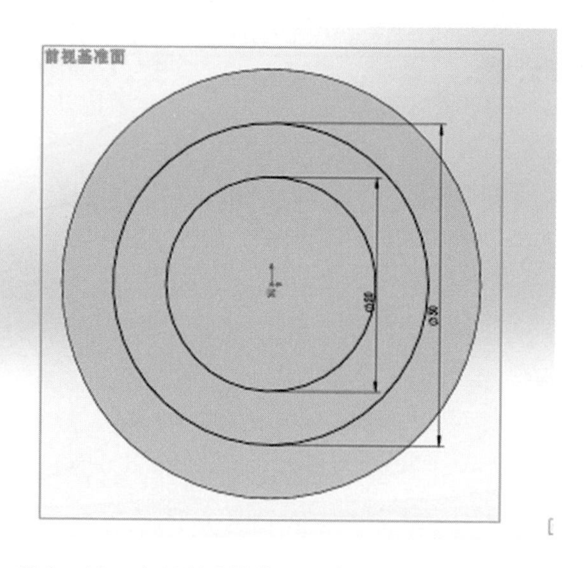

图 2－38　在新创建的草图上绘制同心圆界面图

(5) 退出草图，选择“拉伸凸台/基体”，在拉伸截面中选择圆环部分，设定拉伸长度为 40 mm，选择绿色√，然后退出拉伸。所得拉伸结果如图 2－39 所示。

（6）将所得绘图结果更名为“底座”进行保存。

3）装配图的绘制

装配图由多个零件或部件按一定的配合关系组合而成。本例展示如何使用配合关系完成装配图的绘制。

（1）首先新建零件，改名为“轴”。在前视图中创建草图，绘制直径为 20 mm 的圆，然后拉伸 100 mm。所得结果如图 2－40 所示。

图 2－39 拉伸效果图

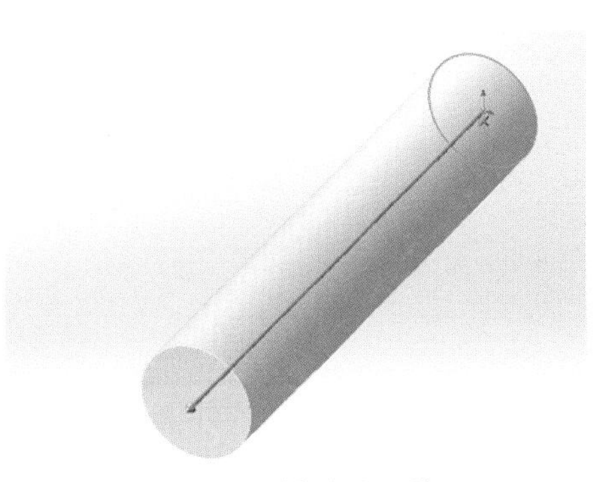

图 2－40 轴的绘制效果

（2）新建装配体，导入轴与上例中的底座，其相关界面如图 2－41 和图 2－42所示。

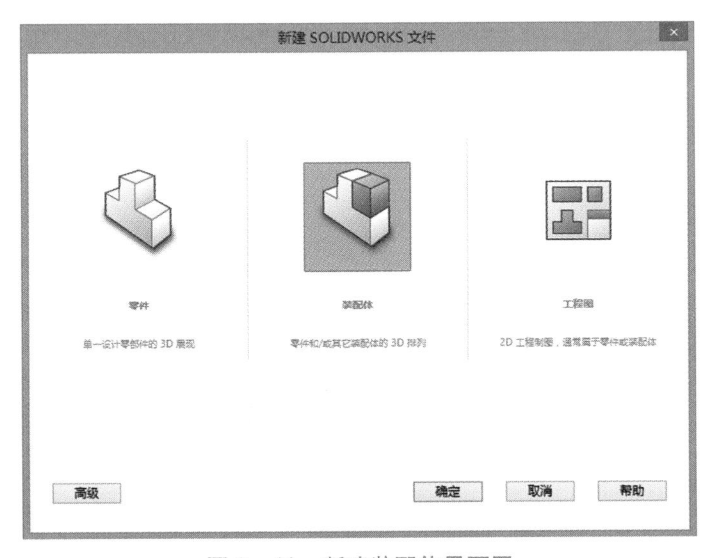

图 2－41 新建装配体界面图

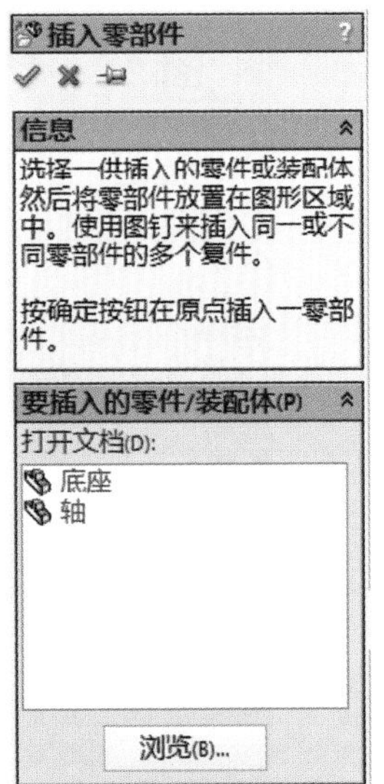

图 2－42 导入零件界面图

（3）接下来将导入的轴与底座对应的孔进行配合。为了更加清楚地表示两者的配合关系，可将轴与底座设为不同的颜色，其结果如图 2－43 所示。

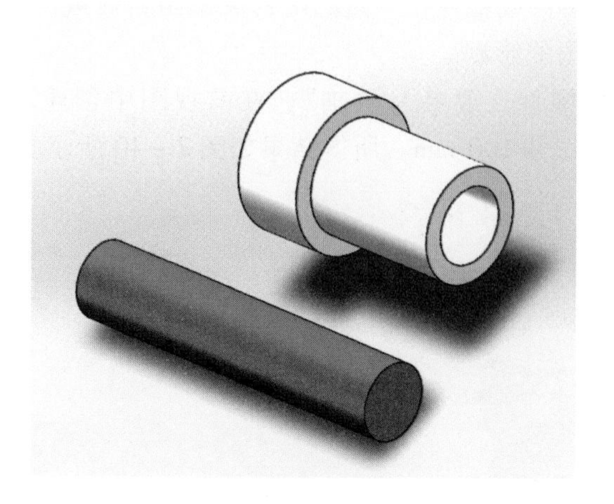

图 2－43　轴与底座设为不同颜色效果图

（4）依次选择轴的外圆柱面和底座孔的内圆柱面，再选择标准配合中的同轴心，然后选择“配合”。操作界面如图 2－44 所示。图 2－45 表示了轴与底座的配合效果。

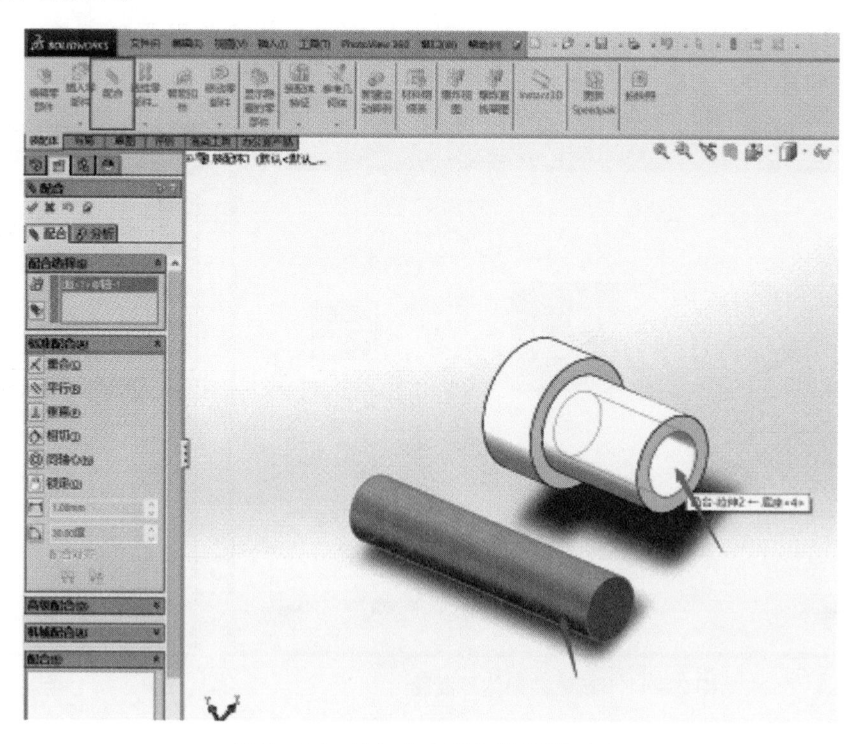

图 2－44　轴与底座配合操作界面图

（5）利用鼠标拖拽轴使其退出配合孔，将轴与底座进行重新配合，以保证轴的底端不伸出底座的下端面，避免发生干涉现象。上述操作的结果如图2－46所示。

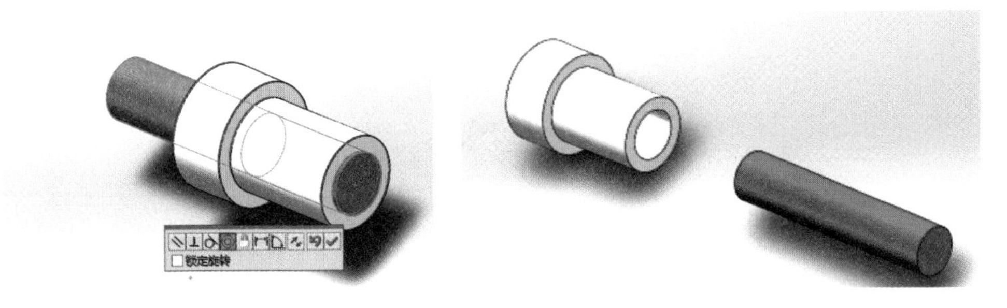

图2－45　轴与底座配合效果图　　　　图2－46　轴退出配合孔情形图

（6）选择底座通孔下端面，再选择轴的底面，选择重合配合。此处可以用鼠标滚轮进行视图调节以便观察。具体操作界面与装配效果如图2－47和图2－48所示。

图2－47　轴与底座重新装配操作过程界面图

至此就形成了一个简单、但却完整的装配体。

4）生成二维切割图纸

将上述三维实体造型设计的结果采用SOLIDWORKS中的相应功能模块生成二维切割图纸，其目的是将所设计的零件可以直接利用激光切割机进行加工，或

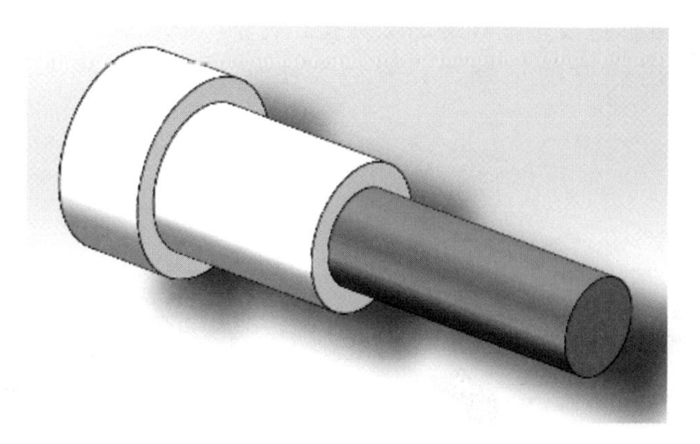

图2-48 轴与底座重新装配效果图

为人工手动切割提供加工依据，其格式为 .dwg。在生成二维切割图纸时需要在文档中绘制待切割的图形，并进行合理布局，优化切割方案，防止浪费材料。

2.3.3 仿蛇机器人模块化设计方案

目前，通过人造材料和器件来实现蛇的结构功能与运动性能难度仍然较大，为了方便设计、节约研制时间和开发成本，应以仿生学原理为依据对仿蛇机器人的身体模块进行简化，也就是说，应当将仿蛇机器人分为若干个较大的模块，将功能相同和结构相近的单个模块统一起来设计，从而实现模块化设计。采用模块化设计思路不仅可以简化仿蛇机器人的结构设计，而且可以方便机器人整体的协同控制，同时还可以利用多余的零件替换损坏的零件，使得仿蛇机器人的加工、制作、维修一整套流程变得简化。

前面已对自然界中的蛇类身体骨架进行了相关研究，积累了一些开发仿蛇机器人的专业经验。在此，可将仿蛇机器人的主体设计分为三个部分：头部、躯干和蛇皮。头部和蛇皮是保证仿蛇机器人与蛇是否具有较高的外观相似度的关键部分，并且数量少，无须模块化设计。因此，仿蛇机器人的头部可以采用3D打印和激光切割相结合的方式进行设计与加工。仿蛇机器人的躯干是由多段相似的结构骨架组合而成，是实现身体变形的基本保障，需要通过激光切割机切割加工，因此仿蛇机器人的躯干可以采用模块化设计，通过相同模块的连接实现整体躯干的组装。蛇皮在外观上尽量做到高度仿真，同时应使其与地面产生各向不同的摩擦力从而推进蛇体（机器人躯体）的向前运动。因此，仿蛇机器人的外观效果可以通过特殊彩色贴纸予以实现，各向不同的摩擦力通过在每个关节上添加从动轮予以实现，而对外界的感知功能则通过添加触觉传感器予以实现。

通过上述分析可知，设计工作的重点应该围绕仿蛇机器人躯干的模块化设计以及其头部的个性化仿真设计展开。

2.3.4 仿蛇机器人单关节的设计

仿蛇机器人的躯干是由多个相同的关节模块组成，每个关节中携带一个舵机，通过舵机的转动模拟生物蛇类每一段关节的弯曲运动。关节模块主要是由两块圆盘、四块侧板组成，侧板 1 与侧板 2 主要用于安装固定舵机，而两侧板则通过圆盘 1 固定；侧板 3 与侧板 4 主要用于实现关节的转动，同样通过圆盘 2 固定，具体的结构如图 2-49 所示。

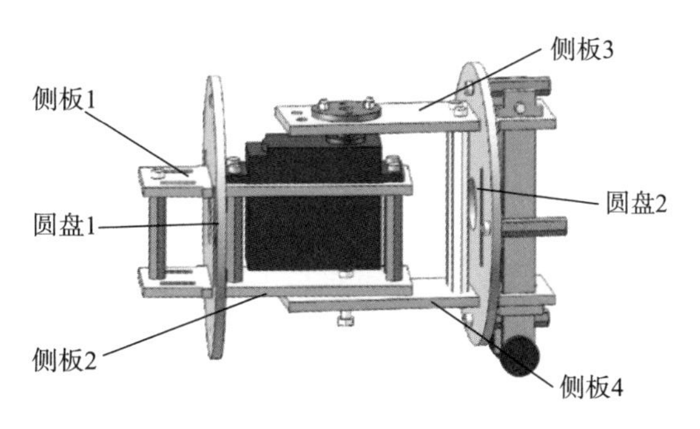

图 2-49 蛇形单关节零件

1. 侧板 1 的三维建模

(1) 首先，选择下拉菜单“文件—新建”命令，系统弹出“新建文件”窗口，选择文件类型“零件”，单击“确定”按钮，完成侧板 1 零件的新建。其次，在菜单命令栏中选择“草图—草图绘制”命令，选择“前视基准面”，进入侧板 1 草图的绘制界面，并通过各类图形绘图命令完成草图 1 的绘制。再次，在菜单命令栏中选择“草图—智能尺寸”命令，完成草图 1 的尺寸标注，如图 2-50 所示。最后，在菜单命令栏中选择“特征—拉伸凸台/基体”命令，在“凸台-拉伸”命令栏中选择“方向 1—给定深度—D1（3 mm）”后，单击“确定”命令，完成草图 1 的凸台拉伸任务。

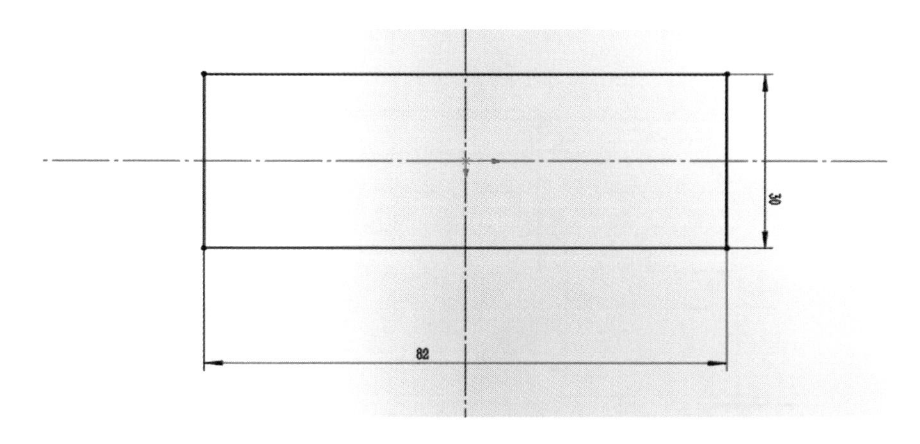

图 2-50 侧板 1 的草图 1 示意图

(2) 首先，选择“凸台正视基准面”，在菜单命令栏中选择“草图—草图绘制”命令，进入草图 2 的绘制界面，并通过各类绘图命令完成草图 2 的绘制。其次，在菜单命令栏中选择“草图—智能尺寸”命令，完成草图 2 的尺寸标注，如图 2－51 所示。最后，在菜单命令栏中选择“特征—拉伸切除”命令，在“拉伸－切除”命令栏中选择“方向 1—完全贯通”后，单击“确定”命令，完成草图 2 的切除任务。

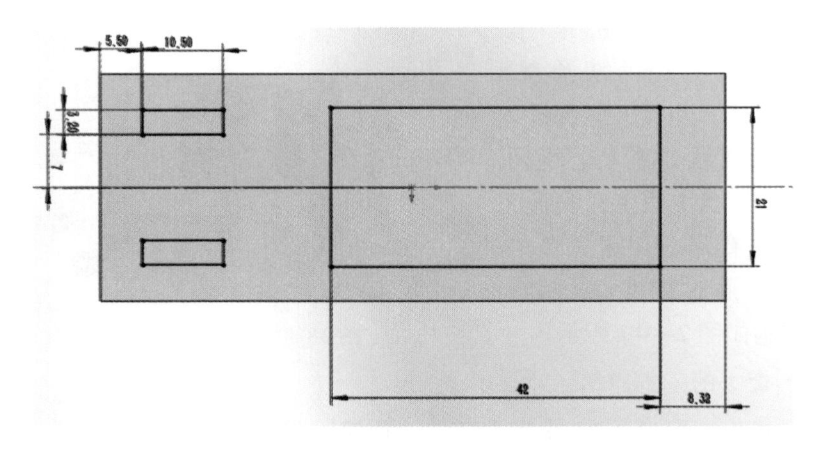

图 2－51　侧板 1 的草图 2 示意图

(3) 在菜单命令栏中选择“草图—草图绘制”命令，选择“凸台正视基准面”，进入草图 3 的绘制界面，并通过各类绘图命令完成草图 3 的绘制。在菜单命令栏中选择“草图—智能尺寸”命令，完成草图 3 的尺寸标注，如图 2－52 所示。在菜单命令栏中选择“特征—拉伸切除”命令，在“拉伸－切除”命令栏中选择“方向 1—完全贯通”后，单击确定“命令”，完成草图 3 的切除任务。

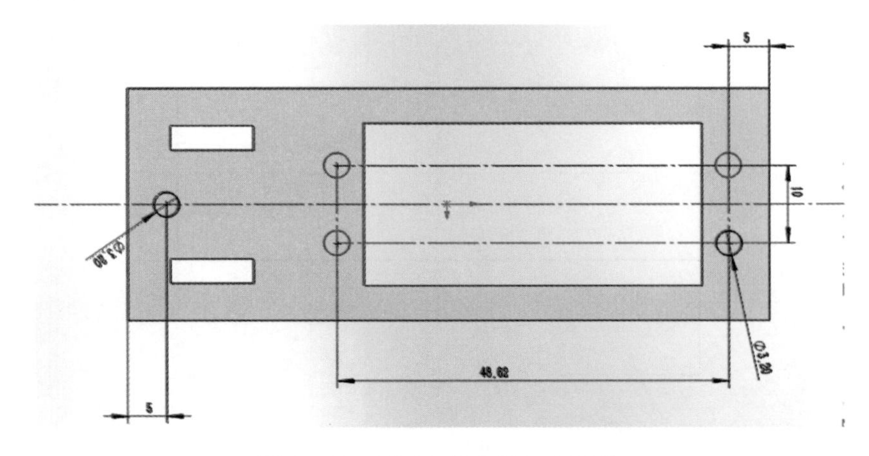

图 2－52　侧板 1 的草图 3 示意图

（4）首先，在菜单命令栏中选择“草图—草图绘制”命令，选择“凸台正视基准面”，进入草图 4 的绘制界面，并通过各类绘图命令完成草图 4 的绘制，注意左右两侧对称。其次，在菜单命令栏中选择“草图—智能尺寸”命令，完成草图 4 的尺寸标注，如图 2 – 53 所示。最后，在菜单命令栏中选择“特征—凸台拉伸”命令，在“凸台 – 拉伸”命令栏中选择“方向 1—形成到一面”后，单击反向面，完成草图 4 的拉伸任务。

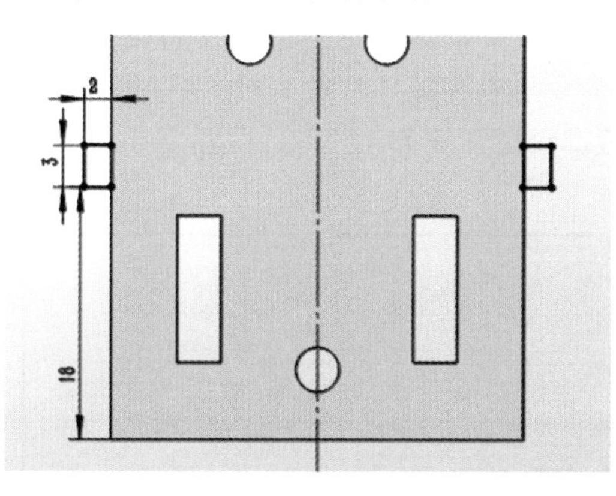

图 2 – 53　侧板 1 的草图 4 示意图

（5）首先，在菜单命令栏中选择“正视基准面”，右键单击零件选择“外观”，进入颜色绘图命令。其次，在右上角菜单命令栏中单击选择“外观—单色”，选择“黄色”，如图 2 – 54 所示。最后，单击“确定”按钮，完成外观绘图命令。选择菜单栏的“文件—另存为”按钮，保存为“侧板 1”。

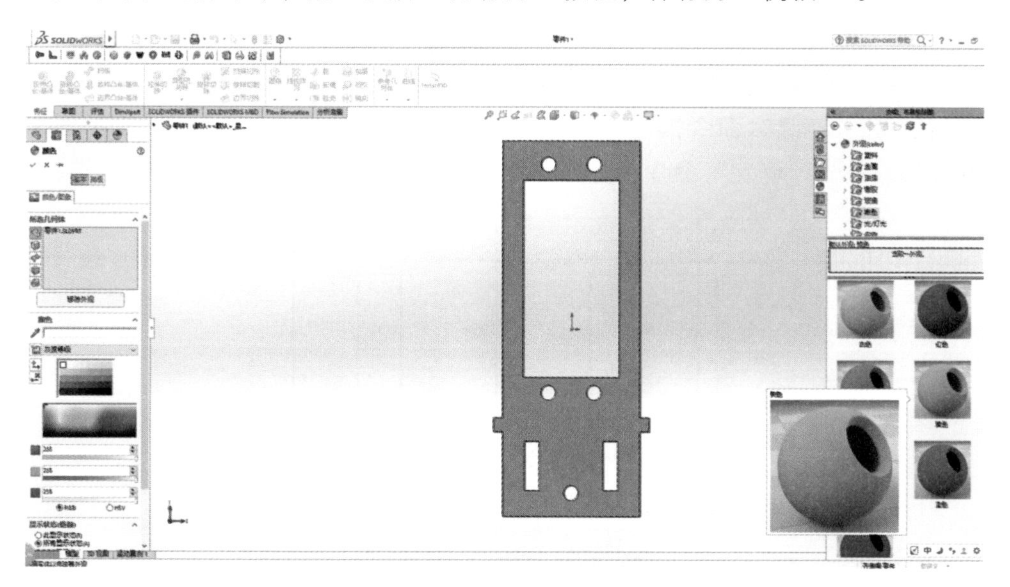

图 2 – 54　侧板 1 的外观设置

2. 侧板 2 和侧板 4 的三维建模

(1) 首先，选择下拉菜单“文件—新建”命令，系统弹出“新建文件”窗口，选择文件类型“零件”，单击“确定”按钮，完成侧板 2 零件的新建命令。其次，在菜单命令栏中选择“草图—草图绘制”命令，选择“前视基准面”，进入草图 1 的绘制界面，并通过各类图形绘图命令完成草图绘制。再次，在菜单命令栏中选择“草图—智能尺寸”命令，完成草图尺寸的标注，如图 2-55 所示。最后，在菜单命令栏中选择“特征—拉伸凸台/基体”命令，在“凸台-拉伸”命令栏中选择“方向 1—给定深度—D1 (3 mm)”后，单击“确定”命令，完成凸台拉伸任务。

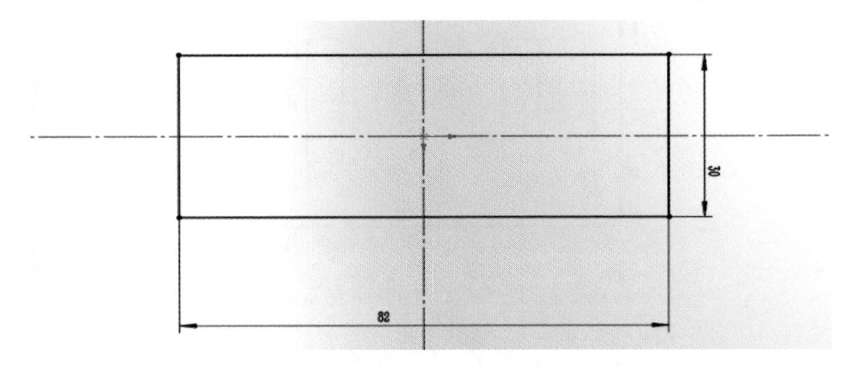

图 2-55 侧板 2 的草图 1 示意图

(2) 首先，在菜单命令栏中选择“草图—草图绘制”命令，选择“凸台正视基准面”，进入草图 2 的绘制界面，并通过各类图形绘图命令完成草图 2 的绘制。其次，注意左右两侧对称，在菜单命令栏中选择“草图—智能尺寸”命令，完成草图 2 的尺寸标注，如图 2-56 所示。最后，在菜单命令栏中选择“特征—拉伸切除”命令，在“拉伸-切除”命令栏中选择“方向 1—完全贯通”后，单击“确定”命令，完成草图 2 切除任务。

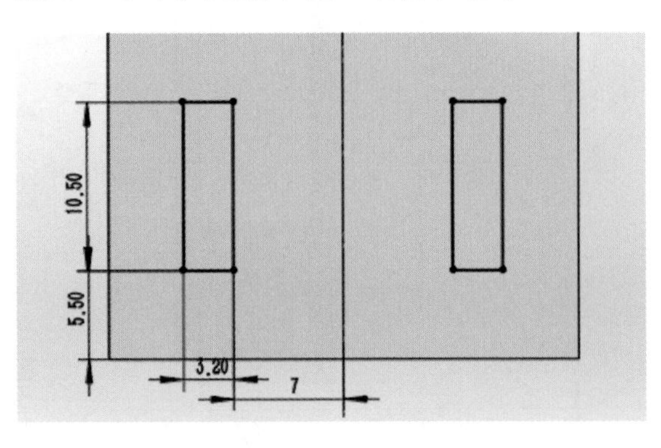

图 2-56 侧板 2 的草图 2 示意图

（3）首先，在菜单命令栏中选择“草图—草图绘制”命令，选择“凸台正视基准面”，进入草图 3 的绘制界面，并通过各类图形绘图命令完成草图 3 的绘制。其次，在菜单命令栏中选择“草图—智能尺寸”命令，完成草图 3 的尺寸标注，如图 2－57 所示。再次，在菜单命令栏中选择“特征—拉伸切除”命令，在“拉伸－切除”命令栏中选择“方向 1—完全贯通”后，单击“确定”命令，完成草图 3 切除任务。

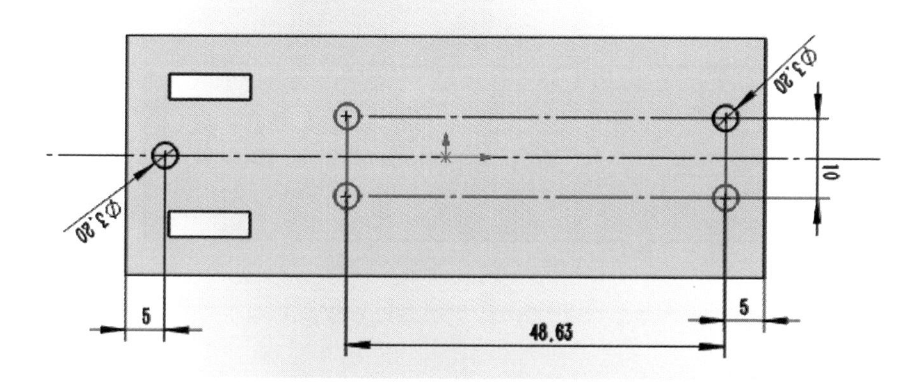

图 2－57　侧板 2 的草图 3 示意图

（4）首先，在菜单命令栏中选择“草图—草图绘制”命令，选择“凸台正视基准面”，进入草图 4 的绘制界面，通过各类图形绘图命令完成草图 4 的绘制，注意左右两侧对称。其次，在菜单命令栏中选择“草图—智能尺寸”命令，完成草图 4 的尺寸标注，如图 2－58 所示。最后，在菜单命令栏中选择“特征—拉伸凸台/基台”命令，在“凸台－拉伸”命令栏中选择“方向 1—形成到一面”后，单击“确定”命令，完成草图 4 的拉伸任务。

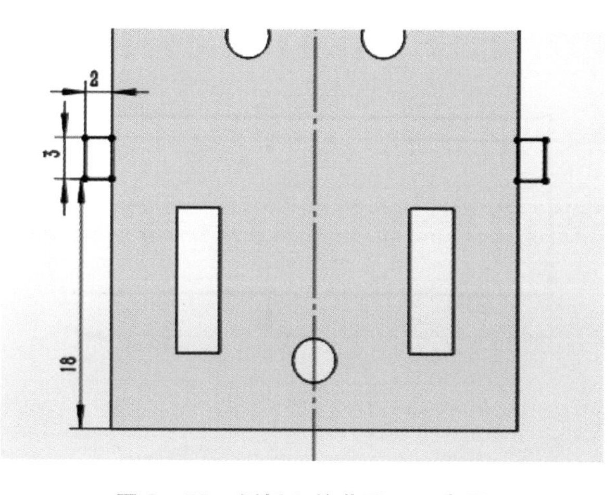

图 2－58　侧板 2 的草图 4 示意图

(5) 首先在菜单命令栏中选择“正视基准面”，单击零件选择“外观”，进入颜色绘图命令。其次，在右上角的菜单命令栏中单击选择“外观—单色”，选择“黄色”。再次，单击“确定”按钮，完成外观绘图命令，如图2－59所示。最后，选择菜单栏的“文件—另存为”按钮，保存为“侧板2”，并将其另存为“侧板4”。

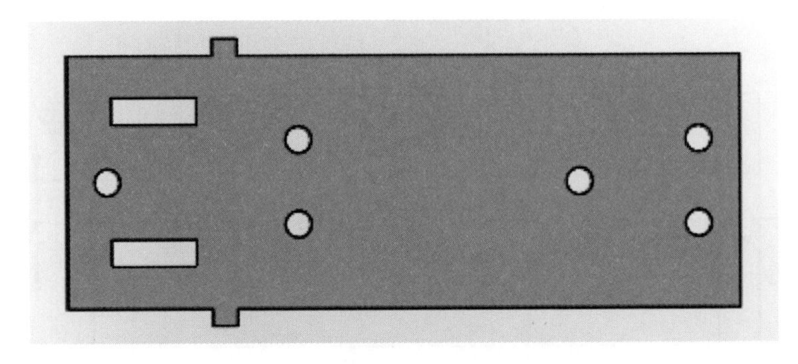

图2－59　侧板2的外观设置结果图

3. 侧板3的三维建模

(1) 首先，选择下拉菜单“文件—新建”命令，系统弹出“新建文件”窗口，选择文件类型“零件”，单击“确定”按钮。其次，在菜单命令栏中选择“草图—草图绘制”命令，选择“前视基准面”，进入草图1的绘制界面。再次，通过各类图形绘图命令完成草图，并完成草图1的尺寸标注，如图2－60所示。最后，在菜单命令栏中选择“特征—拉伸凸台/基体”命令，在“凸台－拉伸”命令栏中选择“方向1—给定深度—D1 (3 mm)”后，完成凸台拉伸任务。

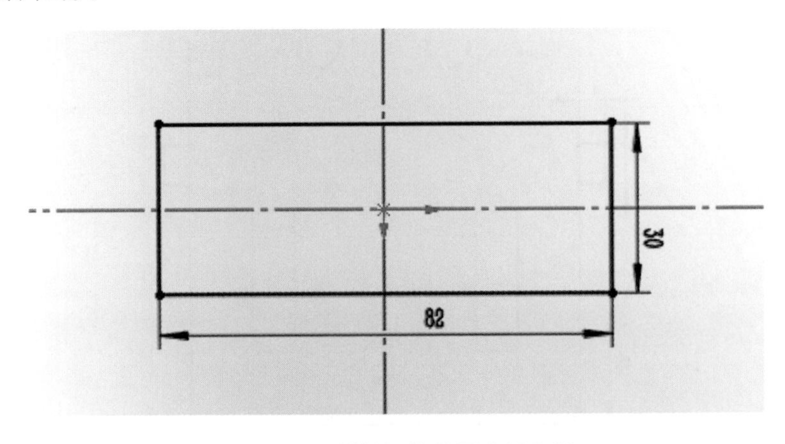

图2－60　侧板3的草图1示意图

（2）首先，在菜单命令栏中选择“草图—草图绘制”命令，选择“凸台正视基准面”，进入草图 2 的绘制界面，并通过各类图形绘图命令完成草图 2 的绘制。其次，在菜单命令栏中选择“草图—智能尺寸”命令，完成草图 2 的尺寸标注，如图 2－61 所示。最后，在菜单命令栏中选择“特征—拉伸切除”命令，在“拉伸－切除”命令栏中选择“方向 1—完全贯通”后，单击“确定”命令，完成草图 2 的切除任务。

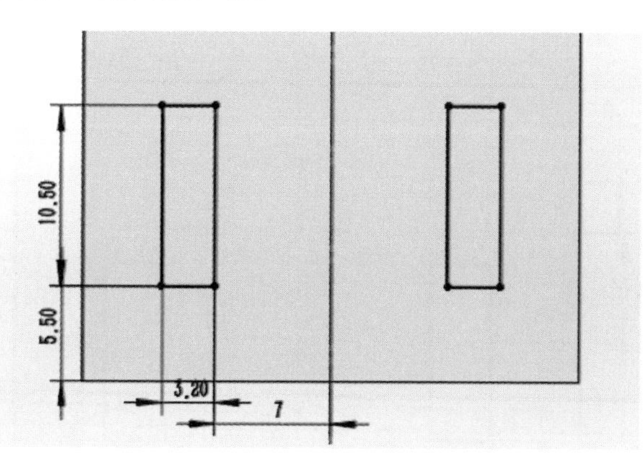

图 2－61　侧板 3 的草图 2 示意图

（3）首先，在菜单命令栏中选择“草图—草图绘制”命令，选择“凸台正视基准面”，进入草图 3 的绘制，并通过各类图形绘图命令完成草图 3 的绘制。其次，在菜单命令栏中选择“草图—智能尺寸”命令，完成草图 3 尺寸标注，如图 2－62 所示。再次，在菜单命令栏中选择“特征—拉伸切除”命令，在“拉伸－切除”命令栏中选择“方向 1—完全贯通”后，单击“确定”命令，完成切除任务。

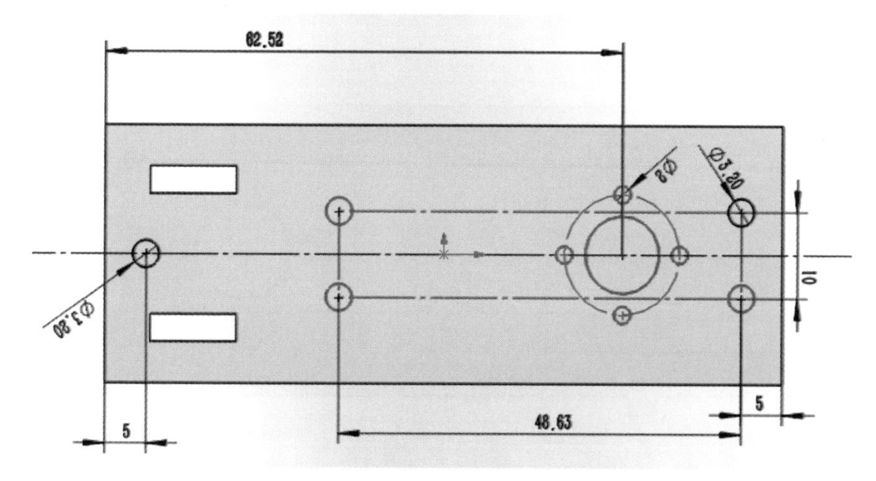

图 2－62　侧板 3 的草图 3 示意图

（4）首先，在菜单命令栏中选择“草图—草图绘制”命令，选择“凸台止视基准面”，进入草图1的绘制界面，并通过各类图形绘图命令完成草图4的绘制。其次，在菜单命令栏中选择“草图—智能尺寸”命令，完成草图4的尺寸标注，如图2－63所示。最后，在菜单命令栏中选择“特征—拉伸凸台/基体”命令，在“凸台－拉伸”命令栏中选择“方向1—形成到一面”后，单击“确定”命令，完成草图4的拉伸任务。

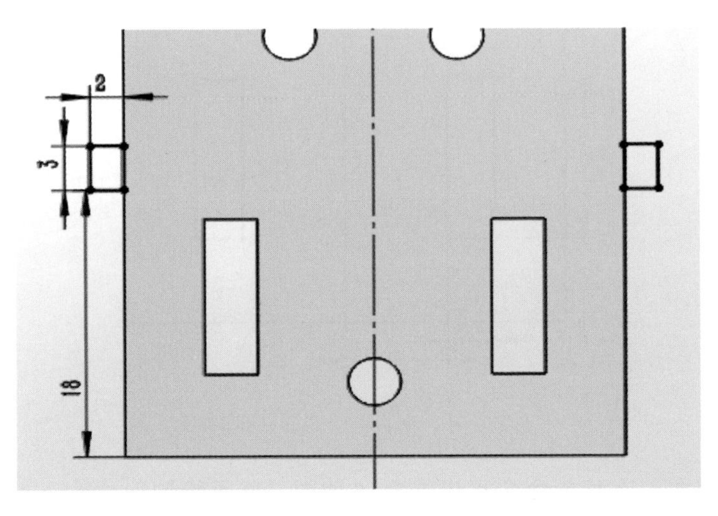

图2－63　侧板3的草图4示意图

（5）首先，在菜单命令栏中选择“正视基准面”，单击零件选择“外观”，进入颜色绘图命令。其次，在右上角的菜单命令栏中单击选择“外观—单色”，选择“黄色”。再次，单击“确定”按钮，完成外观绘图命令，如图2－64所示。最后，选择菜单栏的“文件—另存为”按钮，将其保存为“侧板3”。

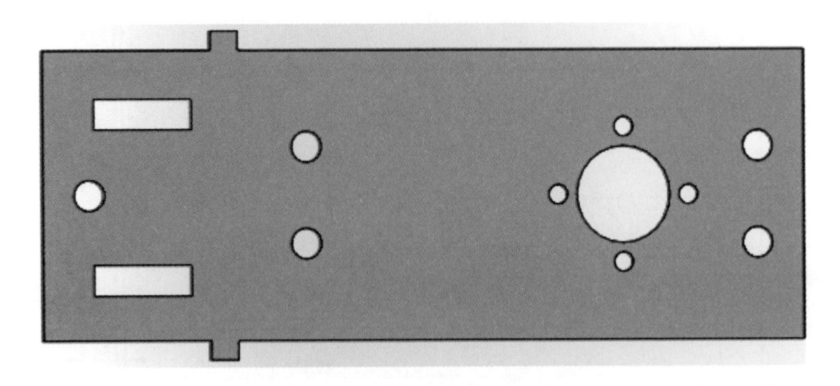

图2－64　侧板3外观设置结果图

4. 固定圆盘 1 与 2 的三维建模

（1）首先，选择下拉菜单“文件—新建”命令，系统弹出“新建文件”窗口，选择文件类型“零件”，单击“确定”按钮。在菜单命令栏中选择“草图—草图绘制”命令，选择“前视基准面”，进入草图 1 的绘制界面，并通过各类图形绘图命令完成草图 1 绘制。其次，在菜单命令栏中选择“草图—智能尺寸”命令，完成草图 1 的尺寸标注，如图 2－65 所示。最后，在菜单命令栏中选择“特征—拉伸凸台/基体”命令，在“凸台－拉伸”命令栏中选择“方向 1—给定深度—D1（3 mm）”后，单击“确定”命令，完成凸台拉伸任务。

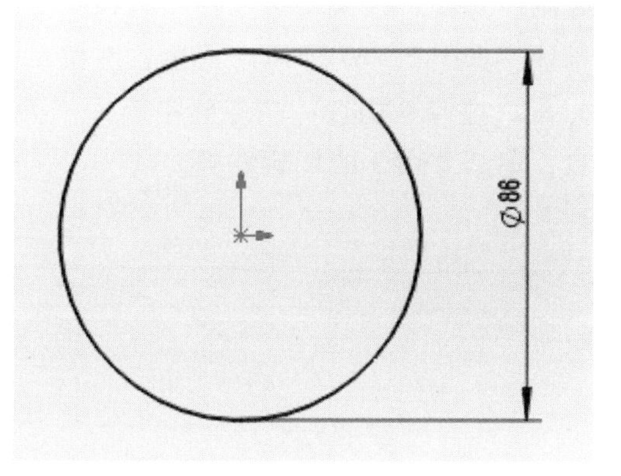

图 2－65　固定圆盘草图 1 示意图

（2）首先，在菜单命令栏中选择“草图—草图绘制”命令，选择“凸台正视基准面”，进入草图 2 的绘制界面，并通过各类图形绘图命令完成草图 2 的绘制。其次，在菜单命令栏中选择“草图—智能尺寸”命令，完成草图 2 的尺寸标注，如图 2－66 所示。最后，在菜单命令栏中选择“特征—拉伸切除”命令，在“拉伸－切除”命令栏中选择“方向 1—完全贯通”后，单击“确定”命令，完成草图 2 的切除任务。

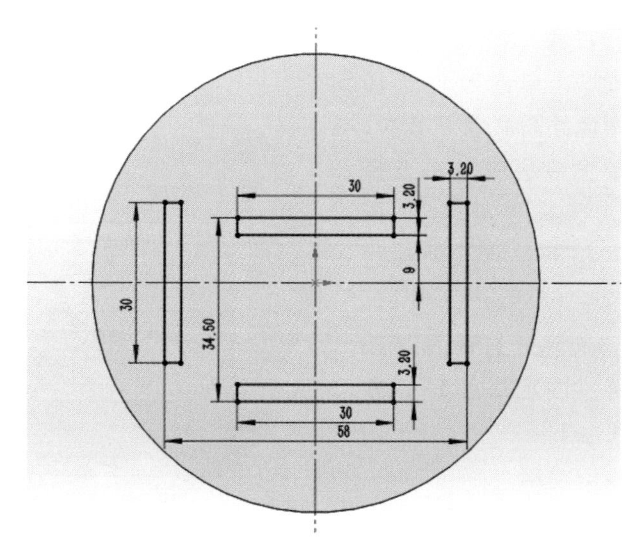

图 2－66　固定圆盘草图 2 示意图

（3）首先，在菜单命令栏中选择“草图—草图绘制”命令，选择“凸台正视基准面”，进入草图3的绘制界面，并通过各类图形绘图命令完成草图3的绘制。其次，在菜单命令栏中选择“草图—智能尺寸”命令，完成草图3尺寸标注，如图2－67所示。最后，在菜单命令栏中选择“特征—拉伸切除”命令，在“拉伸－切除”命令栏中选择“方向1—完全贯通”后，单击“确定”命令，完成草图3的切除任务。

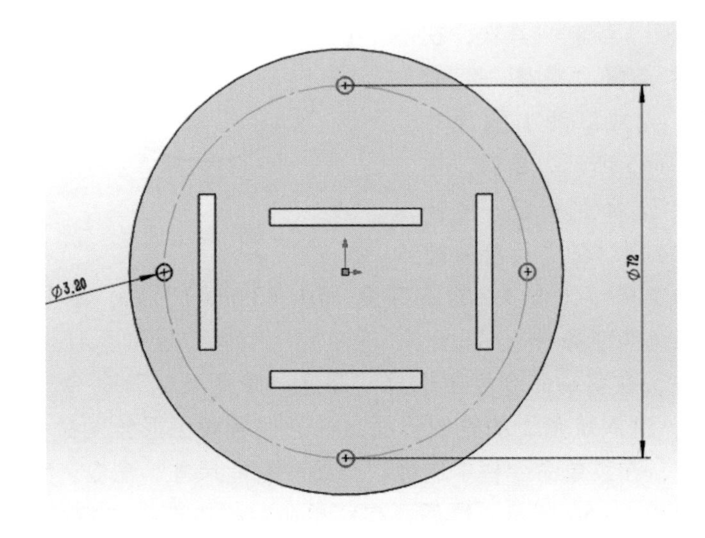

图2－67　固定圆盘草图3示意图

（4）首先，在菜单命令栏中选择“正视基准面”，单击零件选择“外观”，进入颜色绘图命令。其次，在右上角的菜单命令栏中单击选择“外观—单色”，选择“黄色”。再次单击“确定”按钮，完成外观绘图命令，如图2－68所示。最后，选择菜单栏的“文件—另存为”按钮，将其保存为“固定圆盘1”，并另存为“固定圆盘1”。

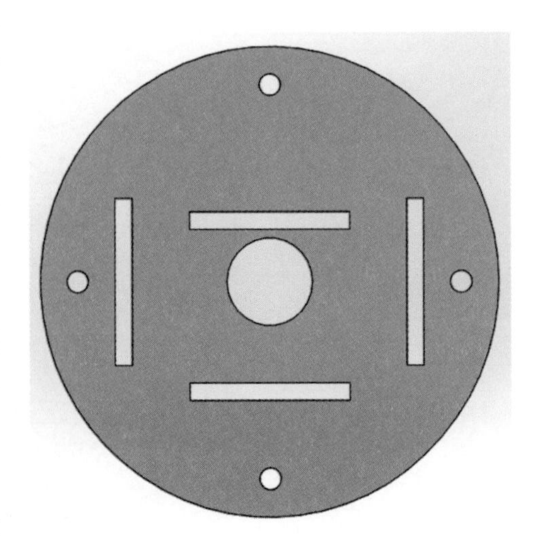

图2－68　固定圆盘外观设置结果图

5. 舵机转盘的绘制

（1）首先，选择下拉菜单“文件—新建”命令，系统弹出“新建文件”窗口选择文件类型“零件”，单击“确定”按钮。其次，在菜单命令栏中选择“草图—草图绘制”命令，选择“前视基准面”，进入草图 1 的绘制界面，并通过各类图形绘图命令完成草图。再次，在菜单命令栏中选择“草图—智能尺寸”命令，完成草图 1 的尺寸标注，如图 2 – 69 所示。最后，在菜单命令栏中选择“特征—拉伸凸台/基体”命令，在“凸台 – 拉伸”命令栏中选择“方向 1—给定深度—D1（3 mm）”后，单击“确定”命令，完成凸台拉伸任务。

（2）首先，在菜单命令栏中选择“正视基准面”，单击零件选择“外观”，进入颜色绘图命令。其次，在右上角的菜单命令栏中单击选择“外观—单色”，选择“黄色”。再次，单击“确定”按钮，完成外观绘图命令，如图 2 – 70 所示。最后，选择菜单栏的“文件—另存为”按钮，将其保存为“舵机转盘”。

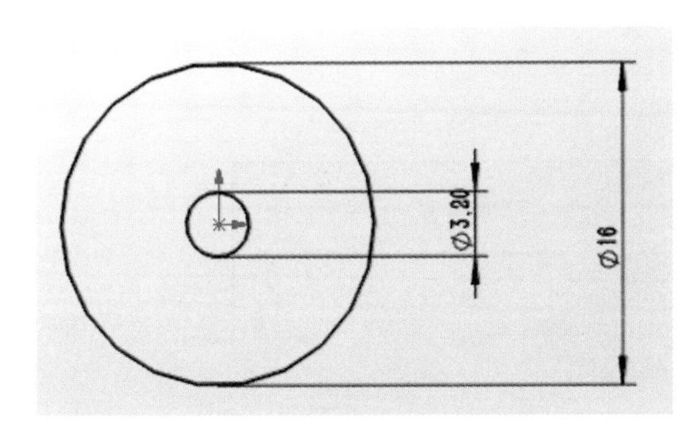

图 2 – 69　舵机转盘草图 1 示意图

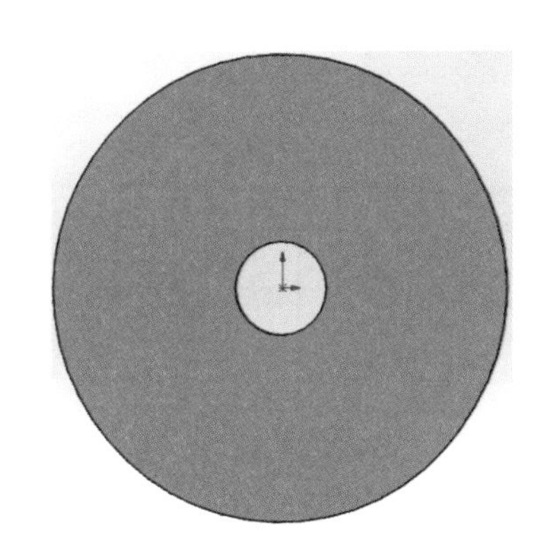

图 2 – 70　舵机转盘外观设置结果图

2.3.5　辅助结构的设计

1. 轮固定架

（1）首先，选择下拉菜单“文件—新建”命令，系统弹出“新建文件”窗口，选择文件类型“零件”，单击“确定”按钮。其次，在菜单命令栏中选择“草图—草图绘制”命令，选择“前视基准面”，进入草图 1 的绘制界面，并通过各类图形绘图命令完成草图 1 绘制。再次，在菜单命令栏中选择“草图—智能尺寸”命令，完成草图 1 的尺寸标注，如图 2 – 71 所示。最后，在菜单命令栏中选择“特征—拉伸凸台/基体”命令，在“凸台 – 拉伸”命令栏中选择“方向 1—给定深度—D1（3 mm）”后，单击“确定”命令，完成凸台拉伸任务。

（2）首先，在菜单命令栏中选择“草图—草图绘制”命令，选择“凸台正视基准面”，进入草图 2 的绘制界面，并通过各类图形绘图命令完成草图 2

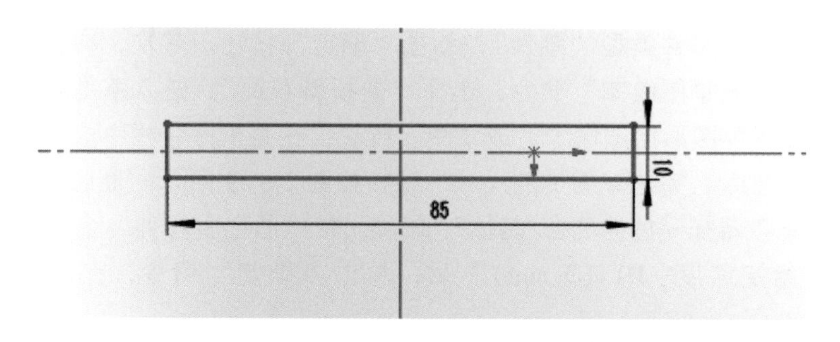

图 2-71　轮固定架草图 1 示意图

的绘制。其次，在菜单命令栏中选择“草图—智能尺寸”命令，完成草图尺寸标注，如图 2-72 所示。最后，在菜单命令栏中选择“特征—拉伸切除”命令，在“拉伸-切除”命令栏中选择“方向 1—完全贯通”后，单击“确定”命令，完成草图 2 的切除任务。

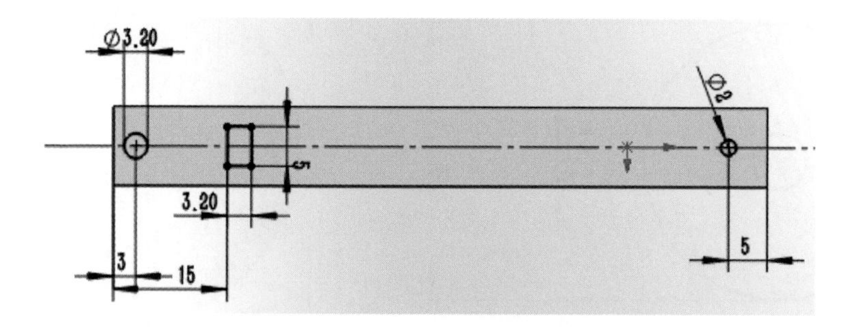

图 2-72　轮固定架草图 2 示意图

（3）首先，在菜单命令栏中选择“草图—草图绘制”命令，选择“凸台正视基准面”，并通过各类绘图命令完成草图 3 的绘制。其次，在菜单命令栏中选择“草图—智能尺寸”命令，完成草图 3 的尺寸标注，如图 2-73 所示。最后，在菜单命令栏中选择“特征—拉伸凸台/基体”命令，在“凸台-拉伸”命令栏中选择“方向 1—形成到一面”后，单击“确定”命令，完成拉伸凸台任务。

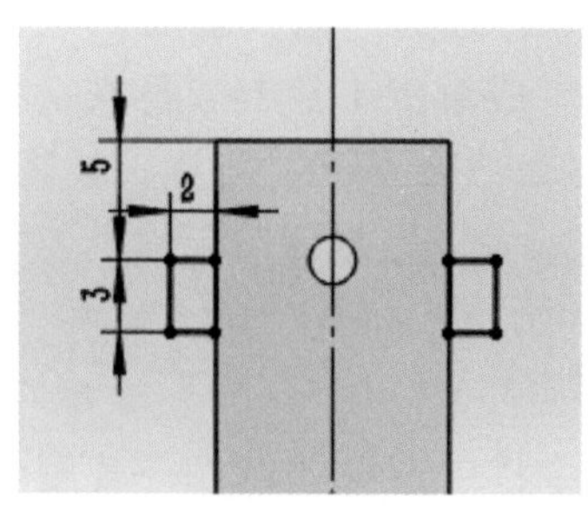

图 2-73　轮固定架草图 3 示意图

（4）首先，在菜单命令栏中选择“正视基准面”，单击零件选择“外观”，进入颜色绘图命令。其次，在右上角的菜单命令栏中单击选择“外观—单色”，选择“黄色”。再次，单击“确定”按钮，完成外观绘图命令，如图 2－74 所示。最后，选择菜单栏的“文件—另存为”按钮，将其保存为“轮固定架”。

图 2－74　轮固定架的外观设置结果图

2. 轮支撑架

（1）首先，选择下拉菜单“文件—新建”命令，系统弹出“新建文件”窗口，选择文件类型“零件”，单击“确定”按钮。其次，在菜单命令栏中选择“草图—草图绘制”命令，选择“前视基准面”，进入草图 1 的绘制界面。再次，通过各类图形绘图命令完成草图，在菜单命令栏中选择“草图—智能尺寸”命令，完成草图尺寸标注，如图 2－75 所示。最后，在菜单命令栏中选择“特征—拉伸凸台/基体”命令，在“凸台－拉伸”命令栏中选择“方向 1—给定深度—D1（3 mm）”后，单击“确定”命令，完成凸台拉伸任务。

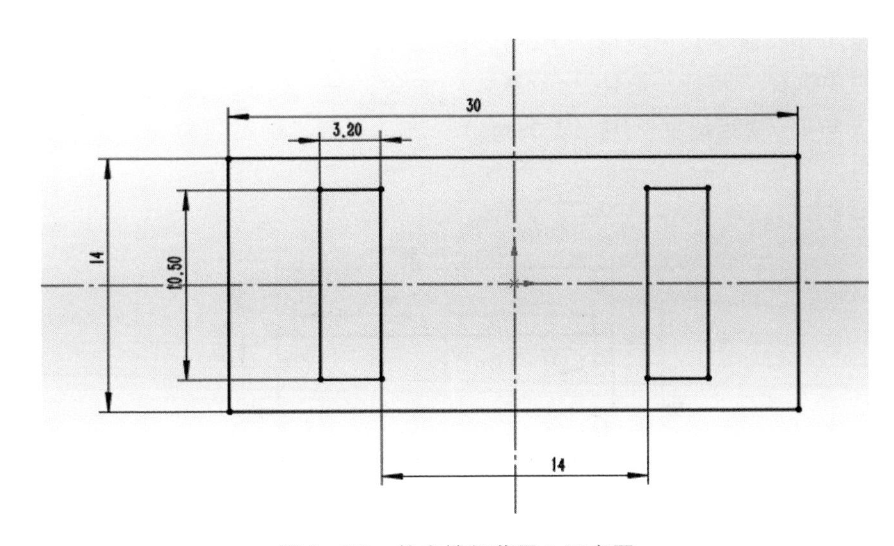

图 2－75　轮支撑架草图 1 示意图

（2）首先，在菜单命令栏中选择“正视基准面”，单击零件选择“外观”，进入颜色绘图命令。其次，在右上角的菜单命令栏中单击选择“外观—单色”，选择“黄色”，如图 2－76 所示。再次，单击“确定”按钮，完成外观绘图命令。最后，选择菜单栏的“文件—另存为”按钮，将其保存为“轮支撑架”。

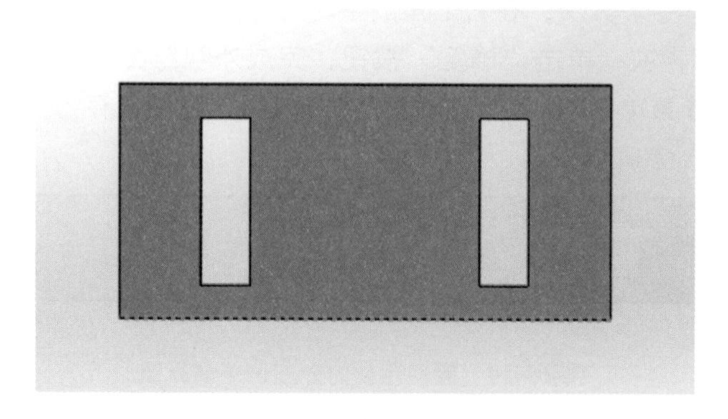

图 2－76　轮支撑架外观设置结果图

2.3.6　外购件的实体造型

1. 舵机的实体建模

（1）首先，选择下拉菜单“文件—新建”命令，系统弹出“新建文件”窗口，选择文件类型“零件”，单击“确定”按钮。其次，在菜单命令栏中选择“草图—草图绘制”命令，选择“前视基准面”，进入草图 1 的绘制界面，并通过各类图形绘图命令完成草图 1 绘制。再次，在菜单命令栏中选择“草图—智能尺寸”命令，完成草图 1 的尺寸标注，如图 2－77 所示。最后，在菜单命令栏中选择“特征—拉伸凸台/基体”命令，在“凸台－拉伸”命令栏中选择“方向 1—给定深度—D1（2.5 mm）”后，单击“确定”命令，完成凸台拉伸任务。

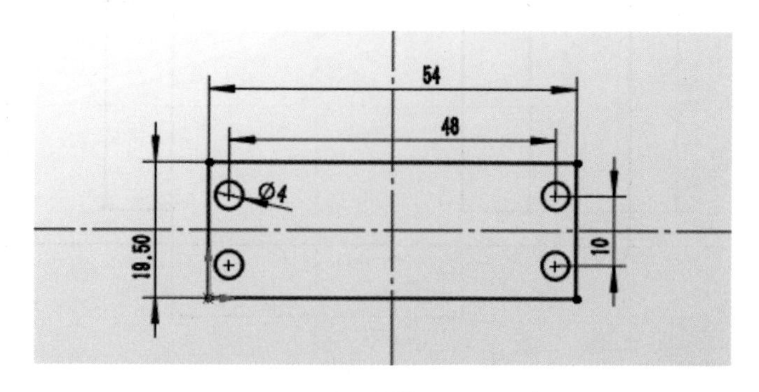

图 2－77　舵机草图 1 示意图

（2）首先，在菜单命令栏中选择“草图—草图绘制”命令，选择“凸台正视基准面”，通过各类绘图命令完成草图 2 的绘制。其次，在菜单命令栏中选择“草图—智能尺寸”命令，完成草图 2 的尺寸标注，如图 2－78 所示。最后，在菜单命令栏中选择“特征—拉伸凸台/基体”命令，在“凸台－拉伸”命令栏中选择“方向1—27 mm”后，单击“确定”命令，完成草图2的拉伸任务。

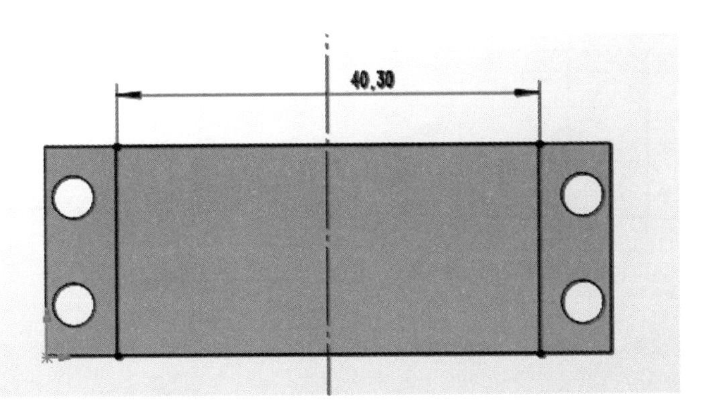

图2－78　舵机草图2示意图

(3) 首先，在菜单命令栏中选择“草图—草图绘制”命令，选择“凸台正视基准面”，通过各类绘图命令完成草图3的绘制。其次，在菜单命令栏中选择“草图—智能尺寸”命令，完成草图3的尺寸标注，如图2－79所示。最后，在菜单命令栏中选择“特征—拉伸凸台/基体”命令，在“凸台－拉伸”命令栏中选择“方向1—6 mm”后，注意方向与前面一步相反，单击“确定”命令，完成草图3的拉伸任务。

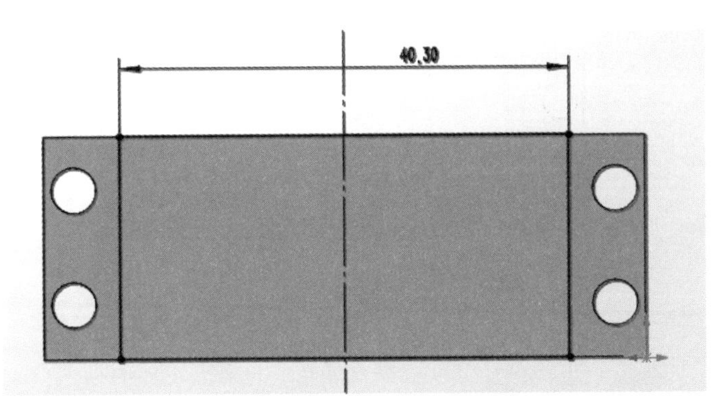

图2－79　舵机草图3示意图

(4) 首先，在菜单命令栏中选择“草图—草图绘制”命令，选择“凸台正视基准面”，通过各类绘图命令完成草图4的绘制。其次，在菜单命令栏中选择“草图—智能尺寸”命令，完成草图4的尺寸标注，如图2－80所示。最后，在菜单命令栏中选择“特征—拉伸凸台/基体”命令，在“凸台-拉伸”命令栏中选择“方向1—6 mm”后，单击“确定”命令，完成草图4的拉伸任务。

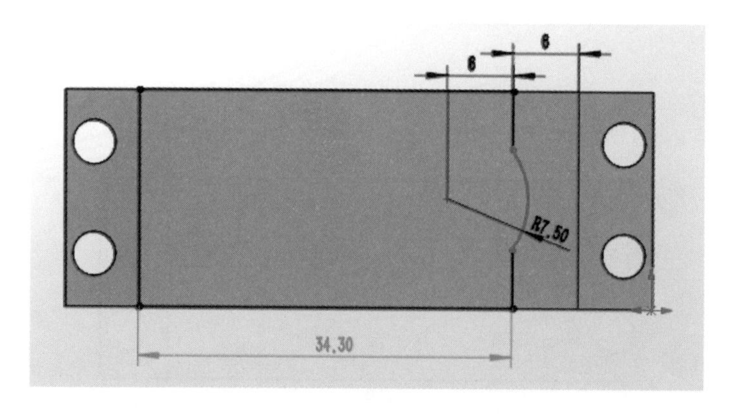

图2-80 舵机草图4示意图

(5) 首先，在菜单命令栏中选择“草图—草图绘制”命令，选择“凸台正视基准面”，通过各类绘图命令完成草图5的绘制。其次，在菜单命令栏中选择“草图—智能尺寸”命令，完成草图5的尺寸标注，如图2-81所示。最后，在菜单命令栏中选择“特征—拉伸凸台/基体”命令，在“凸台-拉伸”命令栏中选择“方向1—6 mm”后，单击“确定”命令，完成草图4的拉伸任务。

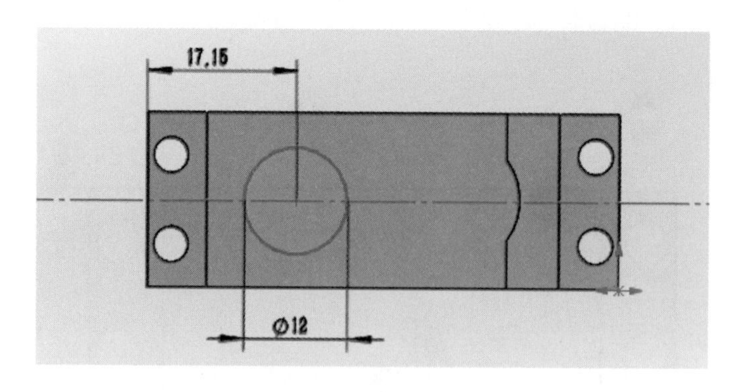

图2-81 舵机草图5示意图

(6) 首先，在菜单命令栏中选择“草图—草图绘制”命令，选择“凸台正视基准面”，通过各类绘图命令完成草图6的绘制。其次，在菜单命令栏中选择“草图—智能尺寸”命令，完成草图6的尺寸标注，如图2-82所示。最后，在菜单命令栏中选择“特征—拉伸凸台/基体”命令，在“凸台-拉伸”命令栏中选择“方向1—6 mm”后，单击“确定”命令，完成草图6的拉伸任务。

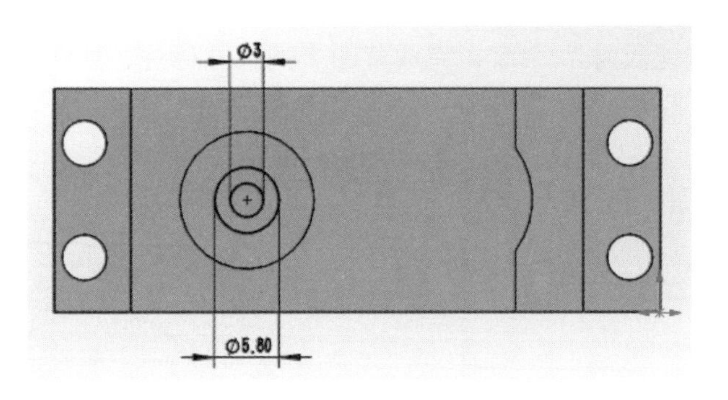

图 2-82　舵机草图 6 示意图

（7）首先，在菜单命令栏中选择“正视基准面”，单击零件选择“外观”，进入颜色绘图命令。其次，在左侧角的菜单命令栏中单击选择“黑色”。再次，单击“确定”按钮，完成外观绘图命令，如图 2-83 所示。最后，选择菜单栏的“文件—另存为”按钮，将其保存为“舵机”。

图 2-83　舵机外观设置

2. 铜柱的实体建模

（1）首先，选择下拉菜单“文件—新建”命令，系统弹出“新建文件”窗口，选择文件类型“零件”，单击“确定”按钮。其次，在菜单命令栏中选择“草图—草图绘制”命令，选择“前视基准面”，进入草图 1 的绘制，并通过各类图形绘图命令完成草图 1 的绘制。再次，在菜单命令栏中选择“草图—智能尺寸”命令，完成草图 1 的尺寸标注，如图 2-84 所示。最后，在菜单命令栏中选择“特征—拉伸凸台/基体”命令，在“凸台-拉伸”命令栏中选择“方向 1—给定深度—D1（3 mm）”后，单击“确定”命令，完成凸台拉伸任务。

（2）首先，在菜单命令栏中选择“草图—草图绘制”命令，选择“凸台正视基准面”，通过各类绘图命令完成草图 2 的绘制。其次，在菜单命令栏中选择“草图—智能尺寸”命令，完成草图 2 的尺寸标注，如图 2 – 85 所示。最后，在菜单命令栏中选择“特征—拉伸切除”命令，在“拉伸 – 切除”命令栏中选择“方向 1—完全贯通”后，单击“确定”命令，完成切除任务。

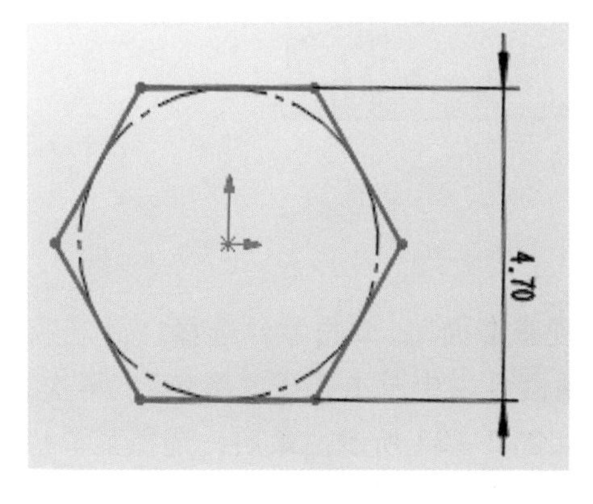

图 2 – 84　铜柱草图 1 示意图

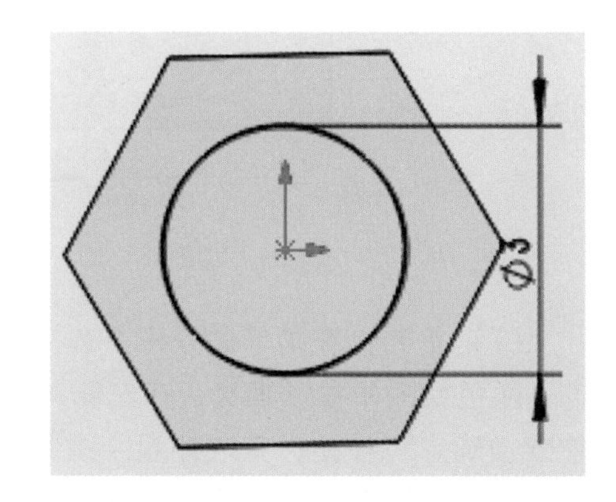

图 2 – 85　铜柱草图 2 示意图

（3）在菜单命令栏中选择“正视基准面”，单击零件选择“外观”，进入颜色绘图命令。其次，在右上角的菜单命令栏中单击选择“外观—单色”，选择“橙色”。再次，单击“确定”按钮，完成外观绘图命令，如图 2 – 86 所示。最后，选择菜单栏的“文件—另存为”按钮，将其保存为“铜柱_28”。

图 2 – 86　铜柱外观结果图

3. 舵机圆盘的实体建模

（1）首先，选择下拉菜单“文件—新建”命令，系统弹出“新建文件”窗口，选择文件类型“零件”，单击“确定”按钮。其次，在菜单命令栏中选择“草图—草图绘制”命令，选择“前视基准面”，进入草图 1 的绘制，通过各类图形绘图命令完成草图 1 的绘制。再次，在菜单命令栏中选择“草图—智能尺寸”命令，完成草图 1 的尺寸标注，如图 2 – 87 所示。最后，在菜单命令栏中选择“特征—拉伸凸台/基体”命令，在“凸台 – 拉伸”命令栏中选择“方向 1—给定深度—D1（1.5 mm）”后，单击“确定”命令，完成凸台拉伸任务。

（2）首先，在菜单命令栏中选择“草图—草图绘制”命令，选择“凸台正视基准面”，通过各类绘图命令完成草图 2 的绘制。其次，在菜单命令栏中选择

“草图—智能尺寸”命令，完成草图尺寸标注，如图2-88所示。最后，在菜单命令栏中选择“特征—拉伸凸台/基体”命令，在“凸台-拉伸”命令栏中选择“方向1—给定深度—D1（3 mm）”后，单击“确定”命令，完成凸台拉伸任务。

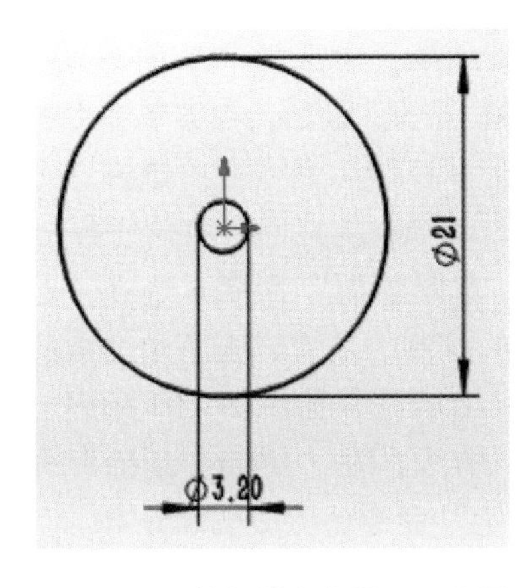

图2-87 舵机圆盘草图1示意图

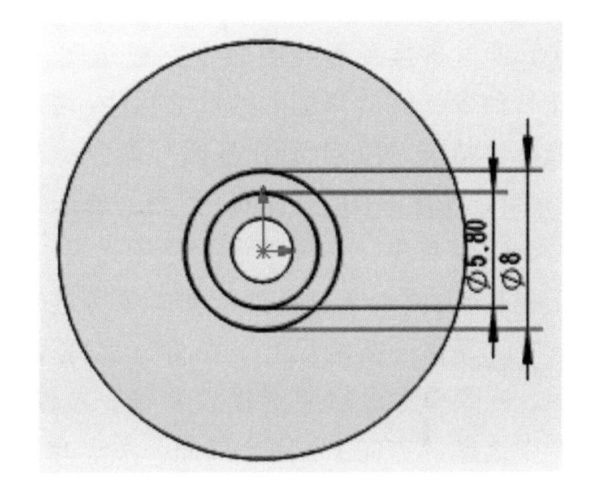

图2-88 舵机圆盘草图2示意图

（3）首先，在菜单命令栏中选择“草图—草图绘制”命令，选择“凸台正视基准面”，并通过各类绘图命令完成草图3的绘制。其次，在菜单命令栏中选择“草图—智能尺寸”命令，完成草图尺寸标注，如图2-89所示。最后，在菜单命令栏中选择“特征—拉伸切除”命令，在“拉伸-切除”命令栏中选择“方向1—完全贯通”后，单击“确定”命令，完成草图3的切除任务。

（4）首先，在菜单命令栏中选择“正视基准面”，单击零件选择“外观”，进入颜色绘图命令。其次，在右上角的菜单命令栏中单击选择“外观—单色”，选择“黑色”。再次，单击“确定”按钮，完成外观绘图命令，绘制结果如图2-90所示。最后，选择菜单栏的“文件—另存为”按钮，将其保存为“舵机圆盘”。

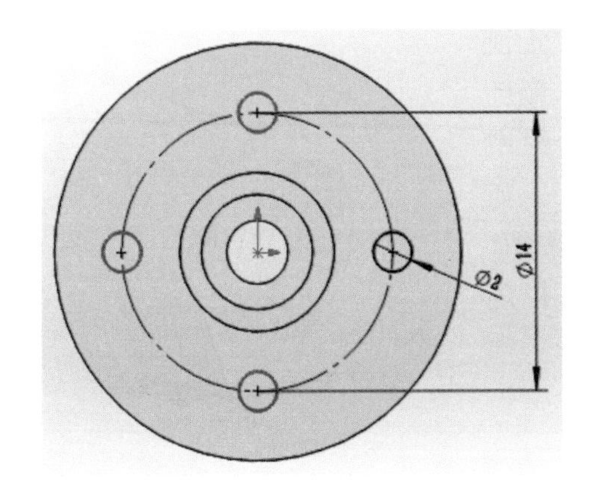

图2-89 舵机圆盘草图3示意图

图2-90 舵机圆盘外观结果图

4. 螺母的实体建模

(1) 首先，选择下拉菜单“文件—新建”命令，系统弹出“新建文件”窗口，选择文件类型“零件”，单击“确定”按钮。其次，在菜单命令栏中选择“草图—草图绘制”命令，选择“前视基准面”，进入草图 1 的绘制。再次，通过各类图形绘图命令完成草图，在菜单命令栏中选择“草图—智能尺寸”命令，完成草图 1 的尺寸标注，如图 2 - 91 所示。最后，在菜单命令栏中选择“特征—拉伸凸台/基体”命令，在“凸台 - 拉伸”命令栏中选择“方向 1—给定深度—D1 (2 mm)”后，单击“确定”命令，完成凸台拉伸任务。

(2) 首先，在菜单命令栏中选择“草图—草图绘制”命令，选择“凸台正视基准面”，通过各类绘图命令完成草图 2 的绘制。其次，在菜单命令栏中选择“草图—智能尺寸”命令，完成草图 2 尺寸标注，如图 2 - 92 所示。最后，在菜单命令栏中选择“特征—拉伸切除”命令，在“拉伸 - 切除”命令栏中选择“方向 1—完全贯通”后，单击“确定”命令，完成切除任务。

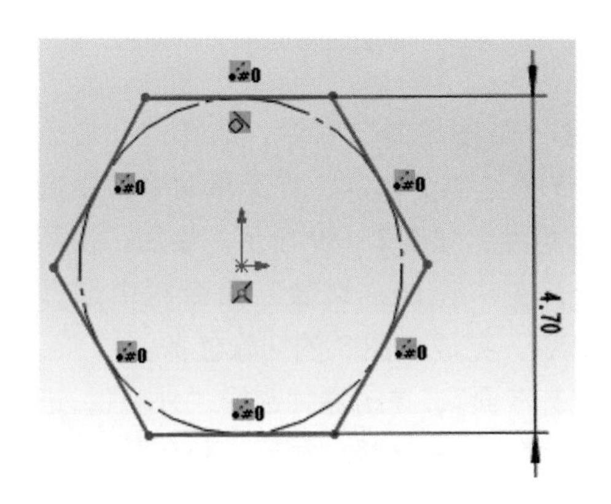

图 2 - 91　螺母草图 1 示意图

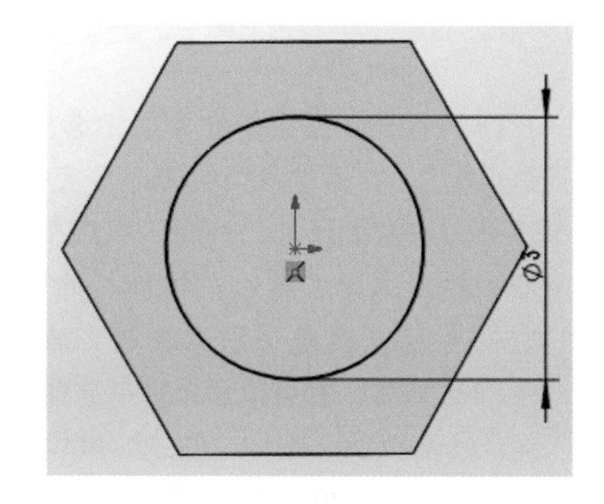

图 2 - 92　螺母草图 3 示意图

(3) 首先，在菜单命令栏中选择“正视基准面”，单击零件选择“外观”，进入颜色绘图命令。其次，在右上角的菜单命令栏中单击选择“外观—单色”，选择“白色”，如图 2 - 93 所示。再次，单击“确定”按钮，完成外观绘图命令。最后，选择菜单栏的“文件—另存为”按钮，将其保存为“螺母”。

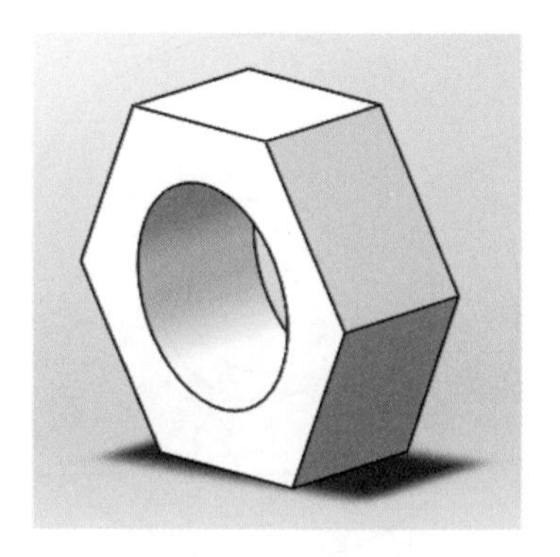

图 2 - 93　螺母外观设置结果图

5. 螺栓的实体建模

(1) 首先，选择下拉菜单“文件—新

建”命令，系统弹出“新建文件”窗口，选择文件类型“零件”，单击“确定”按钮。其次，在菜单命令栏中选择“草图—草图绘制”命令，选择“前视基准面”，进入草图 1 的绘制，并通过各类图形绘图命令完成草图 1 的绘制。再次，在菜单命令栏中选择“草图—智能尺寸”命令，完成草图 1 的尺寸标注，如图 2 - 94 所示。最后，在菜单命令栏中选择“特征—拉伸凸台/基体”命令，在“凸台 - 拉伸”命令栏中选择“方向 1—给定深度—D1（2 mm）”后，单击“确定”命令，完成凸台拉伸任务。

（2）首先，在菜单命令栏中选择“草图—草图绘制”命令，选择“凸台正视基准面”，并通过各类绘图命令完成草图 2 的绘制。其次，在菜单命令栏中选择“草图—智能尺寸”命令，完成草图 2 的尺寸标注，如图 2 - 95 所示。最后，在菜单命令栏中选择“特征—拉伸切除”命令，在“拉伸 - 切除”命令栏中选择“方向 1—完全贯通”后，单击“确定”命令，完成草图 2 的切除任务。

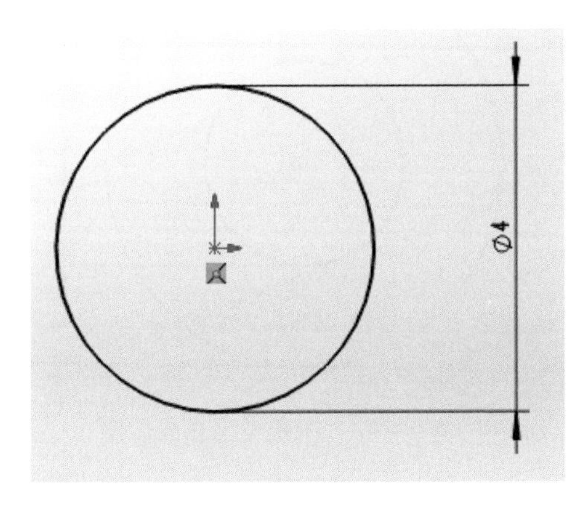

图 2 - 94 螺栓草图 1 示意图

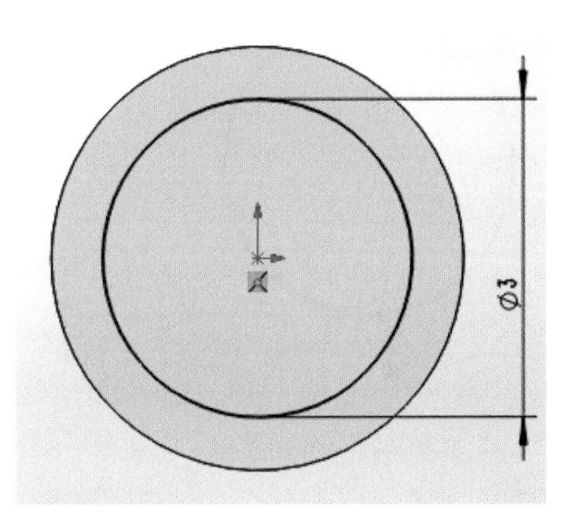

图 2 - 95 螺栓草图 2 示意图

（3）首先，在菜单命令栏中选择“正视基准面”，单击零件选择“外观”，进入颜色绘图命令。其次，在右上角的菜单命令栏中单击选择“外观—单色”，选择“白色”。再次，单击“确定”按钮，完成外观绘图命令，如图 2 - 96 所示。最后，选择菜单栏的“文件—另存为”按钮，将其保存为“螺栓 M3_6”。

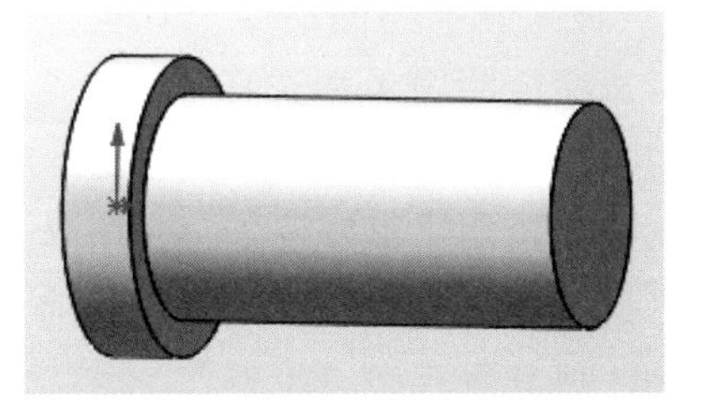

图 2 - 96 螺栓外观设置结果图

6. 小轮的实体建模

（1）首先，选择下拉菜单“文件—新建”命令，系统弹出“新建文件”

窗口，选择文件类型“零件”，单击“确定”按钮。其次，在菜单命令栏中选择“草图—草图绘制”命令，选择“前视基准面”，进入草图 1 的绘制。再次，通过各类图形绘图命令完成草图，在菜单命令栏中选择“草图—智能尺寸”命令，完成草图 1 的尺寸标注，如图 2 –97 所示。最后，在菜单命令栏中选择“特征—拉伸凸台/基体”命令，在“凸台 – 拉伸”命令栏中选择“方向 1—给定深度—D1（3 mm）”后，单击“确定”命令，完成凸台拉伸任务。

（2）首先，在菜单命令栏中选择“草图—草图绘制”命令，选择“凸台正视基准面”，并通过各类绘图命令完成草图 2 的绘制。其次，在菜单命令栏中选择“草图—智能尺寸”命令，完成草图 2 的尺寸标注，如图 2 –98 所示。最后，在菜单命令栏中选择“特征—拉伸切除”命令，在“拉伸 – 切除”命令栏中选择“方向 1—完全贯通”后，单击“确定”命令，完成切除任务。

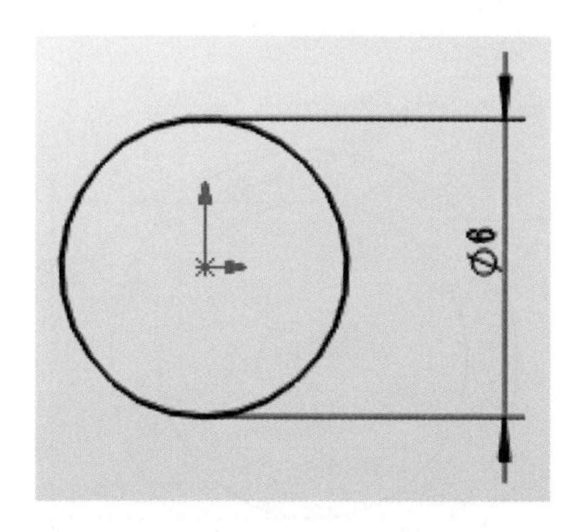

图 2 –97　小轮草图 1 示意图

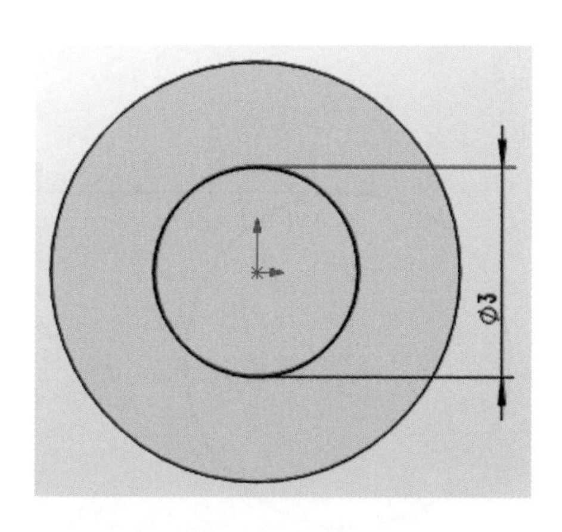

图 2 –98　小轮草图 2 示意图

（3）首先，在菜单命令栏中选择“正视基准面”，单击零件选择“外观”，进入颜色绘图命令。其次，在左侧菜单命令栏中单击选择“黑色”。再次，单击“确定”按钮，完成外观绘图命令，绘制结果如图 2 –99 所示。最后，选择菜单栏的“文件—另存为”按钮，将其保存为“小轮”。

图 2 –99　小轮外观设置结果图

2.3.7　仿蛇机器人的头部设计

1. 创建基准面

首先，选择下拉菜单“文件—新建”命令，系统弹出“新建文件”窗口，选择文件类型“零件”，单击“确定”按钮。其次，鼠标单击“右视基准面”，绘制草图 1，并进行尺寸标注如图 2－100 所示。再次，进入新建基准面界面，通过鼠标单击左侧“第一参考—前视基准面”，第二参考为“左侧的点”，完成基准面 1 的绘制。接着，根据以上方法绘制基准面 2，通过鼠标单击左侧“第一参考—前视基准面”，第二参考为“右侧的点”完成基准面 2 的绘制，从而完成两个基准面的建立。

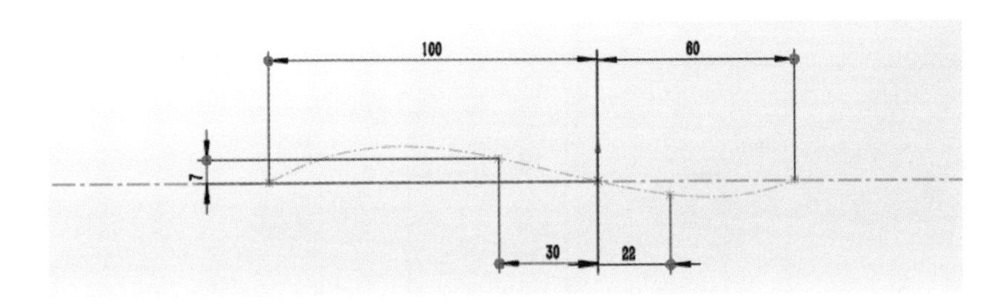

图 2－100　蛇头整体基准面绘制草图 1

2. 创建草图

（1）首先，鼠标单击左侧新建基准面 1，接着单击菜单栏中的“草图绘制”按钮，进入基准面 1 的草图绘制功能。其次，进入基准面 1 的草图绘制界面后，通过草图绘制功能完成圆的绘制，直径为 100 mm，如图 2－101 所示。

（2）首先，鼠标单击左侧前视基准面，接着单击菜单栏中的“草图绘制”按钮，进入前视基准面的草图绘制功能。其次，进入前视基准面的草图绘制界面后，通过各类草图绘制功能完成基本草图的绘制，直径为 90 mm 的圆，如图 2－102 所示。

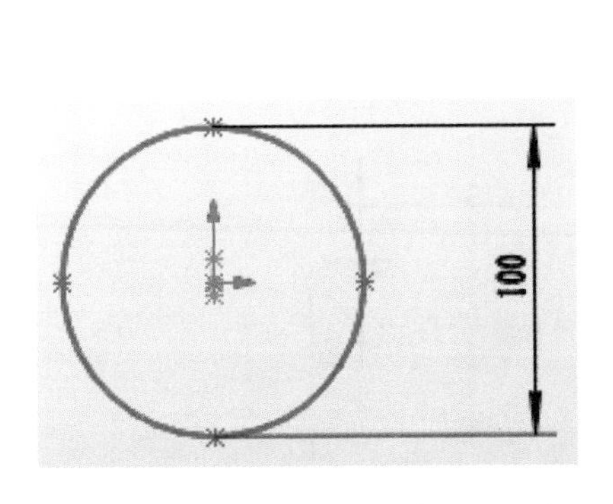

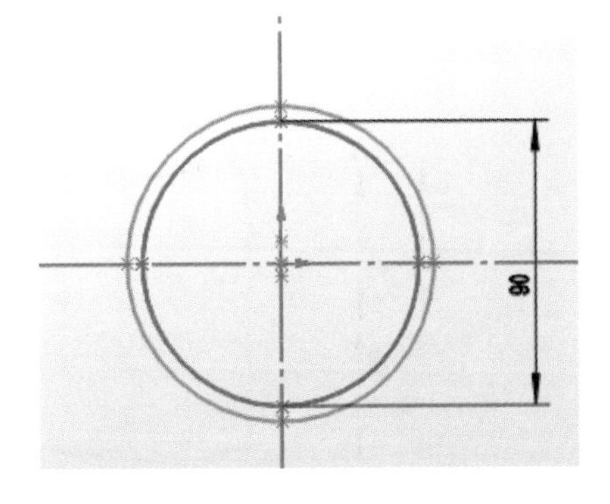

图 2－101　蛇头基准面 1 草图 2 示意图　　图 2－102　蛇头前视基准面草图 3 示意图

（3）首先，鼠标单击左侧新建基准面 2，接着单击菜单栏中的“草图绘制”按钮，进入基准面 1 的草图绘制功能。其次，进入新建基准面 2 的草图绘制界面后，通过各类草图绘制功能完成基本草图的绘制，注意左右两侧对称，如图 2－103 所示。

3. 放样凸台/基台

首先，鼠标单击“右视图基准面”，并单击菜单栏处的“草图绘制”按钮进入右视图基准面的草图绘制界面。其次，进入草图绘制界面后，通过各类草图绘制功能完成基本草图的绘制，具体如图 2－104 所示。最后，草图绘制完成后，通过菜单栏的“放样凸台/基台”按钮，绘制蛇头外围结构。

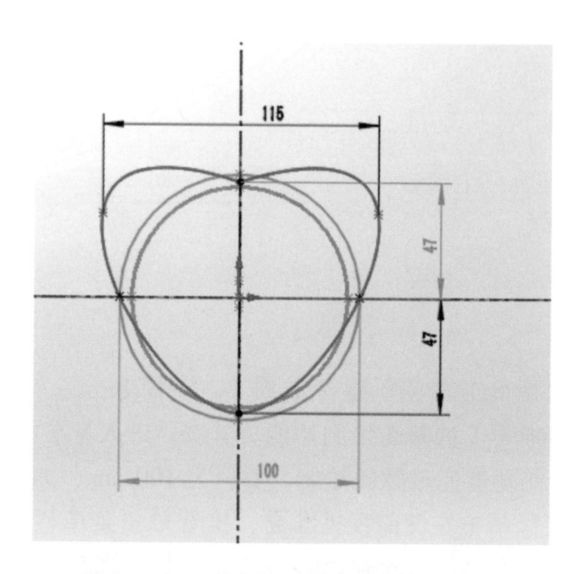

图 2－103　蛇头基准面 2 草图 4 示意图

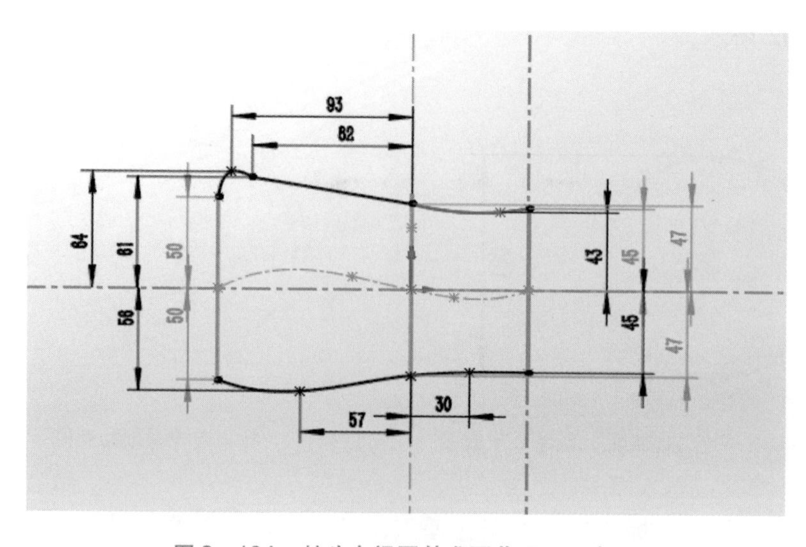

图 2－104　蛇头右视图基准面草图 5 示意图

4. 绘制蛇嘴

首先，鼠标单击“右视图基准面”，并单击菜单栏处的“草图绘制”按钮进入右视图基准面的草图绘制界面。其次，进入草图绘制界面后，通过各类草图绘制功能完成基本草图的绘制，具体如图 2－105 所示。最后，草图绘制完成后，通过菜单栏的“拉伸－切除”按钮，选择“方向一两侧完全贯通”绘制蛇嘴结构。

5. 生成空腔

（1）首先，鼠标单击“前视图基准面”，并单击菜单栏处的“草图绘制”按钮进入右视图基准面的草图绘制界面。其次，进入草图绘制界面后，通过各类草图绘制功能完成基本草图的绘制，具体如图 2－106 所示。最后，草图绘制完成后，通过菜单栏的“拉伸－切除”按钮，选择“方向一给定深度”，距离为 200 mm，绘制空腔 1 结构。

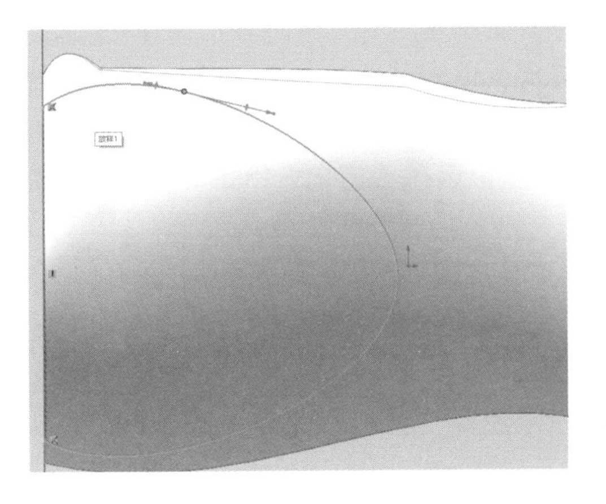

图 2－105 蛇头草图 6 示意图

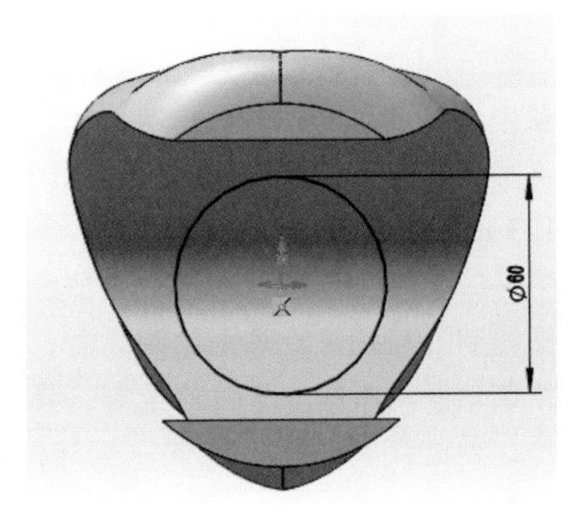

图 2－106 蛇头草图 7 示意图

（2）首先，鼠标单击“基准面 2”，并单击菜单栏处的“草图绘制”按钮进入基准面 2 的草图绘制界面。其次，进入草图绘制界面后，通过各类草图绘制功能完成基本草图的绘制，具体如图 2－107 所示。最后，草图绘制完成后，通过菜单栏的“拉伸－切除”按钮，选择“方向一两侧对称”，距离为 110 mm，绘制空腔 2 结构。

6. 眼部拉伸切除

首先，鼠标单击“右视图基准面”，并单击菜单栏处的“草图绘制”按钮进入右视图基准面的草图绘制界面。其次，进入草图绘制界面后，通过各类草图绘制功能完成基本草图的绘制，具体如图 2－108 所示。最后，草图绘制完成后，通过菜单栏的“拉伸－切除”按钮，选择“方向一两侧完全贯通”，绘制眼睛的结构。

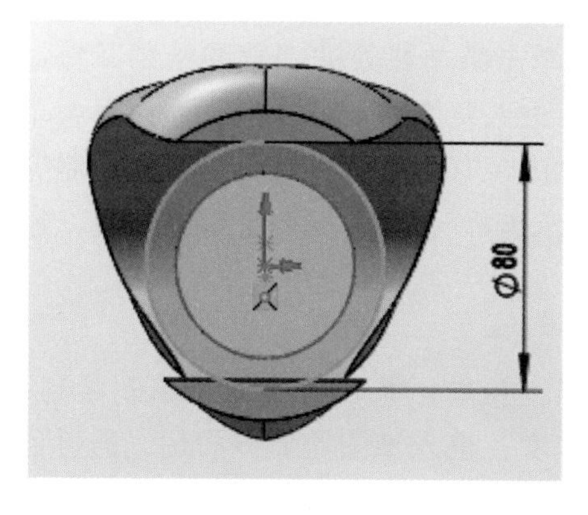

图 2－107　蛇头草图 8 示意图

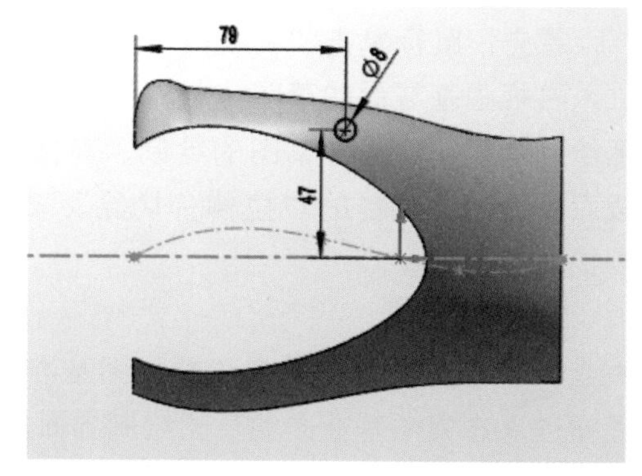

图 2－108　蛇头草图 9 示意图

7. 后期完善

（1）添加鼻孔。首先，鼠标单击“上视图基准面”，并单击菜单栏处的“草图绘制”按钮进入草图绘制界面。其次，进入草图绘制界面后，通过各类草图绘制功能完成基本草图的绘制，具体如图 2－109 所示。最后，草图绘制完成后，通过菜单栏的“拉伸－切除”按钮，选择“方向—给定深度”，距离 123 mm，绘制鼻孔的结构。

（2）添加定位孔。首先，鼠标单击“基准面 2”，并单击菜单栏处的“草图绘制”按钮进入草图绘制界面。其次，进入草图绘制界面后，通过各类草图绘制功能完成基本草图的绘制，具体如图 2－110 所示。最后，草图绘制完成后，通过菜单栏的“拉伸－切除”按钮，选择“方向—完全贯通”，绘制定位孔。

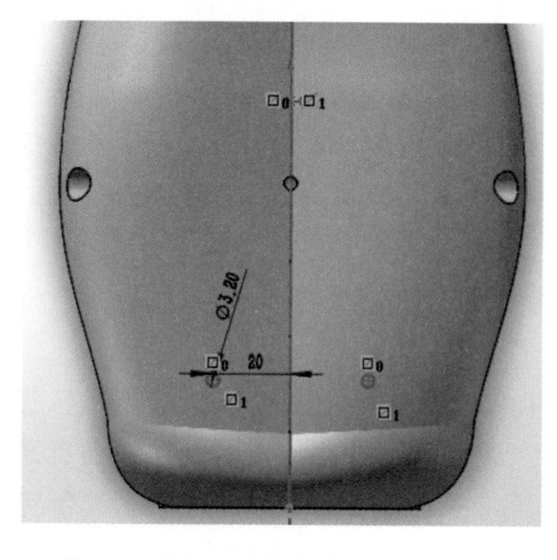

图 2－109　蛇头鼻子草图 10 示意图

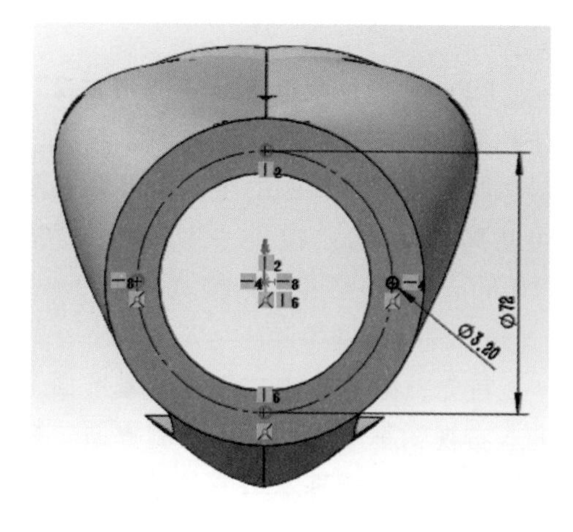

图 2－110　蛇头定位孔草图 11 示意图

(3) 嘴部优化。鼠标单击菜单栏中的“圆角”按钮，进入圆角的绘制界面后，选择嘴部的边缘线，如图 2－111 所示。

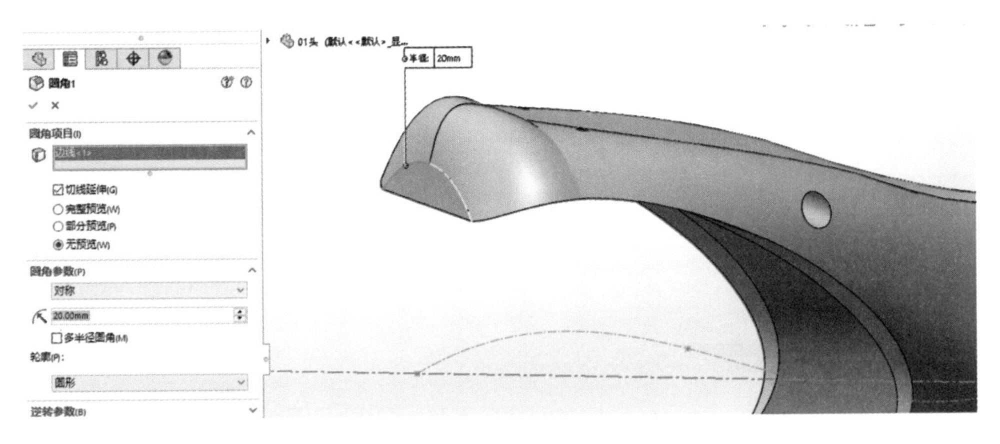

图 2－111 蛇头圆角绘制界面

(4) 首先，在菜单命令栏中选择“正视基准面”，单击零件选择“外观”，进入颜色绘图命令。其次，在右上角的菜单命令栏中单击选择“外观—颜色”，选择“黄色”。最后，单击“确定”按钮，完成外观绘图命令，如图 2－112 所示，选择菜单栏的“文件—另存为”按钮，将其保存为“头”。

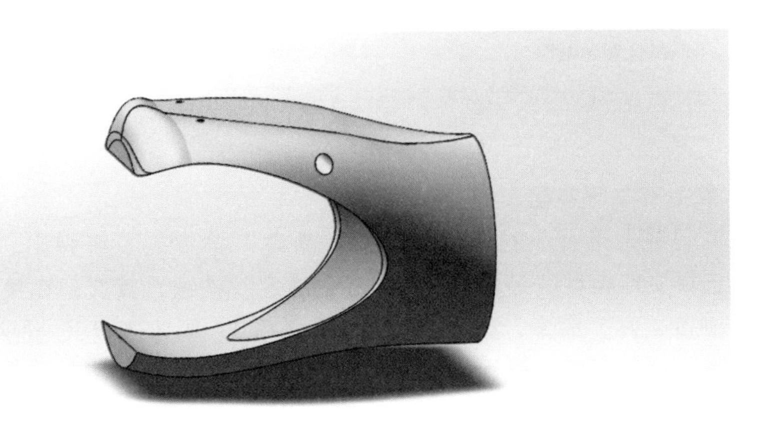

图 2－112 蛇头外观设置结果图

2.3.8 仿生蛇模型的组装

1. 单关节组装所需要零部件

仿蛇机器人单关节组装所需要的零部件包括：关节主要零件、关节辅助零件、购买零件等，我们需要根据设计的蛇形机器人结构重新对文件命名，并添加对应需要的新零件，具体的零件材料如图 2－113 所示。

名称	修改日期	类型	大小
01侧板_1.SLDPRT	2018/7/29 3:43	SOLIDWORKS P...	104 KB
02侧板_2.SLDPRT	2018/8/1 12:50	SOLIDWORKS P...	101 KB
03侧板_3.SLDPRT	2018/7/29 22:11	SOLIDWORKS P...	105 KB
04侧板_4.SLDPRT	2018/7/29 21:53	SOLIDWORKS P...	92 KB
05固定圆盘.SLDPRT	2018/7/29 3:43	SOLIDWORKS P...	119 KB
06轮固定架.SLDPRT	2018/8/1 16:13	SOLIDWORKS P...	76 KB
07舵机.SLDPRT	2018/7/29 19:00	SOLIDWORKS P...	112 KB
08舵机圆盘.SLDPRT	2018/7/29 21:56	SOLIDWORKS P...	94 KB
09舵机转盘M3_3.SLDPRT	2018/7/29 3:43	SOLIDWORKS P...	66 KB
10小轮.SLDPRT	2018/7/29 19:31	SOLIDWORKS P...	63 KB
11铜柱_28.SLDPRT	2018/7/29 3:43	SOLIDWORKS P...	77 KB
12铜柱_52.SLDPRT	2018/7/29 3:19	SOLIDWORKS P...	73 KB
13铜柱_21.SLDPRT	2018/7/29 3:43	SOLIDWORKS P...	79 KB
14螺栓M3_10.SLDPRT	2018/8/1 16:18	SOLIDWORKS P...	84 KB
15螺栓M3_6.SLDPRT	2018/8/1 16:19	SOLIDWORKS P...	82 KB
16光杆螺栓M3_15.SLDPRT	2018/7/29 3:20	SOLIDWORKS P...	80 KB
17铜柱_14.SLDPRT	2018/7/29 3:20	SOLIDWORKS P...	79 KB
18轮支撑架.SLDPRT	2018/7/29 13:08	SOLIDWORKS P...	70 KB
19螺母M3.SLDPRT	2018/7/29 3:21	SOLIDWORKS P...	74 KB
20螺母M2.SLDPRT	2018/7/29 3:21	SOLIDWORKS P...	72 KB
21螺栓M2_8.SLDPRT	2018/8/1 17:06	SOLIDWORKS P...	80 KB
22螺栓M2_20.SLDPRT	2018/8/1 17:06	SOLIDWORKS P...	75 KB

图 2－113　单关节全部零件

2. 单关节左侧装配

（1）首先，选择下拉菜单“文件—新建”命令，系统弹出“新建文件”窗口，选择文件类型“装配体”，单击“确定”按钮。其次，在菜单命令栏中选择“浏览文件”命令，选择“侧板 1、侧板 2、固定圆盘”，进入装配界面。再次，单击菜单栏的“移动零部件”按钮，通过鼠标移动零件，合理的排布三个零件的位置图。最后，单击菜单栏的“配合”按钮，通过选择零件之间面与面的配合关系，合理的装配三个零件，如图 2－114 所示。

（2）首先，在菜单命令栏中选择“插入零部件”命令，选择“舵机、光杆螺栓、舵机转盘”，放入装配界面。其次，单击菜单栏的“配合”按钮，通过选择零件之间面与面的配合关系，合理的装配上诉零件，如图 2－115 所示。

图 2－114 左侧零件第一次装配图

图 2－115 左侧零件第二次装配图

（3）首先，在菜单命令栏中选择“插入零部件”命令，选择“螺栓 M3 * 6、螺栓 M3 * 10，28 mm 铜柱”，放入装配界面。其次，单击菜单栏的“配合”按钮，通过选择零件之间面与面的配合关系，合理的装配上面零件，如图 2－116 所示。

（4）在菜单命令栏中选择“插入零部件”命令，选择“螺母 M3”单击菜零件之间面与面的配合关系，完成左侧关节的装配，如图 2－117 所示。

图 2－116 左侧零件第三次装配图

图 2－117 单关节左侧装配体保存

3. 单关节右侧装配

（1）首先，选择下拉菜单“文件—新建”命令，系统弹出“新建文件”窗口，选择文件类型“装配体”，单击“确定”按钮。其次，在菜单命令栏中选择“浏览文件”命令，选择“侧板 1、侧板 2、固定圆盘”，进入装配界面。再次，单击菜单栏的“移动零部件”按钮，通过鼠标移动零件，合理的排布三个零件的位置图。最后，单击菜单栏的“配合”按钮，通过选择零件之间面与面的配合关系，合理的装配三个零件，如图 2－118 所示。

（2）首先，在菜单命令栏中选择“插入零部件”命令，选择“舵机、光杆螺栓、舵机转盘”，放入装配界面。其次，单击菜单栏的“配合”按钮，通过选择零件之间面与面的配合关系，合理的装配上诉零件，如图 2－119 所示。

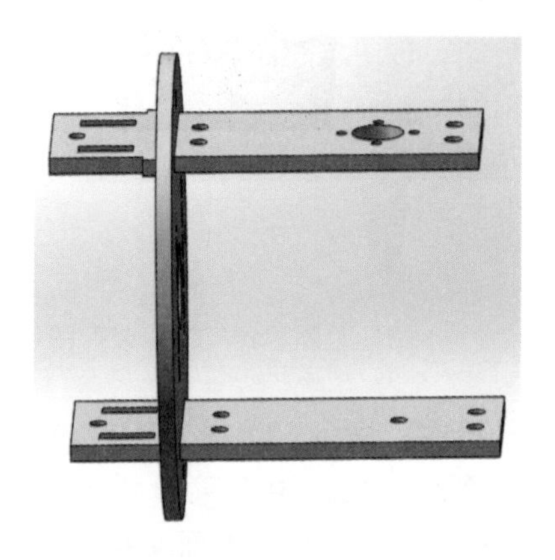

图 2－118　右侧零件第一次装配图

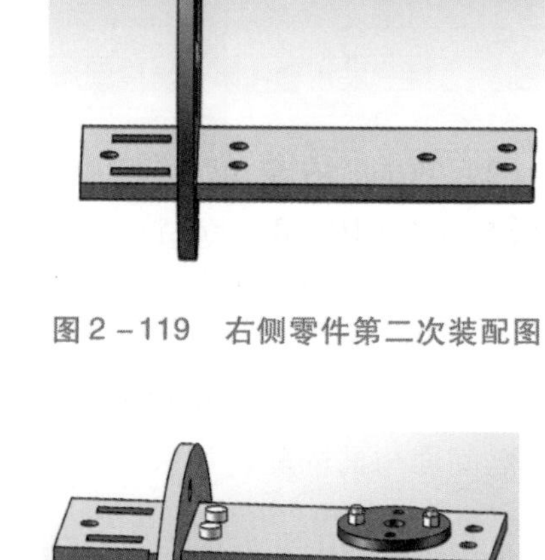

图 2－119　右侧零件第二次装配图

（3）首先，在菜单命令栏中选择“插入零部件”命令，选择“螺栓 M3 * 6、螺栓 M3 * 10，28 mm 铜柱”，放入装配界面。其次，单击菜单栏的“配合”按钮，通过选择零件之间面与面的配合关系，合理的装配上面零件，完成左侧关节的装配，如图 2－120 所示。最后，完成右侧关节的装配，在菜单命令栏中选择“保存”命令。

图 2－120　右侧零件第三次装配图

4. 单关节装配

（1）首先，选择下拉菜单“文件—新建”命令，系统弹出“新建文件”窗口如，选择文件类型“装配体”，单击“确定”按钮。其次，在菜单命令栏中选择“浏览文件”命令，选择“单关节左侧、单关节右侧”，进入装配界面。再次，单击菜单栏的“移动零部件”按钮，通过鼠标移动零件，合理的排布二个装配体的位置图。最后，单击菜单栏的“配合”按钮，通过选择零件之间面与面的配合关系，合理的装配所有零件，如图 2－121 所示。

（2）首先，在菜单命令栏中选择“插入零部件”命令，选择“螺栓 M2_20、螺母 M2，轮支撑架、轮固定架”，放入装配界面。其次，单击菜单栏的“配合”按钮，通过选择零件之间面与面的配合关系，合理的装配上面零件，完成单个关节的装配，如图 2－122 所示。

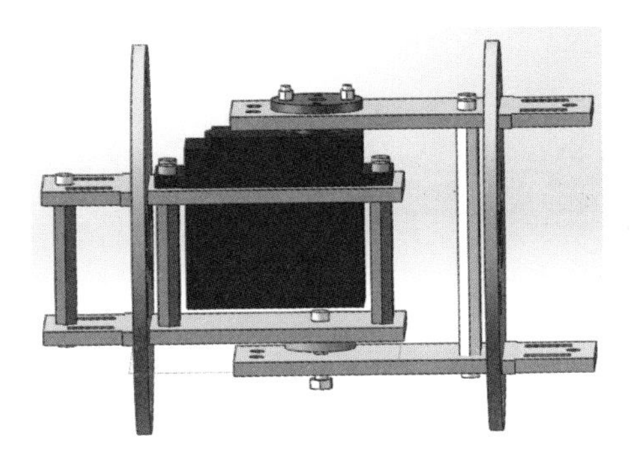

图 2－121　单关节零件第一次装配图

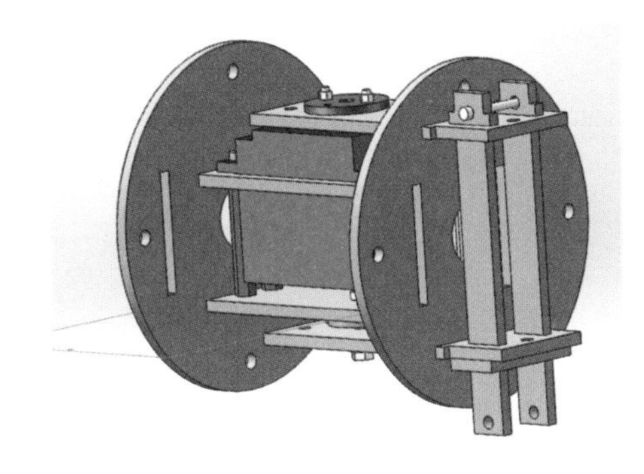

图 2－122　单关节零件第三次次装配图

（3）首先，在菜单命令栏中选择“插入零部件”命令，选择“螺栓 M3 * 6、小轮，21 mm 铜柱、14 mm 铜柱”，放入装配界面。其次，单击菜单栏的“配合”按钮，通过选择零件之间面与面的配合关系，合理的装配上面零件，完成左侧关节的装配，如图 2－123 所示。最后，完成单个关节的装配，在菜单命令栏中选择“保存”命令，将该文件保存。

5. 多关节

（1）首先，选择下拉菜单“文件—新建”命令，系统弹出“新建文件”窗口，选择文件类型“装配体”，单击“确定”按钮。其次，在菜单命令栏中选择“浏览文件”命令，选择“单关节、单关节”，进入装配界面。再次，单击菜单栏的“移动零部件”按钮，通过鼠标移动零件，单击菜单栏的“配合”按钮，合理的排布零件的位置图。最后，通过“添加零部件”按钮，选择插入“M3 * 6 的螺栓”，通过合理的安装完成两个关节的装配，如图 2－124 所示。

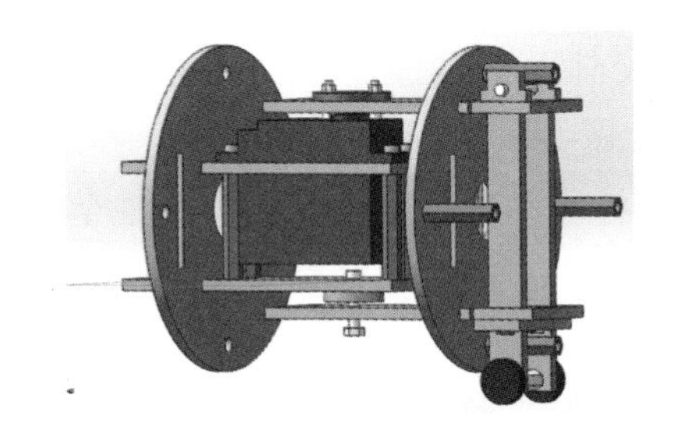

图 2－123　单关节零件第四次装配图

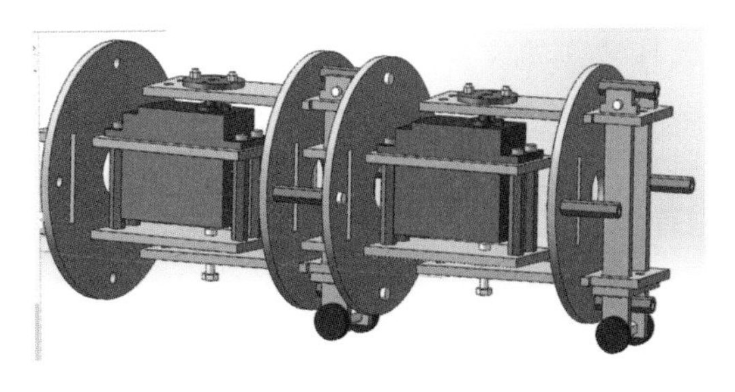

图 2－124　多关节零件第一次装配图

（2）通过装配体的配合选项，完成蛇形机器人骨架的完整装配，并将其保存为“多关节”，如图2－125所示。

图2－125　多关节完整装配图

6. 蛇整体装配

（1）首先，选择下拉菜单“文件—新建”命令，系统弹出“新建蛇头文件”窗口，选择文件类型“装配体”，单击“确定”按钮。其次，在菜单命令栏中选择“浏览文件”命令，选择“头、螺母M2、螺栓M2_25”，进入装配界面。再次，单击菜单栏的“移动零部件”按钮，通过鼠标移动零件，合理的排布三个零件的位置图，并单击菜单栏的“配合”按钮，通过选择零件之间面与面的配合关系，合理的装配所有零件，如图2－126所示。最后，单击菜单栏的“保存”按钮，将该装配体保存为“蛇头”。

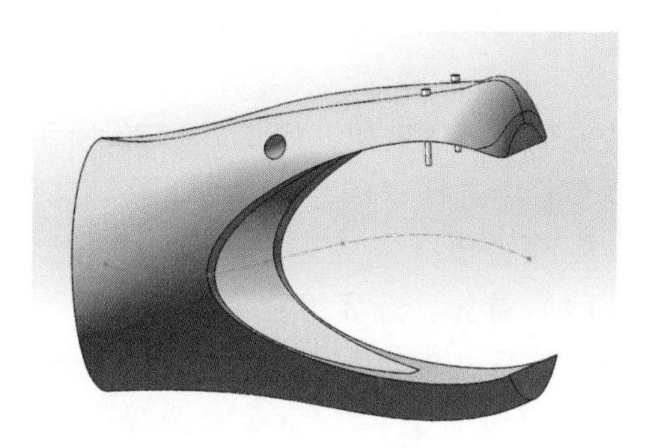

图2－126　蛇头零件装配

（2）首先，选择下拉菜单“文件—新建”命令，系统弹出“新建文件”窗口，选择文件类型“装配体”，单击“确定”按钮。其次，在菜单命令栏中选择“浏览文件”命令，选择“多关节”装配体，进入装配界面。再次，在菜单命令栏中选择“浏览文件”命令，选择“蛇头”装配体，进入装配界面，并单击菜单栏的“移动零部件”按钮，通过鼠标移动零件，合理的排布二个装配体的位置图。最后，单击菜单栏的“配合”按钮，通过选择零件之间面与面的配合关系，合理的装配蛇头，如图2－127所示。

（3）首先，在菜单命令栏中选择“插入零部件”命令，选择“螺栓M3 * 6”，放入之前装配界面，并通过复制粘贴功能复制四个零件。其次，单击菜单栏的“移动零部件”按钮，通过移动零件之间为位置关系，合理的布局四个螺

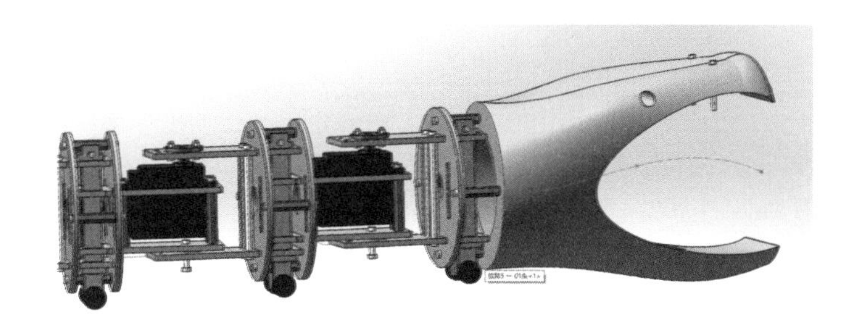

图 2-127　蛇装配体第一次装配图

栓零件。最后，单击菜单栏的“配合”按钮，通过选择零件之间面与面的配合关系，合理的螺栓零件，完成蛇整体的装配，如图 2-128 所示。

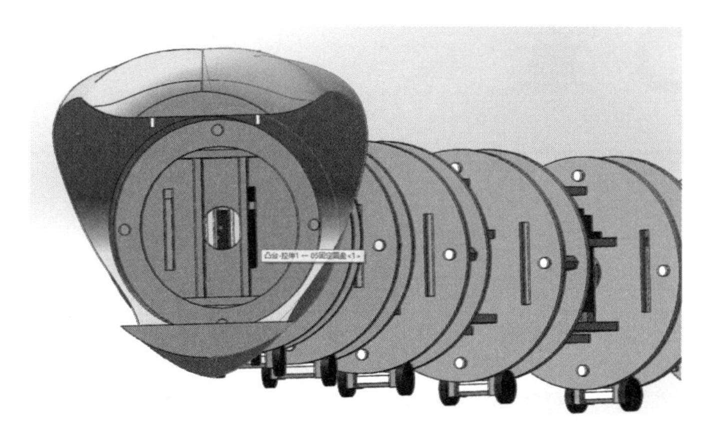

图 2-128　蛇装配体第二次装配图

（4）完成蛇形机器人的整体装配，如图 2-129 所示，将其保存为“蛇”。

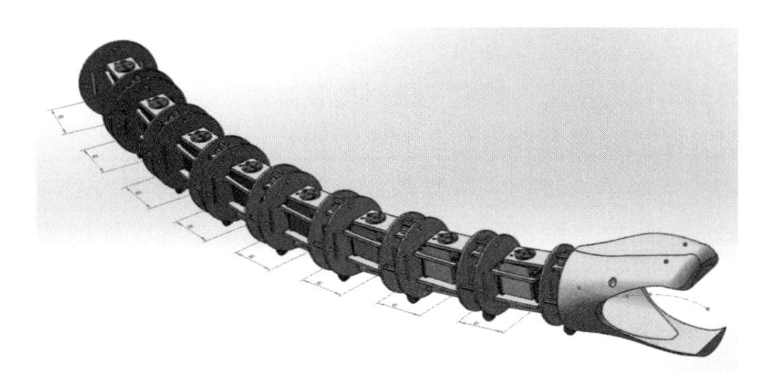

图 2-129　蛇装配体结果图

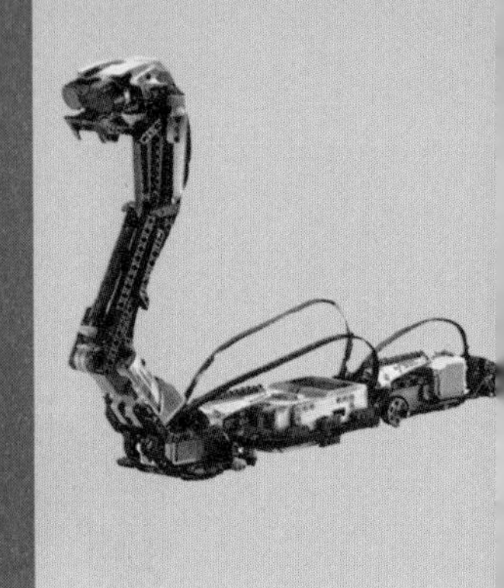

第 3 章 瞧瞧我的感官

仿蛇机器人之所以能够感知自身内部情况和外部环境信息、识别物体、躲避障碍，是因为它具有和蛇一样的“五官”。蛇的五官是眼、耳、鼻、舌、身，那么仿蛇机器人的五官是什么呢？它们的“五官”就是传感器，传感器使仿蛇机器人具有类似蛇的各种感知能力，而不同类型传感器的组合就构成了仿蛇机器人的复杂感知系统。同时，蛇需要按时捕食其他小型动物，并通过对食物的消化获得能量，从而提供身体运动所需要的能量。那么仿蛇机器人在不进行捕食和消化食物的情况下，是如何获得运动所需要的能量的？

仿蛇机器人的研究范围越来越广、运动能力越来越强，所以要求它对变化的环境和复杂的工作具有更好的适应能力，能进行更精确的定位和更准确的控制，并具有更高的智能。传感器是机器人获取信息、实施控制的充要条件与必备工具，而电池则是机器人能量的供应源，仿蛇机器人的能量由电池提供，不同电池提供的能量多少和运动续航时间也不相同，因而仿蛇机器人对传感器和电池有更大的需求和更高的要求。本章将系统介绍在仿蛇机器人领域经常使用的几种传感器和电源。

3.1 我的眼睛有秘密

3.1.1 视觉系统

1. 视觉系统的功能

仿蛇机器人的视觉系统主要是用各类电子设备或器件代替蛇的眼睛来做测量和判断。仿蛇机器人视觉系统的具体工作流程如下：首先，仿蛇机器人通过视觉传感器将拍摄到的目标信息转化为图像信息，并将其传送到专门的图像处理系统，从而准确得到外界环境的各类图像信息，包括像素分布、单元亮度、颜色等各类信息；其次，图像系统对这些信号进行各种运算来抽取外界目标的特征，从而得到外界环境的各类物体信息；最后，根据外界环境信息判别仿蛇机器人应当采用的运动方式，实现仿蛇机器人在各类环境中的稳定快速运动。

2. 视觉系统的组成

仿蛇机器人的视觉系统实质上是一种机器视觉系统，所谓机器视觉就是用机器代替人眼来做测量和判断，其工作原理如图 3－1 所示。机器视觉系统能够帮助人们提高生产柔性和自动化程度。在一些不适于人工作业的场合或人工视觉难以满足要求的地方，常用机器视觉来替代人工视觉。例如，在大批量工业生产过程中，用人工视觉检查产品质量效率低下、费心费力且精度不高，用机器视觉检测方法可以大大提高工作效率和自动化程度，而且机器视觉易于实现信息集成，是实现计算机集成制造的基础技术，这也是在各种仿生机器人中广泛使用机器视觉系统技术的原因所在[56]。

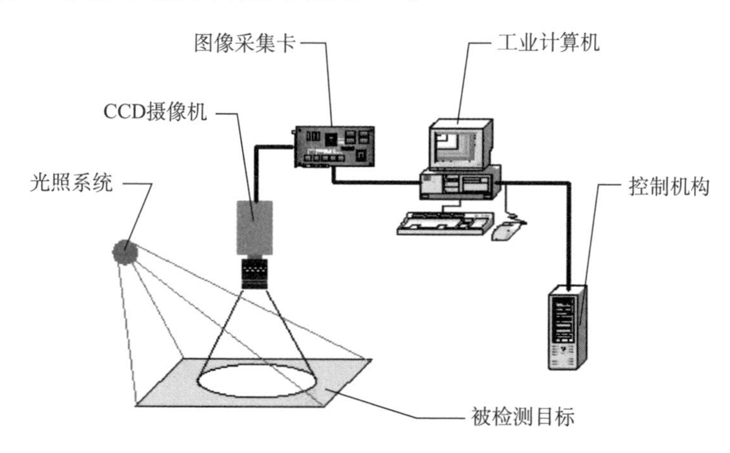

图 3－1 机器视觉工作原理图

典型的机器视觉系统通常由以下部分组成：

(1) 照明系统。

照明是影响机器视觉系统输入情况的重要因素，它直接影响输入数据的质量和应用效果。由于没有通用的机器视觉照明设备，所以针对每个特定的应用案例，要选择合适的照明装置，以达到最佳照明效果[57]。照明系统的核心是光源，光源有可见光的和不可见光。常用的可见光源有白炽灯、日光灯、水银灯和钠光灯。可见光照明的缺点是光能难以保持稳定，从而影响照明效果。如何使光能在一定程度上保持稳定，是可见光源在实用化过程中急需解决的问题[58]。另一方面，环境光可能影响图像的质量，所以可采用添加防护屏的方法来减少环境光的影响。按光源照射方法，照明系统可分为背向照明、前向照明、结构光照明和频闪光照明等。背向照明是被测物放在光源和摄像机之间，其优点是能获得高对比度的图像。前向照明是光源和摄像机位于被测物的同侧，这种方式便于安装。结构光照明是将光栅或线光源等投射到被测物上，根据它们产生的畸变，解调出被测物的三维信息[59]。频闪光照明是将高频率的光脉冲照射到物体上，摄像机拍摄时要求与光源同步。

(2) 镜头。

镜头（见图3-2）是机器视觉系统中必不可少的核心部件，直接影响成像质量的优劣和算法的实现及效果。镜头从焦距上可分为短焦镜头、中焦镜头、长焦镜头；从视场大小上可分为广角、标准、远摄镜头；从结构上可分为固定光圈定焦镜头、手动光圈定焦镜头、自动光圈定焦镜头、手动变焦镜头、自动变焦镜头、自动光圈电动变焦镜头和电动三可变（光圈、焦距、聚焦均可变）镜头等[60]。

图3-2 镜头实物图

对于任何相机来说，镜头的好坏一直是影响其成像质量的关键因素，数码相机也不例外[61]。虽然数码相机的 CCD 分辨率有限，原则上对镜头的光学分辨率要求较低，但由于数码相机的成像面积较小（因为数码相机是成像在 CCD 面板上，而 CCD 的面积较传统 35 mm 相机的胶片面积小很多），因而需要镜头保证一定的成像质量。

例如，对某一确定的被摄体，水平方向需要 200 像素才能完美再现其细节，如果成像宽度为 10 mm，则光学分辨率为 20 线/mm 的镜头就能胜任；但如果成像宽度仅为 1 mm 的话，则要求镜头的光学分辨率必须在 200 线/mm 以上[62]。此外，传统胶卷对紫外线比较敏感，户外拍照时通常需要加装 UV 镜，而 CCD 对红外线比较敏感，需要为镜头增加特殊的镀层或外加滤镜，以提高成像质量。同时，镜头的物理口径也需要认真考虑，且不管其相对口径如何，其物理口径越大，光通量就越大，数码相机对光线的接受和控制就会更好，成像质量也就越高。

镜头对机器视觉系统来说同样十分重要，选择时需要注意以下几个性能参数：

①焦距。

焦距是光学系统中衡量光的聚集或发散的度量方式，指平行光入射时从透镜光心到光聚集之焦点的距离，也是照相机中从镜片中心到底片或 CCD 等成像平面的距离[63]。具有短焦距的光学系统比长焦距的光学系统有更佳的聚光能力。简单来说，焦距就是焦点到镜头中心点之间的距离。

②镜头口径。

镜头口径也叫“有效口径”或“最大口径”。它指每只镜头开足光圈时前镜的光束直径（也可视作透镜直径）与焦距的比数[64]。它表示该镜头最大光圈的纳光能力。如某个镜头焦距是 4，前镜光束直径是 1 时，这就是说焦距比光束直径大 4 倍，一般称它为 f 系数，f 代表焦距。

③光圈。

光圈是一个用来控制光线透过镜头进入机身内感光面的光量的装置，它通常安装在镜头内部。平时所说的光圈值 $F1$、$F1.2$、$F1.4$、$F2$、$F2.8$、$F4$、$F5.6$、$F8$、$F11$、$F16$、$F22$、$F32$、$F44$ 和 $F64$ 等是光圈“系数”，是相对光圈，并非光圈的物理孔径，它与光圈的物理孔径及镜头到感光器件（胶片或 CCD 或 CMOS）的距离有关。

表达光圈大小用的是 F 值。光圈 F 值 = 镜头的焦距/镜头口径的直径。从该公式可知：要达到相同的光圈 F 值，长焦距镜头的口径要比短焦距镜头的口径大。当光圈物理孔径不变时，镜头中心与感光器件距离越远，F 数越大；反之，镜头中心与感光器件距离越近，通过光孔到达感光器件的光密度越高，F 数就越小[65]。

这里需要提及的是，光圈 F 值越小，在同一单位时间内的进光量便越多，而且上一级的进光量刚好是下一级的两倍，例如光圈从 $F8$ 调整到 $F5.6$，进光量便多一倍，也可以说光圈开大了一级。多数非专业数码相机镜头的焦距短、物理口径很小，$F8$ 时光圈的物理孔径已经很小了，继续缩小就会发生衍射之类的光学现象，影响成像。所以一般非专业数码相机的最小光圈都在 $F8 \sim F11$，而专业型数码相机感光器件面积大，镜头与感光器件距离远，光圈值可以很小。对于消费型数码相机而言，光圈 F 值常常介于 $F2.8 \sim F16$ 之间。

④放大倍数。

它是光学镜头的一项性能参数，是指物体通过透镜在焦平面上的成像大小与物体实际大小的比值[66]。

⑤影像至目标的距离。

它也是光学镜头的一项性能参数，是指成像平面上的影像与目标之间的实际距离。

⑥畸变。

畸变是由于机器视觉系统中垂轴放大率在整个视场范围内不能保持常数引起的。当一个有畸变的光学系统对一个方形的网状物体成像时，由于某些参数的不同，可能会形成一个啤酒桶状的图像，这种畸变称为正畸变，也可称为桶形畸变；还有可能会形成一种枕头状的图像，这种畸变称为负畸变，也可称为枕形畸变[67]。在一般的光学系统中，只要畸变引起的图像变形不为人眼所觉察，是可以允许存在的，这一允许的畸变值约为4%。但是有些需要根据图像来测定物体尺寸的光学系统，如航空测量镜头等，畸变则直接影响其测量精度，必须对其严加校正，使畸变小到万分之一甚至十万分之几。

(3) 摄像机/照相机。

照相机可简称相机（见图3－3），按照不同标准可分为标准分辨率数字相机和模拟相机等。人们可根据不同的应用场合来选用不同的相机。

图3－3 相机实物图

在光学成像领域，相机的分类方法很多，主要包含以下几种：

①按成像色彩划分：可分为彩色相机和黑白相机；

②按分辨率划分：像素数在38万以下的为普通型，像素数在38万以上的为高分辨率型[68]；

③按光敏面尺寸大小划分：可分为1/4、1/3、1/2、1英寸相机；

④按扫描方式划分：可分为行扫描相机（线阵相机）和面扫描相机（面阵相机）两种方式；其中面扫描相机又可分为隔行扫描相机和逐行扫描相机；

⑤按同步方式划分：可分为普通相机（内同步）和具有外同步功能的相机等。

(4) 图像采集卡。

图像采集卡在机器视觉系统中扮演着非常重要的角色，它直接决定了摄像头的接口特性[69]。比如摄像头究竟是黑白的，还是彩色的；是模拟信号的，还是数字信号的。比较典型的图像采集卡是 PCI 或 AGP 兼容的捕获卡，它可以将图像迅速地传送到计算机存储器进行处理。某些图像采集卡有内置的多路开关，可以连接多个不同的摄像机（有多至 8 个的），然后告诉采集卡采用那一个相机抓拍到的信息。有些采集卡有内置的数字输入装置以触发采集卡进行图像捕捉，当采集卡抓拍图像时数字输出口就触发闸门。图 3 – 4 所示为一款在 PC 上常用的图像采集卡。

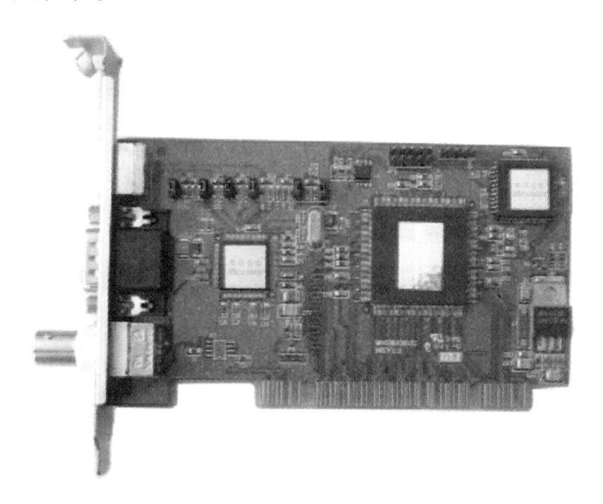

图 3 – 4　图像采集卡

3. 视觉系统的工作原理

视觉传感器是整个机器视觉系统中视觉信息的直接来源，主要由一个或两个图形传感器组成，有时还要配以光投射器及其他辅助设备[70]。谈起视觉传感器，人们就会想到 CCD 与 CMOS 两大视觉感应器件。在人们的印象中，CCD 代表着高解析度、低噪点等“高大上”品质，而 CMOS 由于噪点问题，一直与电脑摄像头、手机摄像头等对画质相对要求不高的电子产品联系在一起[71]。但是现在 CMOS 今非昔比了，鸟枪换炮，其技术有了巨大进步，基于 CMOS 的摄像机绝非只局限于简单的应用，甚至进入了高清摄像机行列。为了更清晰地了解 CCD 和 CMOS 的特点，现在从 CCD 和 CMOS 的不同工作原理说起。

（1）CCD 与 CMOS 的工作原理。

①CCD 器件。

CCD 是电荷耦合器件（Charge Coupled Device）英文首字母缩写形式，它是一种半导体成像器件（见图 3 – 5）。

图 3 – 5　CCD 实物图

CCD 具有灵敏度高、畸变小、体积小、寿命长、抗强光、抗震动等优点。工作时，被摄物体的图像经过镜头聚焦至 CCD 芯片上，CCD 根据光的强弱情况积累相应比例的电荷，各个像素积累的电荷在视频时序的控制下，逐点外移，经滤波、放大处理后，形成视频信号输出。当视频信号连接到监视器或电视机的视频输入端时，人们便可以看到与原始图像相同的视频图像[72]。

需要说明，在 CCD 中，上百万个像素感光后会生成上百万个电荷，所有的电荷全部需要经过一个“放大器”进行电压转变，形成电子信号[73]。因此，这个“放大器”就成为一个制约图像处理速度的“瓶颈”。当所有电荷由单一通道输出时，就像千军万马过“独木桥”一样，庞大的数据量很容易引发信号“拥堵”现象，而数码摄像机高清标准（HDV）却恰恰需要在短时间内处理大量数据。因此，在民用级产品中使用单 CCD 是无法满足高速读取高清数据的需要的。

CCD 器件主要由硅材料制成，对近红外光线比较敏感，光谱响应可延伸至 1.0 μm 左右，响应峰值为绿光（550 nm）[74]。夜间采用 CCD 器件隐蔽监视时，可以用近红外灯辅助照明，人眼看不清的环境情况在监视器上却可以清晰成像。由于 CCD 器件表面有一层吸收紫外线的透明电极，所以 CCD 对紫外线并不敏感。彩色摄像机的成像单元上有红、绿、蓝三色滤光条，所以彩色摄像机对红外线和紫外线均不敏感。

②CMOS 器件。

CMOS 是互补金属氧化物半导体器件（Complementary Metal Oxide Semiconductor）英文首字母缩写形式，它是一种电压控制的放大器件（见图 3－6），也是组成 CMOS 数字集成电路的基本单元。CMOS 中一对由 MOS 组成的门电路在瞬间要么 PMOS 导通，要么 NMOS 导通，要么都截至，比线性三极管的效率高得多，因此其功耗很低。

图 3－6　CMOS 实物图

传统的 CMOS 传感器是一种比 CCD 传感器低 10 倍感光度的传感器。它可以将所有的逻辑运算单元和控制环都放在同一个硅芯片上，使摄像机变得架构简单、易于携带，因此 CMOS 摄像机可以做得非常小巧。与 CCD 不同的是，CMOS 的每个像素点都有一个单独的放大器转换输出，因此 CMOS 没有 CCD 的瓶颈问题，能够在短时间内处理大量数据，输出高清影像，满足 HDV 的需求[75]。另外，CMOS 工作所需要的电压比 CCD 的低很多，功耗只有 CCD 的 1/3左右，因此电池尺寸可以做得很小，方便实现摄像机的小型化。而且每个

CMOS 都有单独的数据处理能力，这也大大减少了集成电路的体积，为高清数码相机的小型化，甚至微型化奠定了基础。

（2）CCD 与 CMOS 的比较。

CCD 和 CMOS 的制作原理并没有本质上的区别，CCD 与 CMOS 孰优孰劣也不能一概而论。一般而言，普及型的数码相机中使用 CCD 芯片的成像质量要好一些，这是因为 CCD 是集成在半导体单晶材料上，而 CMOS 是集成在金属氧化物的半导体材料上，而这导致两者的成像质量出现了差别。CMOS 的结构相对简单，其生产工艺与现有大规模集成电路的生产工艺相同，因而使得生产成本有所降低。

从原理上分析，CMOS 的信号是以点为单位的电荷信号，而 CCD 是以行为单位的电流信号，前者更敏感，更省电，速度也更快捷[76]。现在生产的高级 CMOS 并不比一般的 CCD 成像质量差，但相对来说，CMOS 的工艺还不是十分成熟，普通的 CMOS 一般分辨率较低而导致成像质量较差。

尽管 CCD 在影像品质等各方面优于 CMOS，但不可否认的是 CMOS 具有低成本、低耗电以及高整合度的特性。由于数码影像产品的需求十分旺盛，CMOS 的低成本和稳定供货品质使之成为相关厂商的心头肉，也因此愿意投入巨大的人力、物力和财力去改善 CMOS 的品质特性与制造技术，使得 CMOS 与 CCD 两者的差异在日益缩小。

3.1.2 超声波测距传感器

1. 超声波测距传感器简介

超声波测距传感器（见图 3－7）是机器人经常采用的传感器之一，用来检测机器人前方或周围有无障碍物，并测量机器人与障碍物之间的距离[77－78]。超声波测距的原理犹如蝙蝠声波测物一样，蝙蝠的嘴里可以发出超声波，超声波向前方传播，当超声波遇到昆虫或障碍物时会发生反射，蝙蝠的耳朵能够接收反射回波，从而判断昆虫或障碍物的位置和距离并予以捕杀或躲避。

图 3－7 超声波测距传感器

超声波测距传感器的工作原理也与蝙蝠相似，是通过超声波发射器向某一方向发射超声波，并在发射超声波的同时开始计时，超声波在空气中传播时碰到障碍物就立即反射回来，超声波接收器收到反射波后就立即停止计时。已知超声波在空气中的传播速度为 v，根据计时器记录的发射声波和接收回波的时间差为 Δt，就可以计算出发射点距障碍物的距离 S，即有：

$$S = v \cdot \Delta t/2 \tag{3-1}$$

上述测距方法即所谓的时间差测距法。

超声波是一种在空气中传播的超过人类听觉频率极限的声波。人的听觉所能感觉的声音频率范围因人而异，在20 Hz ~ 20 kHz之间。由于超声波的声速与环境温度有关，在使用超声波传感器测距时，如果环境温度变化不大，则可认为声速是基本不变的，常温下超声波的传播速度是334 m/s[79]。但其传播速度易受空气中温度、湿度、压强等因素的影响，其中受温度的影响较大。如环境温度每升高1℃，声速增加约0.6 m/s。如果测距精度要求很高，则应通过温度补偿的方法加以校正。已知环境温度 T 时，超声波传播速度 v 的计算式为：

$$v = 331.45 + 0.607T \tag{3-2}$$

式中，T（℃）为环境温度，在23℃的常温下超声波的传播速度为345.3 m/s。超声波传感器一般就是利用这样的声波来检测物体的。

在许多应用场合，采用小角度、小盲区的超声波测距传感器，具有测量准确、无接触、防水、防腐蚀、低成本等优点。有时还可根据需要采用超声波测距传感器阵列来进行测量，可提高测量精度、扩大测量范围。图3-8所示为超声波测距传感器阵列。

图3-8　超声波测距传感器阵列

2. 超声波测距传感器的参数

本书设计的仿蛇机器人选择并采用了US-100超声波测距传感器模块，该模块为常见的超声波测距传感器阵列，可以在任意一家电子商店中以较低的价格获得，其外观结构如图3-9所示。

图3-9　US-100超声波测距模块

US-100超声波测距传感器模块拥有2.4 ~ 5.5 V的宽电压输入范围，静态功耗低于2 mA，可实现2 cm ~ 4.5 m的非接触测距功能，同时具有GPIO、串口等多种通信方式，自带温度传感器可对测距结果进行校正，内带看门狗，工作稳定可靠，其主要的技术参数如表3-1所示[80]。

表 3－1　US－100 超声波测距传感器模块参数一览表

电气参数	US－100 超声波测距传感器模块
工作电压/V	DC 2.4～5.5
静态电流/mA	2
工作温度/℃	－20～＋70
输出方式	电平或 UART（异步收发传输器）
感应角度	＜15°
探测距离/cm	2～450
探测精度	0.3 cm＋1%
UART 模式下串口配置	波特率 9 600，起始位 1 位，停止位 1 位，数据位 8 位，无奇偶校验，无流控制。

US－100 超声波测距传感器模块的外形尺寸为 45 mm×20 mm×1.6 mm。板上有两个半径为 1 mm 的机械孔可以用于固定。该模块共有 5 个 PIN 端口，从左到右的编号依次为 1，2，3，4，5，它们的定义如下：

1 号 PIN 端口：接 VCC 电源（供电范围 2.4～5.5 V）；

2 号 PIN 端口：当为 UART 模式时，接外部电路 UART 的 TX 端；当为电平触发模式时，接外部电路的 Trig 端；

3 号 PIN 端口：当为 UART 模式时，接外部电路 UART 的 RX 端；当为电平触发模式时，接外部电路的 Echo 端；

4 号 PIN 端口：接外部电路的地；

5 号 PIN 端口：接外部电路的地。

3. 超声波测距传感器的应用

（1）电平触发测距工作原理。

在超声波测距传感器模块上电前，先去掉模式选择跳线上的跳线帽，使模块处于电平触发模式，电平触发测距的时序如图 3－10 所示[81]。该时序图表明：只需在 Trig/TX 管脚输入一个 10 μs 以上的高电平，系统便可发出 8 个 40 kHz 的超声波脉冲，然后检测回波信号。当检测到回波信号后，模块还要进行温度值的测量，然后根据当前温度对测距结果进行校正，最后再将校正后的结果通过 Echo/RX 管脚输出。

在此模式下，模块将距离值转化为 340 m/s 时的时间值的 2 倍，通过 Echo 端输出一高电平，可根据此高电平的持续时间来计算距离值，即距离值为：(高电平时间×340 m/s)/2。因为距离值已经经过温度校正，此时无需再根据环境温度对超声波声速进行校正，即不管温度多少，声速选择 340 m/s 即可。

（2）串口触发测距工作原理。

触发信号
10 μs 高电平
发射探头发出信号
循环发出 8 个 40 kHz 脉冲
模块获得发射与接收的时间差
原始的测距结果
模块启动温度传感器测温
测量当前环境温度值
输出回响信号
根据环境温度对测量结果进行校正输出，距离更准确
温度校正后，回响电平宽度只与距离有关，与环境温度无关。

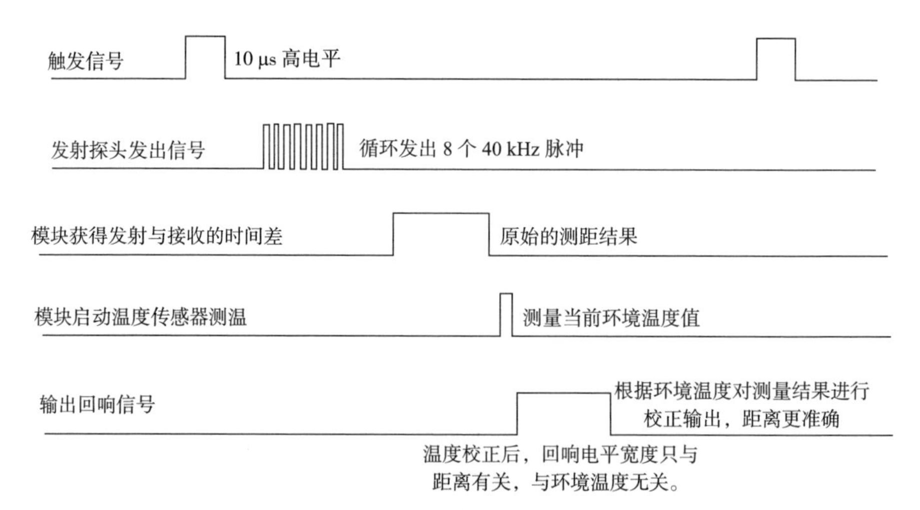

图 3-10　电平触发测距时序图

在超声波测距传感器模块上电前，先插上模式选择跳线上的跳线帽，使模块处于串口触发模式，串口触发测距的时序如图 3-11 所示[82]。在此模式下只需要在 Trig/TX 管脚输入 0X55（波特率 9 600），系统便可发出 8 个 40 kHz 的超声波脉冲，然后检测回波信号。当检测到回波信号后，模块还要进行温度值的测量，然后根据当前温度对测距结果进行校正，将校正后的结果通过 Echo/RX 管脚输出。输出的距离值共两个字节，一个字节是距离的高 8 位（HDate），另一个字节是距离的低 8 位（LData），单位为 mm，即距离值为（HData × 256 + LData） mm。

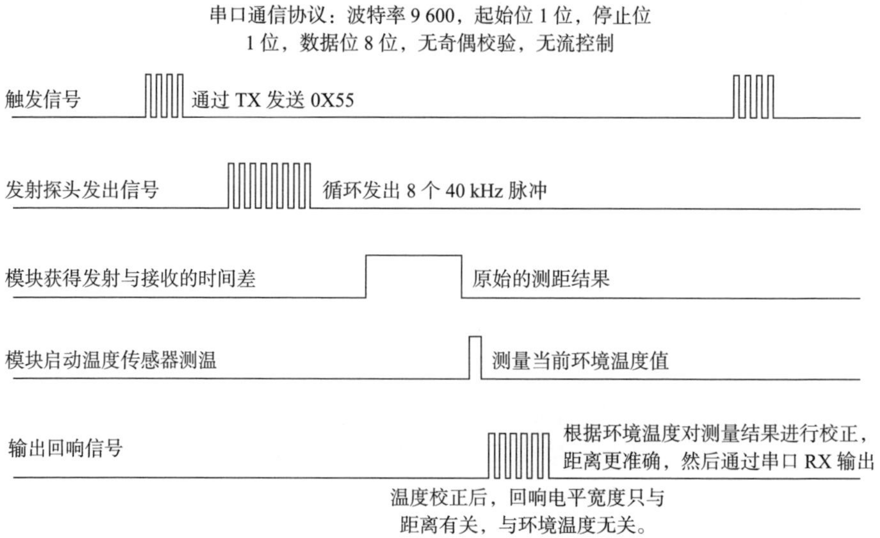

串口通信协议：波特率 9 600，起始位 1 位，停止位 1 位，数据位 8 位，无奇偶校验，无流控制
触发信号
通过 TX 发送 0X55
发射探头发出信号
循环发出 8 个 40 kHz 脉冲
模块获得发射与接收的时间差
原始的测距结果
模块启动温度传感器测温
测量当前环境温度值
输出回响信号
根据环境温度对测量结果进行校正，距离更准确，然后通过串口 RX 输出
温度校正后，回响电平宽度只与距离有关，与环境温度无关。

图 3-11　串口触发测距时序图

3.2 我的触觉遍全身

蛇在自然界中主要是通过皮肤对外界环境的温度、湿度、表面受力等信息进行感知。蛇的表皮结构研究一直是仿蛇机器人技术领域里的一项重要课题，涉及电路设计、传感器集成、结构组合等多方面的技术。目前，高性能的仿蛇表皮结构在国内外的市场难以获得，而普通档次的仿蛇表皮结构在国内的价格也比较昂贵，且性能还较为低下。因此，为了适应现实情况，本书采用了市面上常用的多种传感器来代替蛇皮的基本功能，其中主要包括：温湿度传感器、触觉传感器、超声波传感器等。

3.2.1 温湿度传感器

1. 温湿度传感器的功能

温湿度传感器是传感器家族中的一员，它是把空气中的温、湿度信息通过一定的检测装置测量后，按一定的规律变换成电信号或其他所需形式的信息输出，用以满足用户对感知温湿度的需求[83]。

2. 温湿度传感器的工作原理

温湿度传感器主要是由湿敏电容和转换电路两部分组成。湿敏电容的结构是由玻璃底衬、下电极、湿敏材料、上电极几部分组成。两个下电极与湿敏材料、上电极构成的两个电容成串联连接。湿敏材料是一种高分子聚合物，它的介电常数随着环境的相对湿度变化而变化。当环境湿度发生变化时，湿敏元件的电容量随之发生改变，即当相对湿度增大时，湿敏电容量随之增大，反之减小。传感器的转换电路把湿敏电容变化量转换成电压量变化，对应于相对湿度(Relative Humidity，RH) 0 ~ 100% 的变化，传感器的输出呈 0 ~ 1 V 的线性变化。

3. 温湿度传感器的参数

本书在设计仿蛇机器人时选择了高品质的 DHT11 温湿度传感器，该模块为常见的数字式温湿度传感器，同样，它可以在任意一家电子商店中以较低价格购得，其外观结构如图 3 - 12 所示[84]。

DHT11 温湿度传感器拥有 3.3 ~ 5 V 的宽电压输入范围，静态电流低于 2 mA，具有测试周围环境温度和湿度的功能，同时具有数字输出端口，单总线输出，工作稳定可靠，其主要技术参数如表 3 - 2 所示[85]。

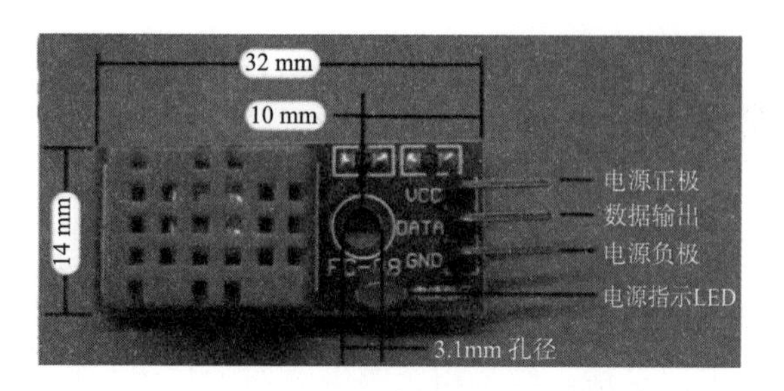

图 3－12　DHT11 温湿度传感器

表 3－2　DHT 温湿度传感器性能参数

电气参数	DHT 温湿度传感器
工作电压	3. 3 ~ 5 V（推荐 3. 3 V）
数据输出方式	数字输出
温度范围	0 ~ 50℃
温度精度	±2℃
湿度范围	20% ~ 95% RH
湿度精度	±5% RH
尺寸	32 mm × 14 mm
重量	8g

DHT11 温湿度传感器模块的板上有一个半径为 1 mm 的机械孔可以用于定位。该模块共有 3PIN 端口，接口从上到下依次编号为 1、2、3，其定义如下：

1 号 PIN 端口：接 VCC 电源（供电范围 3. 3 ~ 5 V）；

2 号 PIN 端口：数据发生端，发送串行数据，共 8 bit；

3 号 PIN 端口：接外部电路的地。

4. 温湿度传感器的应用

温湿度传感器的工作详细流程如下：

首先，主机 M0 发出起始信号并等待 DHT 响应信号；其次，当温度传感器（DHT）通知 M0 准备接收信号后，DHT 发送准备好的数据；最后，当数据发送并接收完成后，DHT 发出结束信号并在其内部重测环境温湿度数据且予以记录，然后等待下一次 M0 的起始信号。

（1）M0 起始信号：首先，需设置 DATA 引脚为输出状态并输出高电平；其次，再将 DATA 输出置为低电平，持续时间大于 18 ms，此时 DHT 检测到后从低功耗模式转变为高速模式；最后，将 DATA 引脚设置为输入状态，由于上拉电阻的关系，DATA 就变为高电平，从而完成一次起始信号，具体如图 3－13 所示。

（2）DHT 响应信号、准备信号：该过程发生在 DHT 在 M0 DATA 引脚输出低电平时，从低功耗模式转至高速模式，等待 DATA 引脚变为高电平。具体工作流程为：首先，DHT 输出 80μs 低电平作为应答信号；其次，DHT 输出 80 μs 高电平通知微处理器准备接收数据；最后，连续发送 40 位数据（上次采集的数据）；具体过程如图 3－14 所示。

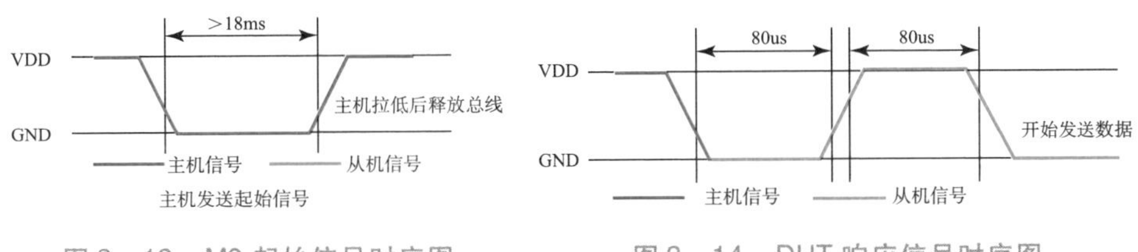

图 3－13　M0 起始信号时序图　　图 3－14　DHT 响应信号时序图

（3）DHT 数据信号：当数据为“0”格式时，50 μs 的低电平后转为 26 ~ 28 μs 的高电平，如图 3－15（a）所示；当数据为“1”格式时，50 μs 的低电平的后转为 +70 μs 的高电平，具体过程如图 3－15（b）所示。

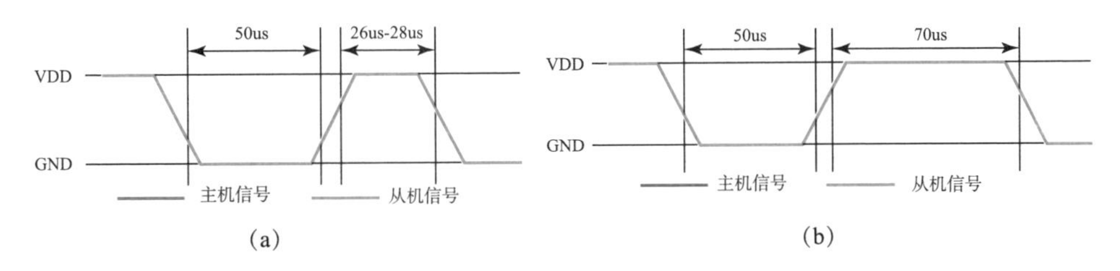

图 3－15　DHT 数据信号类型

（a）位数据“0 格式”；（b）位数据“1”格式

（4）DHT 结束信号：DHT 的 DATA 引脚输出 40 位数据后，继续输出低电平 50 μs 后转为输入状态，由于上拉电阻，DATA 随之变为高电平。DHT 内部开始重测环境温湿度数据，并记录数据，等待外部的起始信号，具体过程如图 3－16 所示。

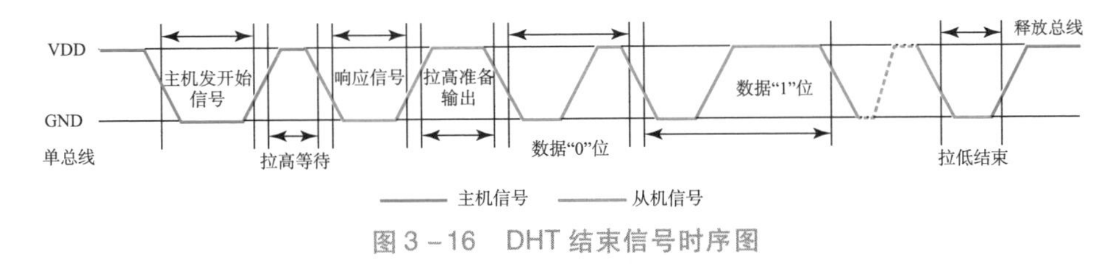

图 3－16　DHT 结束信号时序图

由流程可知，每一次 M0 获取的数据总是 DHT 上一次采集的数据，要想得到实时的数据，连续两次获取即可。但有关方面不建议连续多次读取 DHT，每次读取的间隔时间大于 5 秒就足够获取到准确的数据，上电时 DHT 需要 1 s 的时间稳定。

3.2.2 红外线测距传感器

1. 红外线测距传感器的功能

红外线测距传感器利用红外信号遇到障碍物距离的不同其反射的强度也不同的原理，进行障碍物远近的检测。红外线测距传感器具有一对红外信号发射与接收的二极管，发射管发射特定频率的红外信号，接收管接收这种特定频率的红外信号，当红外信号在检测方向遇到障碍物时，会产生反射，反射回来的红外信号被接收管接收，经过处理之后，通过数字传感器接口返回到机器人主机，机器人即可利用红外的返回信号来识别周围环境的变化[86]。需要说明的是，机器人在这里利用了红外线传播时不会扩散的原理，由于红外线在穿越其他物质时折射率很小，所以长距离测量用的测距仪都会考虑红外线测距方式。红外线的传播是需要时间的，当红外线从测距仪发出一段时间碰到反射物经过反射回来被接收管收到，人们根据红外线从发出到被接收到的时间差（Δt）和红外线的传播速度（C）就可以算出测距仪与障碍物之间的距离[87]。简言之，红外线的工作原理就是利用高频调制的红外线在待测距离上往返产生的相位移推算出光束渡越时间 Δt，从而根据 $D=(C\times\Delta t)/2$ 得到距离 D。

图3－17　GP2Y0A21YK0F 红外测距传感器

图3－17所示红外线测距传感器的型号为GP2Y0A21YK0F，该传感器是由位置敏感探测集成单元（PSD）、红外发光二极管（IRED）和信号处理电路组成，工作原理如图3－18所示。

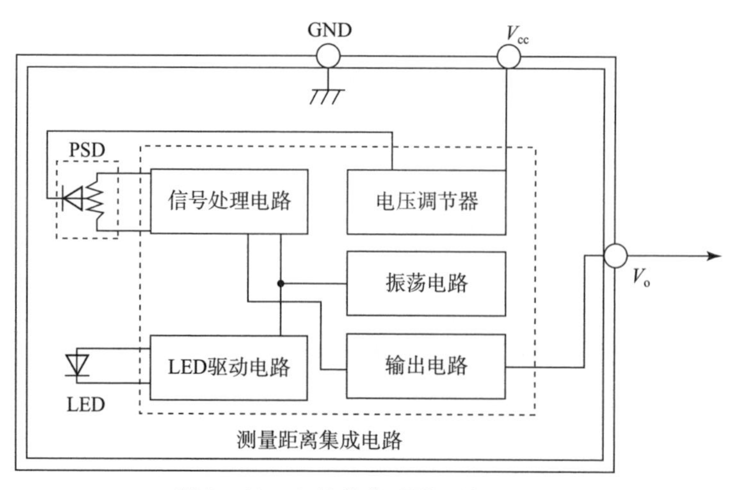

图3－18　红外线传感器工作原理图

红外线测距传感器的测距功能是基于三角测量原理实现的，其情况如图 3 - 19 所示。由图可知，红外发射器按照一定的角度发射红外光束，当遇到物体以后，这束光就会被反射回来，反射回来的红外光束被 CCD 检测器检测到以后，会获得一个偏移值 L。在知道了发射角度 a、偏移距 L、中心距 X，以及滤镜的焦距 f 以后，传感器到物体的距离 D 就可以利用三角几何关系计算出来了[88]。可以看到，当距离 D 很小时，L 值会相当大，可能会超过 CCD 的探测范围。这时虽然物体很近，但传感器反而看不到了。而当距离 D 很大时，L 值就会非常小[89]。这时 CCD 检测器能否分辨得出这个很小的 L 值也难以肯定。换言之，CCD 的分辨率决定能不能获得足够精确的 L 值。要检测越远的物体，CCD 的分辨率要求就越高。由于采用的是三角测量法，物体的反射率、环境温度和操作持续时间等因素反而不太容易影响距离的检测精度[90]。

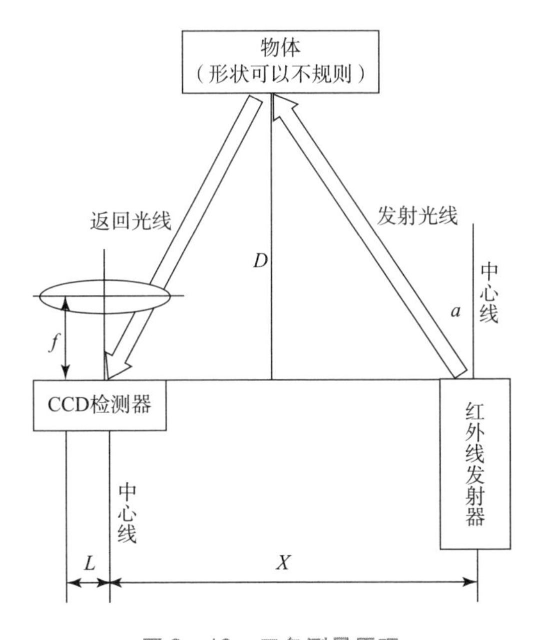

图 3 - 19　三角测量原理

红外线测距传感器可以用于测量距离、实现避障、进行定位等作业，广泛应用于移动机器人和智能小车等运动平台上。图 3 - 20 所示为一款装置了红外线测距传感器和超声波测距传感器的智能小车。

2. 红外线测距传感器的参数

本书为仿蛇机器人选用了 GP2Y0A21YK0F 红外线测距传感器，这是一款比较常见的测距传感器，其测量距离为 20 ~ 150 cm。同样，它可以在任意一家电子商店中以较低的价格购得。

图 3－20　装置着红外线测距传感器和超声波测距传感器的智能小车

该传感器拥有4.5～5.5 V的电压输入范围，消耗电流为33 mA，具有非接触式测量距离的功能，同时具有模拟输出端口，输出电压范围为－0.3～＋0.3 V，工作稳定可靠，其主要的技术参数见表3－3所示。

表3－3　红外测距传感器的参数表

电气参数	红外测距传感器
工作电压	4.5～5.5 V
工作温度	－10～60℃
平均电流	33 mA
测量距离	20～150 cm
输出方式	模拟输出
输出电压	－0.3～＋0.3 V
尺寸	29.5 mm×13 mm×21.6 mm

GP2Y0A21YK0F红外线测距传感器的板上有两个半径为1 mm的孔可以用于定位和固定。模块共有3个PIN端口，接口从左到右依次编号1、2、3，它们的定义如下：

1号PIN端口：数据发生端，输出模拟信号（－0.3～＋0.3 V）；

2号PIN端口：接外部电路的地；

3号PIN端口：接VCC电源（供电5 V）。

3.2.3　触觉传感器

接触觉传感器是一种用以判断机器人（主要指四肢）是否接触到外界物体或测量被接触物体的特征的传感器，它主要包括微动开关、导电橡胶、含碳海绵、碳素纤维、气动复位式装置等类型，下面分别予以介绍[91]。

1. 微动开关式接触觉传感器

该类型传感器由弹簧和触头构成，其外形如图3-21所示。触头接触外界物体后离开基板，使得信号通路断开，从而测到与外界物体的接触。这种常闭式（未接触时一直接通）的微动开关其优点是使用方便、结构简单，缺点是易产生机械振荡和触头易发生氧化。

2. 导电橡胶式接触觉传感器

该类型传感器以导电橡胶为敏感元件，其外形如图3-22所示。当触头接触外界物体受压后，压迫导电橡胶，使其电阻发生改变，从而使流经导电橡胶的电流发生变化[92]。这种传感器的优点是具有柔性；缺点是由于导电橡胶的材料配方存在一定的差异，出现的漂移和滞后特性往往并不一致。

图3-21 微动开关式接触觉传感器

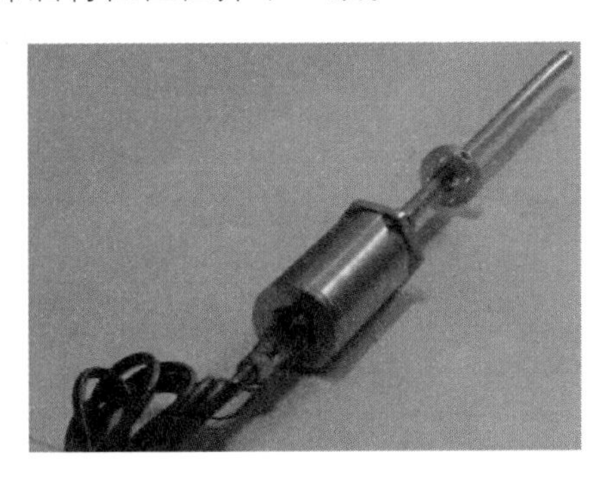

图3-22 导电橡胶式接触觉传感器

3. 含碳海绵式接触觉传感器

该类型传感器的基本结构如图3-23所示，在基板上装有海绵构成的弹性体，在海绵中按阵列布以含碳海绵。当其接触物体受压后，含碳海绵的电阻减小，测量流经含碳海绵电流的大小，可确定受压程度。这种传感器也可用作压力觉传感器。优点是结构简单、弹性出众、使用方便。缺点是碳素分布的均匀性直接影响测量结果和受压后的恢复能力较差。

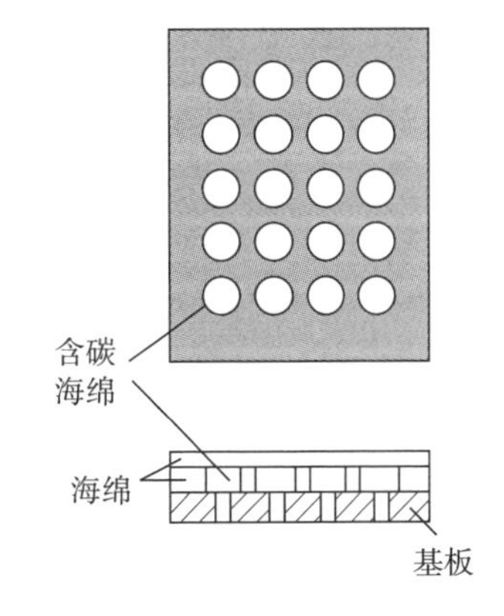

图3-23 含碳海绵式接触觉传感器

4. 碳素纤维式接触觉传感器

该类型传感器以碳素纤维为上表层，下表层为基板，中间装以氨基甲酸酯和金属电极。接触外界物体时碳素纤维受压与电极接触导电[93]。优点是柔性好，可装于机械手臂曲面处，使用方便。缺点是滞后较大。

5. 气动复位式接触觉传感器

该类型传感器具有柔性绝缘表面，受压时变形，脱离接触时则由压缩空气作为复位的动力，其外形如图 3－24 所示。与外界物体接触时，该传感器内部的弹性圆泡（铍铜箔）与下部触点接触而导电。优点是柔性好、可靠性高。缺点是需要专门的压缩空气源，使用时稍嫌复杂。

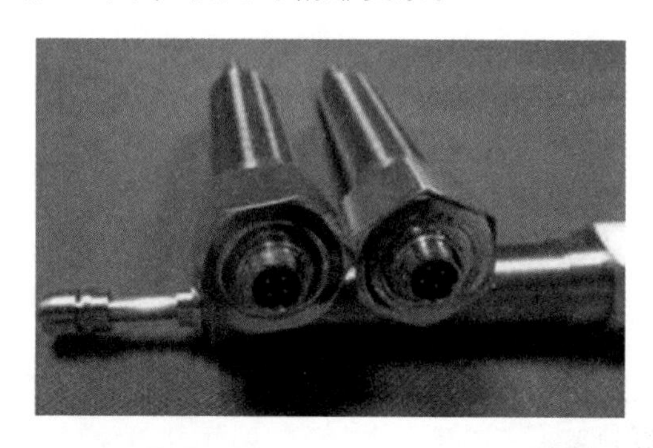

图 3－24　气动复位式接触觉传感器

3.3 身体内部隐形的器官

3.3.1 蛇类的相互通信

1. 通信功能描述

通信是机器人之间进行交互、协助和组织的基础。利用通信技术多机器人系统中各个机器人能了解同类或其他类机器人的意图、目标、动作及当前环境状态等信息，进而进行有效的磋商，协作完成指定的任务[94]。一般来说，机器人之间的通信可以分为隐式通信和显式通信两类。隐式通信与显式通信是机器人系统各具特色的两种通信模式，如果将两者各自的优势结合起来，则多机器人系统就可以灵活地应对各种复杂的动态未知环境，完成许多艰巨任务[95]。利用显式通信进行少量机器人之间的上层协作，通过隐式通信进行大量机器人之间的底层协调，在出现隐式通信无法解决的冲突或死锁时，再利用显式通信进行少量的协调工作加以解决[96]。这样的通信结构既可以增强系统的协调能力、合作能力、容错能力，又可以减少通信量，避免出现通信中的瓶颈效应。

2. 通信模块分类

（1）蓝牙无线通信

蓝牙（Bluetooth）是一种开放式、低成本、短距离无线连接技术规范的代称，主要用于传送语音和数据[97-98]。蓝牙技术作为一种便携式电子设备和固定式电子设备之间替代电缆连接的短距离无线通信的标准，具有工作稳定、设备简单、价格便宜、功率较低、对人体危害较小等特点[99]。它强调的是全球性的统一运作，其工作频率定在 2.45 GHz 这个频段，该频段是向工业生产、科学研究、医疗服务等大众领域都共同开放的，符号速率 1 Mb/s，每个时隙宽度为 625 μs，采用分时双工（TDD）方式和高斯频移键控（GFSK）调制方式。蓝牙技术支持一个异步数据信道、三个并发的同步语音信道或一个同时传送异步数据和同步话音的信道。每一个话音信道支持 64 kb/s 的同步语音；异步信道支持最大速率为 57.6 kb/s 的非对称连接，或者是 432 kb/s 的对称连接。系统采用跳频技术抵抗信号衰落，使用快跳频和短分组技术减少同频干扰来保证传输的可靠性，并采用前向纠错（FEC）技术来减少远距离传输时的随机噪声影响。

蓝牙网络的基本单元是微微网，它可以同时最多支持 8 个电子设备，其中发起通信的那个设备称为主设备，其他设备称为从设备[100-101]。一组相互独立、以特定方式连接在一起的微微网构成分布式网络，各微微网通过使用不同的调频序列来区分。蓝牙技术支持多种类型的业务，包括声音和数据，为将来的电器设备提供联网和数据传输的功能，它将使来自各个设备制造商的设备能以同样的“语言”进行交流，这种“语言”可以认为是一种虚拟的电缆。蓝牙的一般传输距离是 10 cm 到 10 m，如果提高功率的话，其传输距离则可扩大到 100 m。

（2）ZigBee 无线通信

ZigBee 是一种近距离、低复杂度、低功耗、低速率、低成本的双向无线通信技术[102]。主要用于距离短、功耗低且传输速率不高的各种电子设备之间的数据传输以及典型的周期性数据、间歇性数据和低反应时间的数据传输。

人们通过长期观察发现，蜜蜂在发现花丛后会通过一种特殊的肢体语言来告知同伴新发现的食物源位置等相关信息，这种肢体语言就是 ZigZag 舞蹈，是蜜蜂之间用来传达简单信息的一种方式。由于蜜蜂（bee）是靠飞翔和“嗡嗡”（zig）地抖动翅膀的“舞蹈”来向同伴传递花粉所在方位信息，也就是说蜜蜂依靠这样的方式构成了群体中的通信网络，于是人们借用 Zigbee 作为新一代无线通信技术的名称。

简言之，ZigBee 是一种高可靠性的无线数传网络，类似于 CDMA① 和 GSM② 网络。ZigBee 数传模块类似于移动网络基站，是一个由可多到 65 535 个无线数传模块组成的一个无线数传网络平台，在整个网络范围内，每一个 ZigBee 网络数传模块之间可以相互通信，每个网络节点间的距离可以从标准的

---

① CDMA：码分多址，是无线通信上使用的技术。
② GSM：全球移动通信系统。

75 m 到几百米、几千米，并且支持无限扩展。

ZigBee 基于 IEEE802. 15. 4 标准的低功耗局域网协议开展工作。根据国际标准的规定，ZigBee 技术是一种短距离、低功耗的无线通信技术，其特点是近距离、低复杂度、自组织、低功耗、低数据速率。主要适用于自动控制和远程控制领域，也可以嵌入各种设备。统而言之，ZigBee 就是一种便宜的，低功耗的近距离无线组网通信技术。ZigBee 协议从下到上分别为物理层（PHY）、媒体访问控制层（MAC）、传输层（TL）、网络层（NWK）、应用层（APL）等。其中物理层和媒体访问控制层遵循 IEEE802. 15. 4 标准的规定。

与移动通信的 CDMA 网或 GSM 网不同的是，ZigBee 网络主要是为工业现场自动化控制数据传输而建立的，因而它必须具有体系简单、使用方便、工作可靠、价格低廉的特点[103]。而移动通信网主要是为语音通信而建立的，每个基站价值一般都在百万元人民币以上，而每个 ZigBee“基站”花费却不到 1 000 元人民币。每个 ZigBee 网络节点不仅本身可以作为监控对象，例如其所连接的传感器直接进行数据采集和监控，还可以自动中转别的网络节点传过来的数据资料。除此之外，每一个 ZigBee 网络节点（FFD）还可在自己信号覆盖的范围内，和多个不承担网络信息中转任务的孤立的子节点（RFD）进行无线连接。

（3）2. 4GH 无线通信

2. 4GH 无线通信技术是一种短距离无线传输技术，主要供开源使用。2. 4 GHz 所指的是一个工作频段，2. 4 GHz ISM（Industry Science Medicine）是全世界公开通用的无线频段，蓝牙技术即工作在这一频段。在 2. 4 GHz 频段下工作可以获得更大的使用范围和更强的抗干扰能力，目前 2. 4GH 无线通信技术广泛用于家用及商用领域。

3. 通信模块的选择

通过比较以上各类模块可以明白，由于仿蛇机器人使用环境无 WIFI 信号，遥控距离也较远，且为了降低机器人的功耗，所以选择 2. 4GH 无线通信技术作为通信模式较为适宜。在 2. 4GH 通信模块的选择方面，可考虑使用 nRF2401 单片射频收发芯片，如图 3 – 25 所示。

图 3 – 25　nRF2401 通信模块

nRF2401 模块的能耗非常低，以 -5 dBm 的功率发射时，工作电流只有 10.5 mA；接收时的工作电流也只有 18 mA[104]。加上多种低功率工作模式，使其节能设计的效果更为凸显。DuoCeiverTM 技术使 nRF2401 可以使用同一天线来同时接收两个不同频道的数据，nRF2401 适用于多种无线通信的场合，如无线数据传输系统、无线鼠标、遥控开锁、遥控玩具等。

nRF2401 模块的工作波段位于 2.4 ~ 2.5GHz ISM 频段，芯片内置频率合成器、功率放大器、晶体振荡器和调制器等功能模块，输出功率和通信频道可通过程序进行配置，具体性能参数见表 3 - 4。

表 3 - 4　nRF2401 模块性能参数

电气参数	nRF2401 数值
工作电压	3 ~ 3.6 V
输出功率	+20 dBm
发射模式工作电流	115 mA
接受模式工作电流	45 mA
工作温度	-20 ~ 70℃
接收 2 Mb/s 灵敏度	-92 dBm
发送 1 Mb/s 灵敏度	-95 dBm
PA 增益	20 dB
LNA 增益	10 dB
LNA 噪声系数	2.6 dB

nRF2401 模块的板上有两排端口，每排 4 个端口，共有 8 个端口，不仅可以用于与控制板固定，而且可以实现与主控制系统之间的相互通信。该模块共有 8 个 PIN 端口，对应的引脚如图 3 - 26 所示，接口的定义如下：

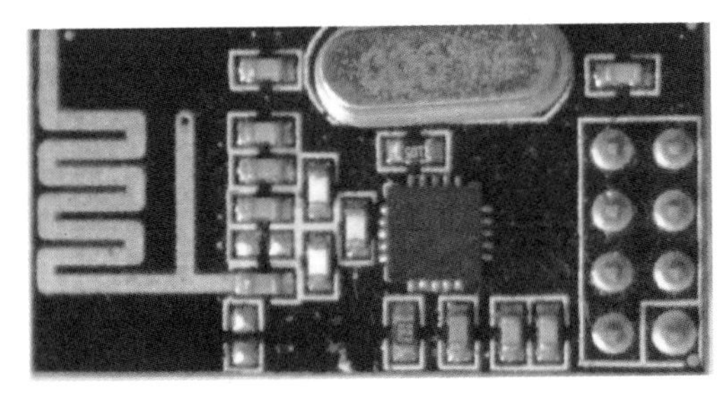

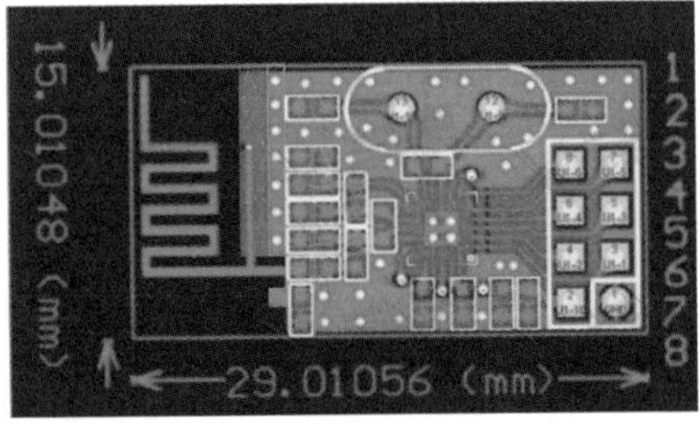

图 3 - 26　nRF2401 端口示意图

1 号 PIN 端口：表示接地端（GND），在工作时需要与数字地连接；

2 号 PIN 端口：表示电源端（VCC），该引脚接电压范围为 1.9 V ~3.6 V 之间，不能在这个区间之外，超过 3.6 V 将会烧毁模块。推荐电压 3.3V 左右；

3 号 PIN 端口：表示使能端口（CE），使该芯片进入正常的工作模式；

4 号 PIN 端口：表示工作模式选择端口（CSN），选择该芯片处于发生模式或者接受模式；

5 号 PIN 端口：表示时钟端口（SCK），由外部晶振提供；

6 号 PIN 端口：是主机输出从机输入（MOSI）；

7 号 PIN 端口：表示从机输出主机输入（MISO）；

8 号 PIN 端口：表示发送/接收中断触发端（IRO）。

除电源 VCC 和接地端，其余脚都可以直接和普通的 5V 单片机的 IO 口直接相连，无须进行电平转换。

3.3.2 无形的能量源

1. 能量源的功能

自然界中各种各样的蛇都需要通过捕食猎物来补充能量，同样仿蛇机器人也因运动而需要补充能量。真实情况中的仿蛇机器人与科幻作品中的仿蛇机器人是根本不同的。科幻作品中的仿蛇机器人其动力似乎取之不尽用之不竭，它们采用的是核动力或太阳能电池，充满电后，可以长时间使用才会消耗殆尽。受制于核技术的现实水准，人们目前还无法为机器人配备合适的核动力系统；各种太阳能电池目前也无法为机器人提供足够的动力。因此，目前大部分机器人都是由电池供电的。

电源系统是机器人必不可少的组成部分。没有电源的驱动，设计再精巧、功能再复杂、性能再优异的机器人也会进退维谷、无法动弹。由于仿蛇机器人要求能够机动灵活地运动，特别是要求在狭小空间内也能够穿梭往来，采用拖缆方式进行有线供电显然是不行的，因此必须通过使用电池进行无拖缆供电。还要看到的是，仿蛇机器人体积小、重量轻、动力不够充沛、负载不够强大，因此在满足续航时间要求前提下，还要使电源系统尽可能实现轻量化、小型化、节能化，以便尽可能多地为仿蛇机器人提供动力。

2. 电池的种类

（1）锂离子电池。

锂离子电池是一种可充电电池（见图 3－27）。与其他类型电池相比，锂离子电池有非常低的自放电率、低维护性和相对较短的充电时间，还有重量轻、容量大、无记忆效应、

图 3－27　手机使用的锂离子电池

不含有毒物质等优点。常见的锂离子电池主要是锂－亚硫酸氯电池。这种电池长处很多，例如单元标称电压为3.6～3.7 V，在常温中以等电流密度放电时，其放电曲线极为平坦，整个放电过程中电压十分平稳，这对众多用电产品来说是极为宝贵的。另外，在－40℃的情况下，锂离子电池的电容量还可以维持在常温容量的50%左右，具有极为优良的低温操作性能，远超镍氢电池。加上其年自放电率为2%左右，一次充电后贮存寿命可长达10年，并且充放电次数可达500次以上，这使得锂离子电池获得人们的青睐。尽管锂离子电池的价格相对来说比较昂贵，但与镍氢电池相比，锂离子电池的重量较镍氢电池轻30%～40%，能量比却高出60%[105]。正因为如此，锂离子电池生产量和销售量都已超过镍氢电池，目前已在数码娱乐产品、通信产品、航模产品等领域拥有了广阔的“用武之地”。

锂离子电池以碳素材料作负极，以含锂化合物作正极。由于在电池中没有金属锂存在，只有锂离子存在，故称之为锂离子电池。锂离子电池是指以锂离子嵌入化合物为正极材料电池的总称。锂离子电池的充放电过程就是锂离子的嵌入和脱嵌过程。在锂离子的嵌入和脱嵌过程中，同时伴随着与锂离子等当量电子的嵌入和脱嵌（习惯上正极用嵌入或脱嵌表示，而负极用插入或脱插表示）[106]。在充放电过程中，锂离子在正、负极之间往返嵌入/脱嵌和插入/脱插，所以被人们形象地称之为“摇椅电池”。

当对锂离子电池进行充电时，电池的正极上有锂离子生成，生成的锂离子经过电解液运动到负极[107]。而作为负极的碳素材料呈层状结构，内部有很多微孔，到达负极的锂离子就嵌入到碳层的微孔中。嵌入的锂离子越多，充电容量就越高。同样，当对电池进行放电时（即人们使用电池的过程），嵌在负极碳层中的锂离子脱出，又运动回正极。回到正极的锂离子越多，放电容量就越高。

一般锂离子电池充电电流设定在0.2～1*C*①之间，电流越大，充电越快，同时电池发热也越大。而且采用过大的电流来充电，容量不容易充满，这是因为电池内部的电化学反应需要时间，就跟人们倒啤酒一样，倒得太快的话容易产生泡沫，盈满酒杯，反而不容易倒满啤酒。

锂离子电池由日本索尼公司于1990年最先开发成功，它把锂离子嵌入碳（石油焦炭和石墨）中形成负极（传统锂电池用锂或锂合金作负极），正极材料常用Li_xCoO_2，也有用Li_xNiO_2和Li_xMnO_4的，电解液用$LiPF_6$＋二乙烯碳酸酯（EC）＋二甲基碳酸酯（DMC）[108]。

石油焦炭和石墨作负极材料无毒，且资源充足。锂离子嵌入碳中，克服了

---

① *C*表示电池的容量。

锂的高活性，解决了传统锂电池存在的安全问题。正极 Li_xCoO_2 在充、放电性能和寿命上均能达到较高水平，同时还使成本有所降低，总之锂离子电池的综合性能提高了[109]。

（2）锂聚合物电池。

虽然锂离子电池具有很多优点，但它并非十全十美。高的能量密度和低的自放电率使它相对其他电池占有一定优势，但它依然面临一些影响其使用寿命和安全性的困惑。

首先影响锂离子电池声誉的是其安全性问题。相对于铅酸蓄电池、镍氢电池等具备较强的抗过充、过放电的能力，锂离子电池在充、放电时容易出现险情[110]。锂离子电池的充电截止电压必须限制在 4.2 V 左右，如果过充，锂离子电池将会过热、漏气甚至发生猛烈的爆炸。另一方面，锂离子电池具有严格的放电底限电压，通常为 2.5 V，如果低于此电压继续放电，将严重影响电池的容量，甚至对电池造成不可恢复的损坏。因此，在使用锂离子电池组时必须配备专门的过充电、过放电保护电路。

其次影响锂离子电池声誉的是价格。锂离子电池的价格较高，并且需要配备保护电路，因此相同能量的锂离子电池其价格是免维护铅酸蓄电池的 10 倍以上。

为了解决这些问题，最近出现了锂聚合物电池（Li - Polymer，见图 3 - 28），其本质同样是锂离子电池，而所谓锂聚合物电池是在电池的三要素——正极、负极与电解质中，至少有一个或一个以上的要素是采用高分子材料制成的。在锂聚合物电池中，高分子材料大多数被用在了正极和电解质上[111]。正极采用导电高分子聚合物或一般锂离子电池使用的无机化合物，负极采用锂金属或锂碳层间化合物，电解质采用固态或者胶态高分子电解质，或者是有机电解液，因而比能量较高。例如，锂聚苯胺电池的比能量可达 350 Wh/kg，但比功率只有 50 ~ 60 W/kg。由于锂聚合物中没有多余的电解液，因此它更可靠和更稳定。

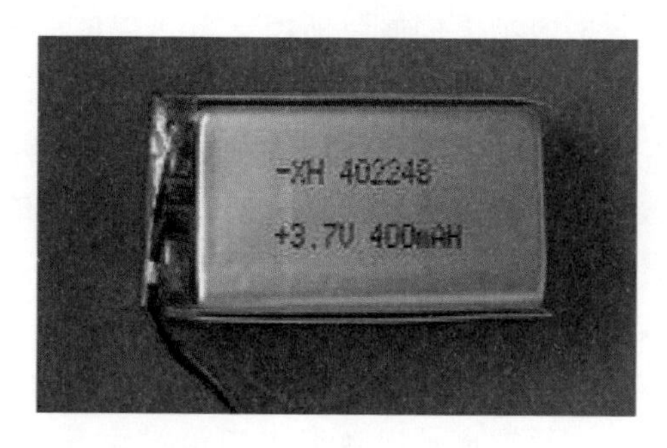

图 3 - 28　锂聚合物电池

目前常见的液体锂离子电池在过度充电的情形下，容易造成安全阀破裂因而起火爆炸，这是非常危险的。所以必须加装保护电路以确保电池不会发生过度充电的情形。而高分子锂聚合物电池相对液体锂离子电池而言具有较好的耐充放电特性，对外加保护集成电路 IC 线路方面的要求可以适当放宽。此外，在充电方面，锂聚合物电池可以利用 IC 定电流充电，与锂离子电池所采用的

“恒流－恒压”充电方式比较起来，可以缩短充电等待的时间。

新一代的锂聚合物电池在聚合物化的程度上做得非常出色，所以形状上可以做到很薄（最薄为0.5 mm），还可以实现任意面积化和任意形状化，这就大大提高了电池造型设计的灵活性，从而可以配合产品需求，做成任何形状与容量的电池。同时，锂聚合物电池的单位能量比目前的一般锂离子电池提高了50%，其容量、充放电特性、安全性、工作温度范围、循环寿命与环保性能都较锂离子电池有了大幅度的提高，得到人们的青睐。

（3）镍氢电池。

图3－29 镍氢电池

镍氢电池（见图3－29）是早期镍镉电池的替代产品[112]。由于不再使用有毒的重金属——镉，镍氢电池可以消除重金属元素给环境带来的污染问题。镍氢电池使用氧化镍作为阳极，使用吸收了氢的金属合金作为阴极，这种金属合金可吸收高达本身体积100倍的氢，储存能力极强。另外，镍氢电池具有与镍镉电池相同的1.2伏电压，加上自身的放电特性，可在一小时内再充电。由于内阻较低，一般可进行500次以上的充放电循环。镍氢电池具有较大的能量密度比，这意味着人们可以在不增加设备额外重量的情况下，使用镍氢电池代替镍镉电池来有效延长设备的工作时间。镍氢电池在电学特性方面与镍镉电池亦基本相似，在实际应用时完全可以替代镍镉电池，而不需要对设备进行任何改造。镍氢电池另外一个值得称道的优点是它大大减小了镍镉电池中存在的“记忆效应”，这使镍氢电池可以更加方便地使用。

由于化石燃料在人类大规模开发利用的情况下变得越来越少，近年来，氢能源的开发利用日益受到重视。镍氢电池作为氢能源应用的一个重要方向得到人们的青睐。虽然镍氢电池确实是一种性能良好的蓄电池，但航天用镍氢电池是高压镍氢电池（氢压可达3.92 MPa，即40 kg/cm^2），高压力氢气贮存在薄壁容器内使用存在爆炸的风险，而且镍氢电池还需要贵金属做催化剂，使它的成本变得昂贵起来，在民用市场难以推广。因此国外自20世纪70年代开始就一直在研究民用的低压镍氢电池。

需要注意的是，镍氢电池的大电流放电能力不如铅酸蓄电池和镍镉电池，尤其是电池组串联较多时更是如此。例如由20个镍氢电池串联起来使用，其放电能力被限制在2～3C范围内。

时至今日，镍氢电池已经是一种成熟的产品，目前国际市场上年产镍氢电池的数量约为7亿只。日本镍氢电池产业规模和产量一直高居各国前列，在镍氢电池领域也开发和研制了多年。我国制造镍氢电池原材料的稀土金属资源十分丰富，已经探明的稀土储量占世界已经探明总储量的80%以上。目前国内研制开发的镍氢电池原材料加工技术日趋成熟，相信在不久的未来，我国镍氢电池的产量和质量一定会领先世界。

（4）一次性干电池

一次性电池即原电池，又名干电池。它有别于充电电池，是一种放电后不能再充电使其复原的电池。目前，机器人使用的干电池要么是碱性电池（见图 3－30），要么是碳性电池（见图 3－31）。

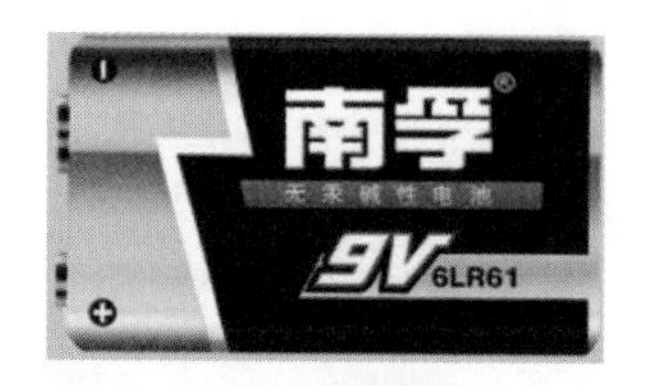

图 3－30　一次性碱性干电池

图 3－31　一次性碳性干电池

碱性电池亦称为碱性干电池、碱性锌锰电池、碱锰电池，是锌锰电池系列中性能最优秀的品种，适用于需放电量大及长时间使用的场合。其电池内阻较低，电动势比较稳定，因此产生的电流比一般的碳性电池更大。碱性电池因不含汞，因此可随生活垃圾处理，无须刻意回收。

碳性电池全称为中性锌－二氧化锰干电池，属于化学电源中的原电池，是一种一次性电池。因为这种化学电源装置的电解质是一种不能流动的糊状物，所以也叫做干电池。碳性电池主要用于低耗电电器，不仅适用于手电筒、半导体收音机、收录机、照相机、电子钟、玩具等，而且也适用于国防、科研、电信、航海、航空、医学等国民经济中的各个领域。

上述两种一次性电池的主要区别如下：

①碱性电池与碳性电池的化学成分和结构不同，但输出电压是相同的。

②碱性电池的内阻较小可以输出大电流，且容量较大，可以工作更长的时间。

③两类电池互换并无大碍，但是碳性电池不适合用于一些大电流要求的设备。

④碳性电池密封性能差，易漏液损坏设备。

（5）电池的合理选择

在为仿蛇机器人选择电源的过程中必须仔细考虑各类传感器的工作电压、舵机的工作电压、机器人整体的能耗情况、机器人全部的运动时间等参数。在以上多个参数中，各类传感器多是通过导线与控制芯片连接的，控制芯片一般可以提供 3.3 V 和 5.0 V 的电压，但本书设计的仿蛇机器人使用舵机的额定电压较高（大于 5 V）。

在上述电池中，锂离子电池、锂聚合物电池、镍氢电池三类都具备重复充放电功能，可供选用。锂离子电池和锂聚合物电池的标准输出电压为3.7 V，如果仿蛇机器人采用这些电池的话，则需通过串联实现7.2 V、11.2 V的供电；镍氢电池的标准输出电压为1.2 V，如果输出电压达到6 V则需要将5个电池串联在一起，整体的重量和体积大大增加，不是十分合适；一次性干电池只适用于短时调试。所以在本次能量源的选择上采用了锂聚合物电池，具体如图3－32所示。

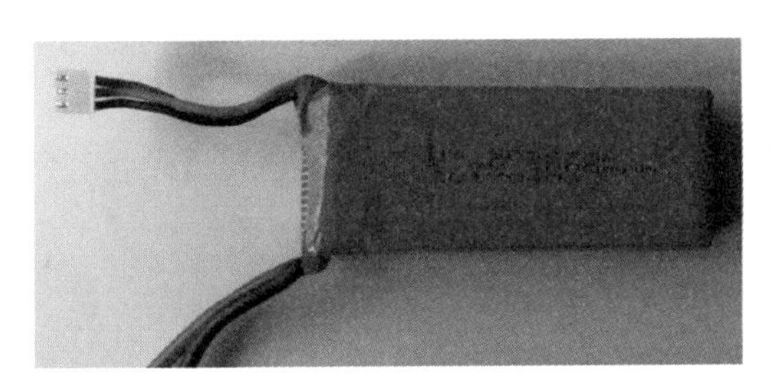

图3－32　为仿蛇机器人准备的锂聚合物电池

3. 注意事项

通常认为，锂聚合物电池在贮存状态下的带电量以40%～60%之间最为合适。当然很难时时做到这一点。闲置的锂聚合物电池也会受到自放电的困扰，长久的自放电会造成电池过放。为此，应针对自放电现象做好两手准备：一是定期充电，使其电压维持在3.6～3.9 V之间，锂聚合物电池因为没有记忆效应可以随时充电；二是确保放电终止电压不被突破，如果在使用过程中出现了电量不足的警报，应果断停用相应设备。

（1）放电。

①环境温度。放电是锂聚合物电池的工作状态，此时的温度要求为－20～60℃；

②放电终止电压。目前普遍的标准是2.75 V，有的可设置为3 V；

③放电电流。锂聚合物电池也有大电流、大容量等类型，可以进行大功率放电的锂聚合物电池其电流应控制在产品规格书的范围以内。

（2）充电。

锂聚合物电池充电器的工作特性应符合锂电池充电三阶段的特点，即能够实现预充电、恒流充电和恒压充电三个阶段的充电要求。为此，原装充电器是上上之选。

①环境温度。锂聚合物电池充电时的环境温度应控制在0～40℃范围内；

②充电截止电压。锂聚合物电池的充电截止电压为4.2 V，即使是多个电池芯串联组合充电，也要采用平衡充电方式，保证单只电芯的电压不会超过4.2 V；

③充电电流。锂聚合物电池在非急用情况下可用0.2*C*充电，一般不能超过1*C*充电。

4. 电池的使用

（1）锂聚合物电池需配置相应的保护电路板。它具有过充电保护、过放电保护、过流（或过热）保护及正负极短路保护等功能；同时在电池组中还有均流及均压功能，以确保电池使用的安全性；

（2）锂聚合物电池需配置相应的充电器，保证充电电压在4.2 V±0.05 V的范围内。切勿随便使用一个锂电池充电器来对其充电；

（3）切勿深度放电（放电到2.75 V），放电深度浅时可提高电池的寿命（它没有记忆效应），采用浅度放电（放电到3V）较为合适；

（4）不能与其他种类电池或不同型号的锂聚合物电池混用；

（5）不能挤压、折弯电池，否则会对其造成损坏；

（6）不要放在加热器及火源附近，否则会损坏电池；

（7）长期不用时应定期充电，使电压保持在3.0 V以上；

（8）注意不同的放电倍率*C*与放电容量大小有关，其相互关系如表3－5所示：

表3－5　锂聚合物电池放电倍率与放电容量的关系

放电倍率	1*C*	2*C*	5*C*	10*C*	12*C*
放电容量比/%	99	98	95	90	70

3.3.3　定位系统

1. 定位系统的功能

很多情况下仿蛇机器人都要通过远程遥操作来控制其行动，这时需要确定其具体的地理位置，即要了解其地球坐标的相关信息。要掌握物体的地球坐标信息就要对其位置环境进行探测，具备该项功能的系统称之为全球定位系统，该系统由覆盖全球的24颗卫星组成[113]。这个系统可以保证在任意时刻、地球上任意一点都可以同时观测到4颗卫星，以保证卫星可以采集到该观测点的经纬度和高度，以便实现实时导航、定位、授时等功能。这项技术可以用来引导飞机、船舶、车辆以及个人，安全、准确地沿着选定的路线，准时到达目的地。

2. 定位系统的分类

（1）美国GPS导航定位系统。

GPS（Global System Positioning），介绍GPS导航定位系统的基本原理是测

量出已知位置的卫星到用户接收机之间的距离，然后综合多颗卫星的数据就可知道接收机的具体位置[114]。要实现这一目的，卫星的位置可以根据星载时钟所记录的时间在卫星星历中查出，而用户到卫星的距离则通过纪录卫星信号传播到用户所在地经历的时间，再将其乘以光速得到（由于大气层电离层的干扰，这一距离并不是用户与卫星之间的真实距离，而是伪距（PR），当 GPS 卫星正常工作时，会不断地用 1 和 0 二进制码元组成的伪随机码（简称伪码）发射导航电文。GPS 系统使用的伪码一共有两种，分别是民用的 C/A 码和军用的 P（Y）码。C/A 码频率为 1.023 MHz，重复周期为 1 ms，码间距为 1 μs，相当于 300 m；P 码频率为 10.23 MHz，重复周期为 266.4 天，码间距为 0.1 μs，相当于 30 m。而 Y 码是在 P 码的基础上形成的，保密性能更佳。

导航电文包括卫星星历、工作状况、时钟改正、电离层时延修正、大气折射修正等信息[115]。它是从卫星信号中解调制出来的，以 50 b/s 调制在载频上发射。导航电文每个主帧中包含 5 个子帧，每帧长 6 s。前三帧各有 10 个字码；每 30 s 重复一次，每小时更新一次。后两帧共 15 000 b。导航电文中的内容主要有遥测码、转换码、第 1、2、3 数据块，其中最重要的则为星历数据。当用户接收到导航电文时，提取出卫星时间并将其与自己的时钟进行对比便可得知卫星与用户的距离，再利用导航电文中的卫星星历数据推算出卫星发射电文时所处位置，用户在 WGS－84 大地坐标系中的位置速度等信息便可得知[116]。

GPS 导航系统卫星部分的作用就是不断地发射导航电文。然而，由于用户接收机使用的时钟与卫星星载时钟不可能总是同步，所以除了用户的三维坐标 x、y、z 外，还要引进一个 Δt 即卫星与接收机之间的时间差作为未知数，然后用 4 个方程将这 4 个未知数解出来。所以如果想知道接收机所处的位置，至少要能接收到 4 个卫星的信号。

按定位方式的不同，GPS 定位可分为单点定位和相对定位（差分定位）。单点定位就是根据一台接收机的观测数据来确定接收机位置，它只能采用伪距观测量，可用于车船等的概略导航定位。相对定位（差分定位）是根据两台以上接收机的观测数据来确定观测点之间的相对位置的方法，它既可采用伪距观测量，也可采用相位观测量，大地测量或工程测量均应采用相位观测值进行相对定位[117]。

（2）中国的北斗导航定位卫星。

中国北斗卫星导航系统是中国自行研制的全球卫星导航系统，是继美国全球定位系统（GPS）、俄罗斯格洛纳斯卫星导航系统（GLONASS）之后的第三个成熟的卫星导航系统[118]。我国的北斗卫星导航系统（BDS）和美国的 GPS、俄罗斯的 GLONASS、欧盟的 GALILEO 都是联合国卫星导航委员会认定的供应商。北斗卫星导航系统的建设目标是建成一套独立自主、开放兼容、技术先进、稳定可靠的覆盖全球的卫星导航系统，促进卫星导航产业链形成，形成完善的国家卫星导航应用产业支撑、推广和保障体系，推动卫星导航在国民经济社会各行业的广泛应用[119]。

北斗卫星导航系统计划由 35 颗卫星组成，包括 5 颗静止轨道卫星、27 颗中地球轨道卫星、3 颗倾斜同步轨道卫星[120]。其中，5 颗静止轨道卫星的定点位置为东经 58.75°、80°、110.5°、140°、160°，中地球轨道卫星运行在 3 个轨道面上，轨道面之间为相隔 120°均匀分布。至 2012 年底北斗亚太区域导航正式开通时，已为正式系统在西昌卫星发射中心发射了 16 颗卫星，其中 14 颗组网并提供服务，分别为 5 颗静止轨道卫星、5 颗倾斜地球同步轨道卫星（均在倾角 55°的轨道面上），4 颗中地球轨道卫星（均在倾角 55°的轨道面上）。

北斗卫星导航系统由空面段、地面段和用户段三部分组成，可在全球范围内全天候、全天时为各类用户提供高精度、高可靠的定位、导航、授时服务，并具备短报文通信能力，已经初步具备区域导航、定位和授时能力，定位精度为 10 m，测速精度为 0.2 m/s，授时精度为 10ns[121]。

（3）俄罗斯格洛纳斯导航定位系统。

GLONASS 是 GLOBAL NAVIGATION SATELLITE SYSTEM 的首字母缩写格式，其音译为格洛纳斯[122]。该系统最早开发于苏联时期，后由俄罗斯接手继续推进。1993 年开始，俄罗斯独自建立该系统，2007 年系统投入运营，当时只开放俄罗斯境内卫星定位及导航服务。到 2009 年，其服务范围已经拓展到全球。该系统主要服务内容包括确定陆地、海上及空中目标的坐标及运动速度信息等。

GLONASS 拥有 21 颗工作卫星，这些卫星分布在 3 个轨道平面上，同时还有 3 颗备份星。每颗卫星都在 1.91×10^4 km 高的轨道上运行，周期为 11 小时 15 分。长期以来，GLONASS 一直处于降效运行状态，现在只有 8 颗卫星能够正常工作。GLONASS 的精度比 GPS 系统要低。为此，俄罗斯正在着手对其进行现代化改造，前不久，俄罗斯就发射了 3 颗新型“旋风”卫星。该卫星的设计寿命将为 7 ~8 年（现行卫星寿命为 3 年），具有更好的讯号特性。该系统标准配置为 24 颗卫星，其中有 17 颗卫星正常工作、3 颗维修中、3 颗备用、1 颗测试中。但是，18 颗卫星就能保证该系统为俄罗斯境内用户提供全部服务。

（4）欧盟的伽利略计划

欧盟伽利略计划是一个欧洲主导开发的全球导航服务计划，它是世界上第一个专门为民用目的设计的全球性卫星导航定位系统[123]。与现在普遍使用的 GPS 相比，它将显得更加先进、更加有效、更加可靠。其总体思路有四大特点：一是自成独立体系；二是能与其他的 GNSS 系统兼容互动；三是具备先进性和竞争能力；四是公开进行国际合作。该系统由 30 颗卫星组成，其中 27 颗为工作卫星，3 颗为候补卫星。卫星高度为 24 126 km，位于 3 个倾角为 56°的轨道平面内。该系统除了 30 颗中高度圆轨道卫星外，还有 2 个地面控制中心。

3. 定位模块的参数

ATGM336H - 5N 模块（见图 3 - 33）属于小尺寸、高性能 BDS/GNSS 全星座定位导航模块系列。该系列的产品都是基于中科微第四代低功耗 GNSS SOC 单芯片—AT6558 开发的，支持多种卫星导航系统，其中包括中国的北斗卫星导航系统、美国的 GPS、俄罗斯的 GLONASS、欧盟的 GALILEO，日本的准天顶卫星系统（QZSS），以及卫星增强系统 SBAS（WAAS，EGNOS，GAGAN，MSAS）[124]。

图 3 - 33　ATGM336H - 5N 定位模块

AT6558 是一款真正意义上的六合一多模卫星导航定位芯片，它包含 32 个跟踪通道，可以同时接收 6 个卫星导航系统的 GNSS 信号，并且还可以实现联合定位、导航与授时[125]。ATGM336H - 5N 系列模块具有高灵敏度、低功耗、低成本等优势，适用于车载导航、手持定位、可穿戴设备，可以直接替换 Ublox MAX 系列模块。

ATGM336H - 5N 模块的尺寸为 13. 1 mm × 15. 7 mm，具体的性能参数如表 3 - 6 所示。

表 3 - 6　ATGM336H - 5N 模块性能参数

电气参数	ATGM336H - 5N 模块
工作电压	3. 3 ~ 5. 0 V
输出协议	UART
定位卫星	BDS/GPS/GLONASS 卫星导航系统
冷启动捕获灵敏度	- 148 dBm
跟踪灵敏度	- 162 dBm
定位精度	2. 5 m
首次定位时间	32 s
功耗	25 mA

该模块从上到下共有 5 个 PIN 端口，引脚间的距离为 2.54 mm，每个端口的功能定义如下：

1 号 PIN 端口：表示电源（VCC），电压值为 3.3 ~ 5.0 V；

2 号 PIN 端口：表示接地（GND）；

3 号 PIN 端口：表示发送端（TXD）可以与单片机的 RXD 连接，使用 TTL 电平；

4 号 PIN 端口：表示接收端（RXD），可以与单片机的 TXD 连接，使用 TTL 电平 0；

5 号 PIN 端口：表示时钟脉冲输出（PPS）。

3.3.4 姿态检测模块

1. 姿态传感器的功能

当仿蛇机器人位于三维空间某一个位置，为了获得机器人每一个关节所处的姿态信息，以便为准确控制机器人提供依据，就需要用到姿态传感器[126]。人们能根据前面介绍的导航定位模块获得仿蛇机器人的具体位置，而对于在三维空间里的一个参考系来说，任何坐标系的取向，都可以用三个欧拉角来表现。其中，参考系又称为地球参考系，它是静止不动的，而坐标系则固定于刚体（比如机器人本体）上，随着刚体的旋转而旋转。姿态传感器是一种基于微机电系统（MEMS）技术的高性能三维运动姿态测量系统。它包含着三轴陀螺仪、三轴加速度计（即 IMU），三轴电子罗盘等辅助运动的传感器，通过内嵌的低功耗 ARM 处理器输出校准过的角速度、加速度、磁数据等，通过基于四元数的传感器数据算法进行运动姿态的测量，实时输出以四元数、欧拉角等表示的零漂移三维姿态数据。姿态传感器可广泛用于航模、无人机、机器人、天线云台、聚光太阳能阵列、地面及水下设备、虚拟现实产品、人体运动分析等需要低成本、高动态三维姿态测量的产品设备中。

2. 姿态传感器的工作原理

如前所述，姿态传感器主要由三轴陀螺仪、三轴加速度计和三轴电子罗盘等运动传感器组成，要了解其工作原理，就应当先了解陀螺仪、加速度计等的结构特性与工作原理。

（1）三轴陀螺仪。

在一定的初始条件和一定的外在力矩作用下，陀螺会在不停自转的同时环绕着另一个固定的转轴不停地旋转，这就是陀螺的旋进运动，又称为回转效应[127]。陀螺旋进是日常生活中常见的现象，许多人从小就司空见惯、耳熟能详的陀螺就是一例（见图 3 - 34）。

图 3－34 陀螺

利用陀螺的力学性质所制成的各种功能的陀螺装置称为陀螺仪，它在国民经济建设各个领域都有着广泛的应用[128]。陀螺仪是用高速回转体的动量矩来感受壳体相对惯性空间绕正交于自转轴的一个或两个轴的角运动检测装置。利用其他原理制成的能起同样功能作用的角运动检测装置也称陀螺仪[129]。三轴陀螺仪（见图 3－35）可同时测定 6 个方向上的位置、移动轨迹、加速度，单轴的只能测量两个方向的量。也就是说，一个 6 自由度系统的测量需要用到 3 个单轴陀螺仪，而一个三轴陀螺仪就能替代三个单轴的陀螺仪。三轴陀螺仪的体积小、重量轻、结构简单、可靠性好，在许多应用场合都能见到它的身影。

（2）三轴加速度计。

加速度传感器是一种能够测量加速力的电子设备。加速力就是当物体在加速过程中作用在物体上的力，例如地球引力产生的加速力。加速度计有两种：一种是角加速度计，是由陀螺仪（角速度传感器）改进而来的；另一种是线加速度计。加速度计种类繁多，其中有一种是三轴加速度计（见图 3－36），它同样是基于加速力的基本原理去实现测量工作的。

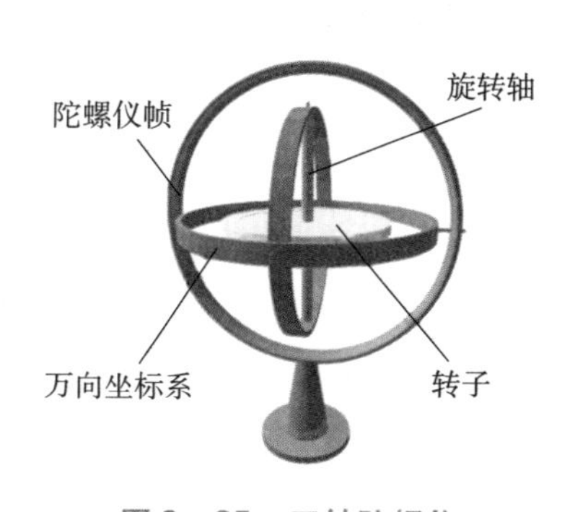

图 3－35 三轴陀螺仪

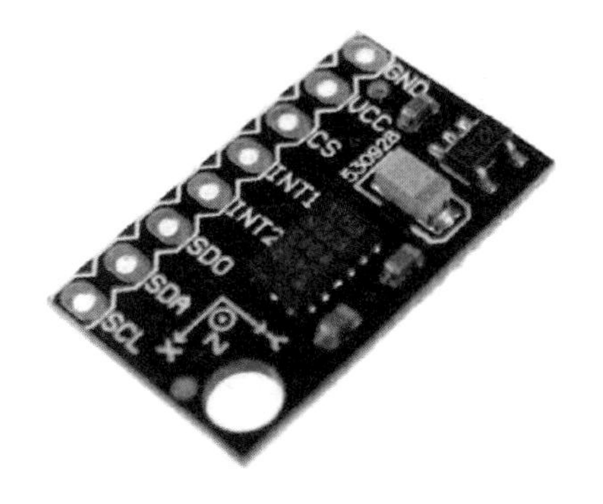

图 3－36 三轴加速度计

加速度是个空间矢量，在很多应用场合，详细了解物体运动时的加速度情况对控制物体的精确运动十分重要。但要准确了解物体的运动状态，就必须准确测得其在三个坐标轴上的加速度分量；另一方面，在预先不知道物体运动方向的情况下，只有应用三轴加速度计来检测加速度信号，才有可能帮助人们破解物体如何运动之谜。通过测量由于重力引起的加速度，人们可以计算出所用设备相对于水平面的倾斜角度；通过分析动态加速度，人们可以分析出所用设备移动的方式。加速度计可以帮助人们了解机器人身处的环境和实时的状态，是在爬山？还是在下坡？摔倒了没有？对于飞行机器人来说，加速度计在改善其飞行姿态的控制效果方面也是至关重要的。

目前的三轴加速度计大多采用压阻式、压电式和电容式工作原理，产生的加速度正比于电阻、电压和电容的变化，通过相应的放大和滤波电路进行采集。这个和普通的加速度计是基于同样的工作原理的，所以经过一定的技术加工，三个单轴的加速度计就可以变成一个三轴加速度计。虽然两轴加速度计已能满足多数应用设备的需求，但有些方面的应用还离不开三轴加速度计，例如在移动机器人、飞行机器人的姿态控制中，三轴加速度计的作用是不可或缺的。

(3) MPU6050。

MPU6050是INVENSENCE公司推出的一款组合有多种测量功能的传感器，具有低成本、低能耗和高性能的特点[130]。该传感器首次集成了三轴陀螺仪和三轴加速度计，拥有数字运动处理单元(DMP)，可直接融合陀螺仪和加速度计采集的数据。其集成的陀螺仪最大能检测 $\pm 2\,000°/s$，其集成的加速度计最大能检测 $\pm 16g$，最大能承受 $10\,000g$ 的外部冲击。MPU6050采用 I^2C 协议与主控芯片STM32进行通信，工作效率很高，如图3-37所示。

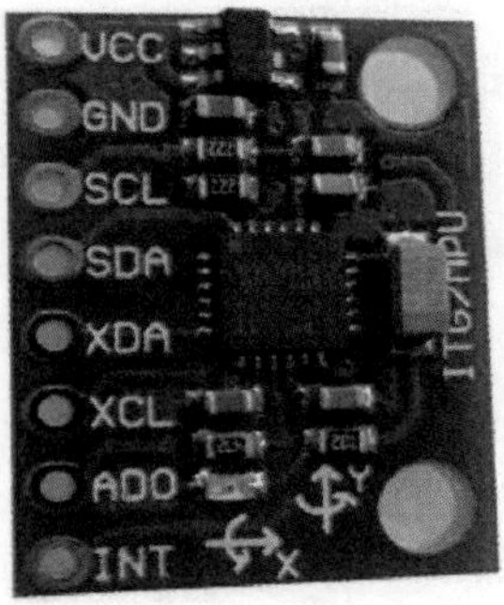

图3-37　MPU6050的实物图

3. 姿态传感器的参数

在本书的设计中，所用的MPU9250姿态传感器为第二代9轴组合传感器（见图3-38），将6轴惯性测量单元（加速度计+陀螺仪）和3轴磁力计集成于3 mm×3 mmQFN封装中，相比前面几代产品其面积有了极大的减小。同时，陀螺仪中3个感测轴采用相同的加工工艺使其性能的一致性得到了极大的提升，并使成本得到极大的降低。

MPU9250姿态传感器模块采用沉金PCB，机器焊接，保证了其工艺质量，模块尺寸为15 mm×25 mm，并在对面一侧制有两个3 mm的定位孔用于固定模块，具体性能参数见表3-7所示。

图 3－38　MPU9250 姿态传感器

表 3－7　MPU9250 性能参数一览表

电气参数	GY－9250
核心芯片	MPU－9250
供电电压	3～5 V
通信方式	标准 I^2C/SPI
数据输出位数	16 位
陀螺仪范围	±(250　500　1 000　2 000)°/s
加速度范围	±(2　4　8　16)g
磁场范围	±4 800 μT

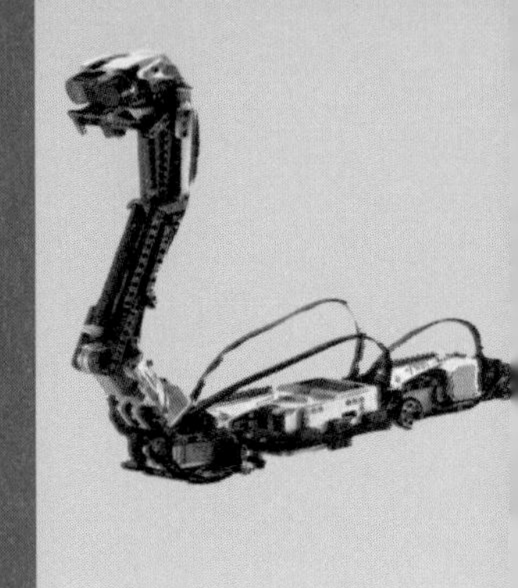

第 4 章 快把我制作出来吧

前述章节中已经根据仿蛇机器人的普通关节连接形式设计了一种机器人，并使用三维制图软件进行了实体装配。本章将介绍此前设计的仿蛇机器人如何变为现实的机器人。首先，需要准备组装机器人的常用工具，这些工具能够帮助人们更好地开展工作，提高工作的效率，改善工作的品质。所以在开展仿蛇机器人组装前需要选择合适的工具。其次，还需要准备仿蛇机器人的组装零件，这些零件是组成仿蛇机器人的基础，包括：激光切割的零件、网站购买的零件。其中，激光切割的零件是构成仿蛇机器人外观和关节相互连接的关键，需要根据此前设计的激光切割零件图纸，才能经激光切割得到所需零件，而外购零件则是为了固定机器人关节，并优化仿蛇机器人的运动性能。一个完整的仿蛇机器人只有配备以上两种零件才可以完成整体的装配。最后，本章将会演示如何从单个零件装配成一个关节，以及如何将多个模块连接成仿蛇机器人的骨架，并将蛇头装配在一起，完成仿蛇机器人的整体装配。青少年学生们可以通过以上学习，加强自己实际动手加工零件、亲自组装机器人整体系统的能力。

4.1 准备机器人组装的材料

4.1.1 组装仿蛇机器人的相关工具

1. 五金工具

在形形色色的工具中，五金工具是一个大类（见图4－1）。所谓五金工具是指由铁、钢、铝、铜等金属经过锻造、压延、切割等物理加工制造而成的各种金属工具的总称[131]。五金工具按照产品的用途来划分，可以分为工具五金、建筑五金、日用五金、锁具磨具、厨卫五金、家居五金以及五金零部件等几类。

图4－1 各种五金工具

五金工具包括各种手动工具、电动工具、气动工具、切割工具、汽保工具、农用工具、起重工具、测量工具、工具机械、切削工具、工夹具、刀具、模具、刃具、砂轮、钻头、抛光机、工具配件、量具刃具和磨具磨料等。但在仿蛇机器人的制作和组装过程中，常用的五金工具只有尖嘴钳、螺丝刀、电烙铁、美工刀等为数不多的几种，具体可见图4－2、图4－3、图4－4和图4－5。在全球销售的五金工具中，绝大部分是我国生产并出口的，中国已经成为世界主要的五金工具供应商。

人们在使用这些工具时一定要讲究方式方法，更要注意安全，防止造成伤害。

图4-2　尖嘴钳

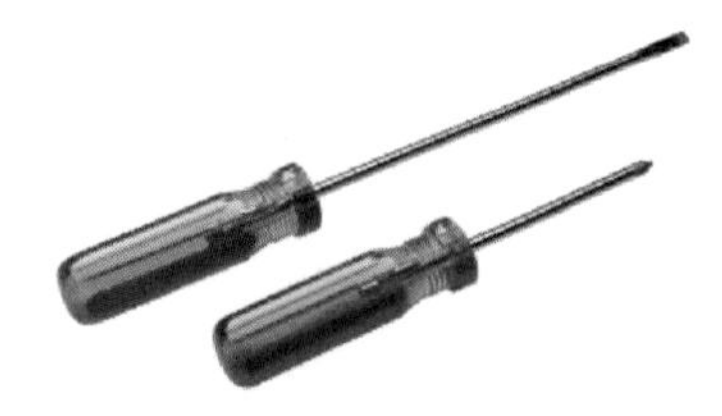

图4-3　螺丝刀

图4-4　电烙铁

图4-5　美工刀

2. 测量工具

在制作仿蛇机器人时，经常需要测量零件的尺寸，以便装配。这时就需要用到直尺或测量精度更高的游标卡尺和千分尺。

(1) 钢直尺。

钢直尺（见图4-6）常用于测量零件的长度尺寸，但其测量结果并不太准确，这是由于钢直尺的刻线间距为1 mm，而刻线本身的宽度就有0.1~0.2 mm，所以测量时读数误差较大，只能读出mm数，即它的最小读数值为1 mm，比1 mm还小的数值，只能凭肉眼估计而得[132]。

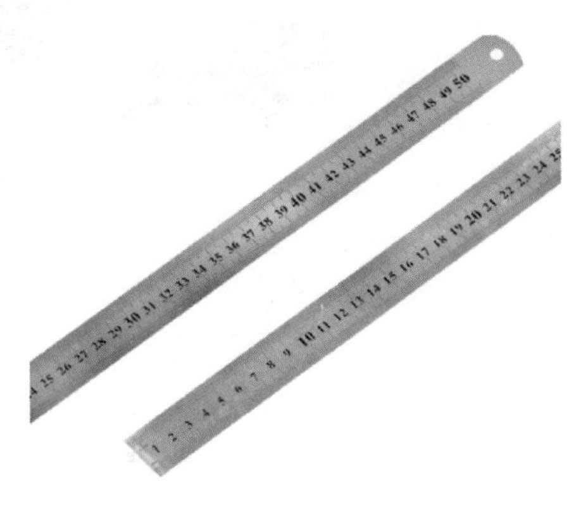

图4-6　钢直尺

如果用钢直尺直接去测量零件的直径尺寸（轴径或孔径），则测量精度更差。其原因在于除了钢直尺本身的读数误差比较大以外，钢直尺也无法正好放在零件直径的正确位置。所以，零件直径尺寸的测量可以利用钢直尺和内外卡钳配合起来进行。

(2) 游标卡尺。

①游标卡尺简介。

通常人们使用游标卡尺来测量零件的尺寸，它是一种可以测量零件长度、内外径、深度的量具[133]。游标卡尺由主尺和附在主尺上能沿主尺滑动的游标两部分构成。主尺一般以 mm 为单位，而游标上则有 10、20 或 50 个分格，根据分格的不同，游标卡尺可分为 10 分度游标卡尺、20 分度游标卡尺和 50 分度游标卡尺等，游标为 10 分度的长 9 mm，20 分度的长 19 mm，50 分度的长 49 mm。游标卡尺的主尺和游标上有两副活动量爪，分别是内测量爪和外测量爪，内测量爪通常用来测量零件的内径，外测量爪通常用来测量零件的长度和外径。图 4－7 所示为 50 分度游标卡尺。

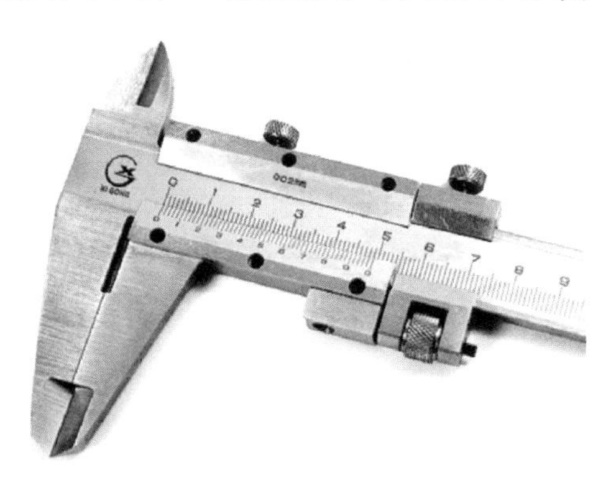

图 4－7　50 分度游标卡尺

在形形色色的计量器具家族中，游标卡尺是一种被广泛使用的高精度测量工具，它是刻线直尺的延伸和拓展，最早起源于中国[134]。古代早期测量长度主要采用木杆或绳子进行，或用“迈步测量”和“布手测量”的方法，待有了长度的单位制以后，就出现了刻线直尺。这种刻线直尺在公元前 3000 年的古埃及、在公元前 2000 年的我国夏商时代都已有使用，当时主要是用象牙和玉石制成，直到青铜刻线直尺的出现。当时，这种“先进”的测量工具较多的应用于生产和天文测量中。

中国汉代科学技术十分发达，发明了大量在世界领先的仪器和器具，如浑天仪、地动仪、水排等，这些圆轴类零件的诞生，都昭示着刻线直尺在中国的诞生。在北京国家博物馆中珍藏的“新莽铜卡尺”，经过专家考证，它是全世界发现最早的卡尺，制造于公元 9 年，距今已有 2000 多年了。与我国相比，国外在卡尺领域的发明整整晚了 1000 多年，最早的是英国的“卡钳尺”，外形酷似游标卡尺，但是与新莽铜卡尺一样，也仅仅是一把刻线卡尺，精度较低，使用范围也较窄。

最具现代测量价值的游标卡尺一般认为是由法国人约尼尔·比尔发明的[135]。他是一名颇具名气的数学家，在他的数学专著《新四分圆的结构、利用及特性》中记述了游标卡尺的结构和原理，而他的名字 Vernier 变成了英文的游标一词沿用至今。但这把赫赫有名的游标卡尺没人见到过，因此有人质疑他是否制成了游标卡尺。19 世纪中叶，美国机械工业快速发展，美国夏普机械有限公司创始人成功加工出了世界上第一批四把 0～4 英寸的游标卡尺，其精度达到了 0.001 mm。

②游标卡尺的工作原理。

如前所述，游标卡尺由主尺和能在主尺上滑动的游标组成[136]。如果从背面去看，游标是一个整体。游标与主尺之间有一弹簧片（图4－8中未能画出），利用弹簧片的弹力使游标与主尺靠紧。游标上部有一个紧固螺钉，可将游标固定在主尺上的任意位置。主尺和游标都有量爪，主尺上的是固定量爪，游标上的是活动量爪，利用游标卡尺上方的内测量爪可以测量槽的宽度和管的内径，利用游标卡尺下方的外测量爪可以测量零件的厚度和管的外径[137]。深度尺与游标尺连在一起，从主尺后部伸出，可以测槽和筒的深度。

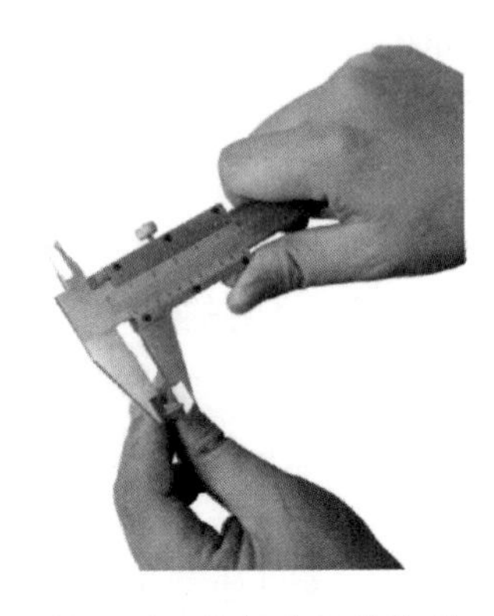

图4－8　游标卡尺的使用

主尺和游标尺上面都有刻度。以准确到0.1 mm的游标卡尺为例，主尺上的最小分度是1 mm，游标尺上有10个小的等分刻度，总长9 mm，每一分度为0.9mm，比主尺上的最小分度相差0.1 mm。量爪并拢时主尺和游标的零刻度线对齐，它们的第一条刻度线相差0.1mm，第二条刻度线相差0.2 mm，……，第10条刻度线相差1 mm，即游标的第10条刻度线恰好与主尺的9 mm刻度线对齐。

当量爪间所量物体的线度为0.1 mm时，游标尺向右应移动0.1 mm。这时它的第一条刻度线恰好与主尺的1 mm刻度线对齐。同样当游标的第五条刻度线跟主尺的5 mm刻度线对齐时，说明两量爪之间有0.5 mm的宽度，依此类推。

在测量大于1 mm的长度时，整的mm数要从游标“0”线与尺身相对的刻度线读出。

③游标卡尺的使用方法。

用软布将游标卡尺的量爪擦拭干净，使其并拢，查看游标和主尺的零刻度线是否对齐。如果对齐就可以进行测量；如果没有对齐则要记取零误差。游标的零刻度线在主尺零刻度线右侧的叫正零误差，在主尺零刻度线左侧的叫负零误差（这种规定方法与数轴的规定一致，原点以右为正，原点以左为负）。

测量时，右手拿住主尺，大拇指移动游标，左手拿待测外径（或内径）的物体，使待测物位于外测量爪之间，当与量爪紧紧相贴时，即可读数，如图4－9所示。当测量零件的外尺寸时，卡尺两测量面的连线应垂直于被测量表面，不能歪斜。测量时，可以轻轻摇动卡尺，放正垂直位置，如图4－9左图所示。否则，量爪若在图4－9右图所示的错误位置上，就将使测量结果比实际尺寸要小；先把卡尺的活动量爪张开，使量爪能自由地卡进工件，把零件贴靠在固定量爪上，然后移动尺框，用轻微的压力使活动量爪接触零件。如卡尺带有微动装置，此时可拧紧微动装置上的固定螺钉，再转动调节螺母，使量爪接触零件并读取尺寸。决不可把卡尺的两个量爪调节到接近甚至小于所测尺寸，把卡尺强制地卡到零件上去。这样做会使量爪变形，或使测量面过早磨损，使卡尺失去应有的精度。

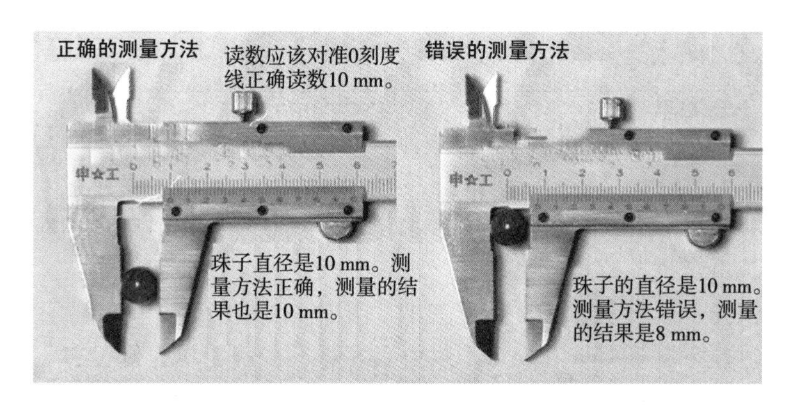

图4－9　正确使用游标卡尺

④游标卡尺的正确读数。

在用游标卡尺测量并读数时，首先以游标零刻度线为准在主尺上读取mm整数，即以mm为单位的整数部分，然后再看游标上第几条刻度线与主尺的刻度线对齐，如第6条刻度线与主尺刻度线对齐，则小数部分即为0.6 mm（若没有正好对齐的线，则取最接近对齐的线进行读数）。如有零误差，则一律用上述结果减去零误差（零误差为负，相当于加上相同大小的零误差），读数结果为：

$$L = 整数部分 + 小数部分 - 零误差$$

判断游标上哪条刻度线与主尺刻度线对准可用下述方法：选定相邻的三条线，如左侧的线在主尺对应线之右，右侧的线在主尺对应线之左，中间那条线便可以认为是对准了。

$$L = 对准前刻度 + 游标上第 n 条刻度线与主尺的刻度线对齐 \times (乘以)\ 分度值$$

如果需测量几次取平均值，不需每次都减去零误差，只要从最后结果减去零误差即可。

下面以图4－10所示0.02游标卡尺的某一状态为例进行说明。

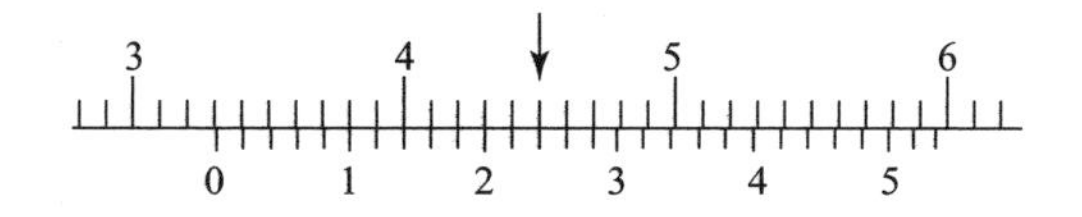

图4－10　游标卡尺的正确读法

a. 在主尺上读出游标零刻度线以左的刻度，该值就是最后读数的整数部分。图示为 33 mm。

b. 游标上一定有一条与主尺的刻线对齐，在游标上读出该刻线距游标的零刻度线以左的刻度的格数，乘上该游标卡尺的精度 0. 02 mm，就得到最后读数的小数部分。或者直接在游标上读出该刻线的读数，图示为 0. 24 mm。

c. 将所得到的整数和小数部分相加，就得到总尺寸为 33. 24 mm。

⑤游标卡尺的保管事项。

a. 游标卡尺使用完毕，要用棉纱擦拭干净。长期不用时应将它擦上黄油或机油，两量爪合拢并拧紧紧固螺钉，放入卡尺盒内盖好。

b. 游标卡尺是比较精密的测量工具，要轻拿轻放，不得碰撞或跌落地下。使用时不要用来测量粗糙的物体，以免损坏量爪，避免与刃具放在一起，以免刃具划伤游标卡尺的表面，不使用时应置于干燥中性的地方，远离酸碱性物质，防止锈蚀。

c. 测量前应把卡尺擦拭干净，检查卡尺的两个测量面和测量刃口是否平直无损，把两个量爪紧密贴合时，应无明显的间隙，同时游标和主尺的零位刻线要相互对准。这个过程称为校对游标卡尺的零位。

d. 移动尺框时，活动要自如，不应有过松或过紧现象，更不能有晃动现象。用固定螺钉固定尺框时，卡尺的读数不应有所改变。在移动尺框时，不要忘记松开固定螺钉，亦不宜过松以免掉落。

e. 用游标卡尺测量零件时，不允许过分地施加压力，所用压力应使两个量爪刚好接触零件表面。如果测量压力过大，不但会使量爪弯曲或磨损，且量爪在压力作用下产生弹性变形，使测量得到的尺寸不准确（外尺寸小于实际尺寸，内尺寸大于实际尺寸）。

f. 在游标卡尺上读数时，应水平拿着卡尺，朝着亮光的方向，使人的视线尽可能和卡尺的刻线表面垂直，以免由于视线歪斜造成读数误差。

g. 为了获得正确的测量结果，可以多测量几次。即在零件的同一截面上的不同方向进行测量。对于较长零件，则应当在全长的各个部位进行测量，以获得一个比较正确的测量结果。

4. 1. 2　激光切割零件的加工

1. 生成二维切割图纸

随着激光加工技术的不断成熟与推广，素日高端的激光加工设备有些目前已降低身价进入了中小学，所以可以采用激光切割机作为仿蛇机器人相关结构零件的加工设备。这些激光切割机可以极为高效地加工 ABS 工程塑料或亚克力板材，可为青少年学生制作属于自己的机器人助力。但在加工仿蛇机器人相关零件之前，还需要先将三维实体设计模型转为可用于激光切割加工的二维图纸。为此，可依照下述步骤进行：

（1）侧板 1 生成切割图。

①在 SOLIDWORKS 软件中打开仿蛇机器人任意一个关节的装配图，使用鼠标指向左侧选择侧板 1，单击鼠标右键打开零件，进入侧板 1 的零件视图界面，如图 4－11 所示。

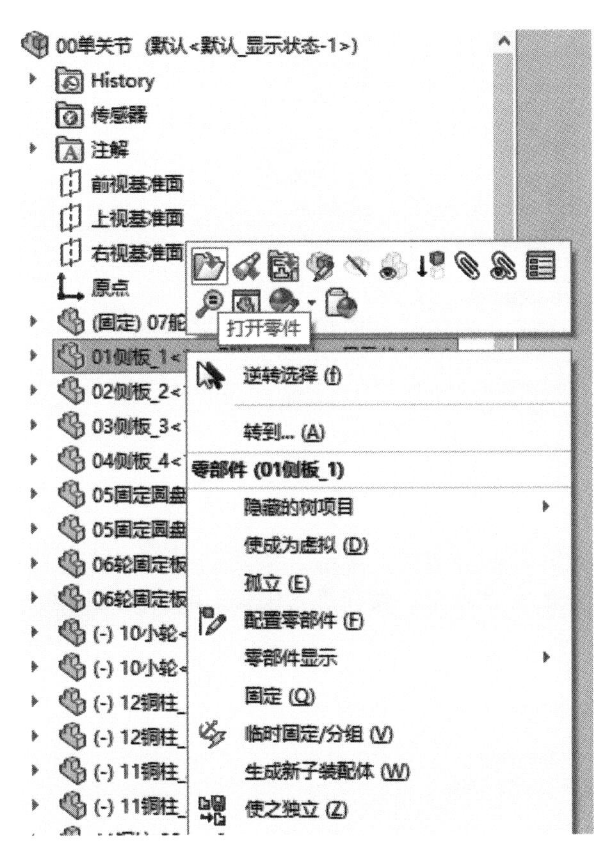

图 4－11 仿蛇机器人单关节装配图

②鼠标右键单击菜单栏的“文件—从零件制作工程图”选项，出现二维工程图生成界面，如图 4－12 所示。

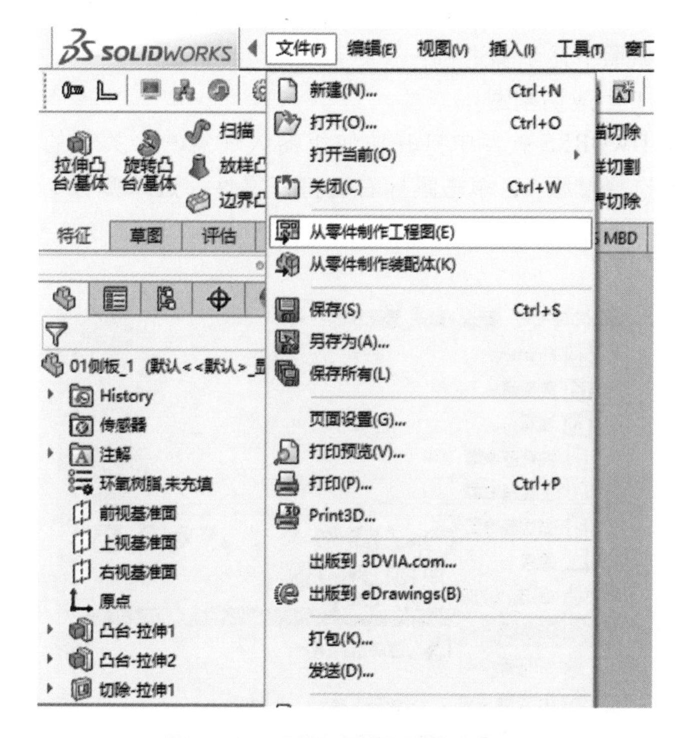

图 4－12　侧板 1 零件图操作界面

③出现二维图的生成对话框，单击“确定”按钮进入二维图生成界面，选择“A4（iso)”并单击“确定”按钮进入侧板 1 的二维图绘制界面，如图 4－13 所示。

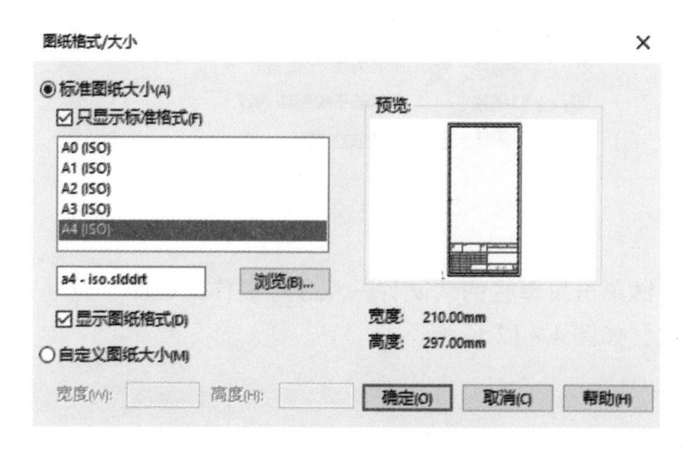

图 4－13　侧板 1 二维图绘制界面

④在侧板 1 的二维图绘制界面，从右下方选择“前视”视图界面，通过鼠标将其拖动到绘图界面的正中间，如图 4－14 所示。

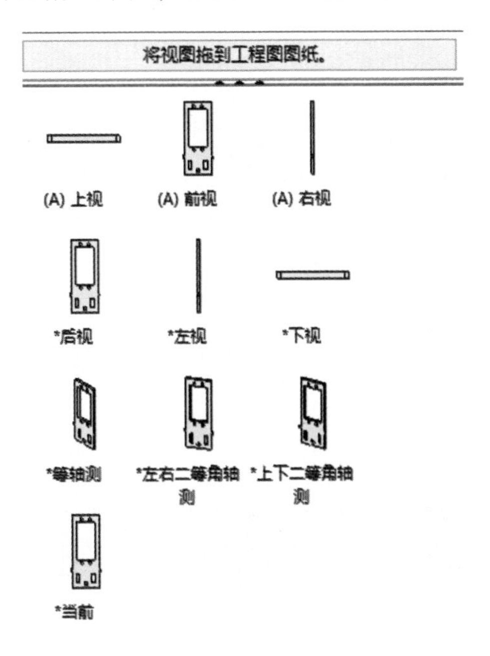

图 4－14　侧板 1 的二维图绘制

⑤使用鼠标单击右侧的“比例”按钮，选择“使用自定义比例”并在下拉菜单中选择“1∶1”的比例，之后单击上侧的对号完成二维图的生成，如图 4－15 所示。

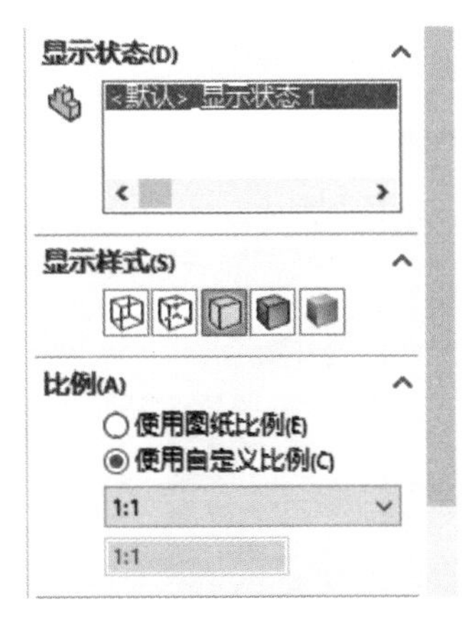

图 4－15　侧板 1 的视图比例设定

(6) 最后在软件中，使用鼠标单击菜单栏“文件”选项的“另存为”按钮，并将其另存为 Dwg 格式（.dwg），如图 4－16 所示。

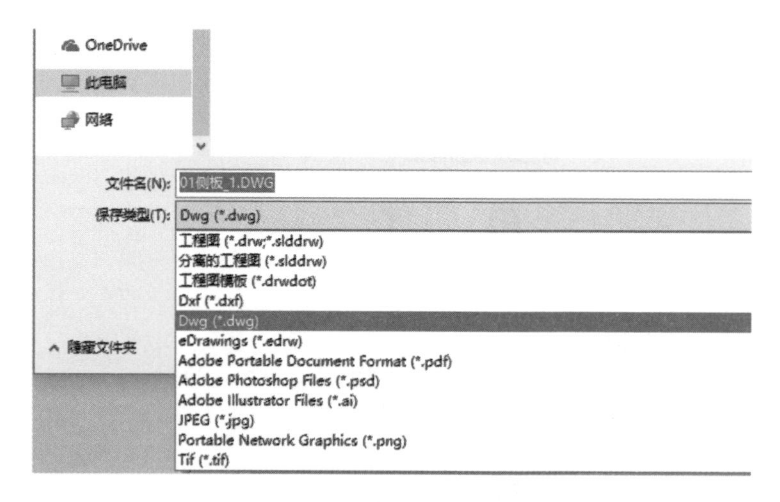

图 4－16　侧板 1 生成 . dwg 格式

（2）侧板 2 生成切割图

①在 SOLIDWORKS 软件中打开仿蛇机器人任意一个关节的装配图，使用鼠标指向左侧选择侧板 2，鼠标右键单击打开零件，进入侧板 2 的零件视图界面，如图 4－17 所示。

②鼠标右键单击菜单栏的“文件—从零件制作工程图”选项，出现二维工程图生成界面，如图 4－18 所示。

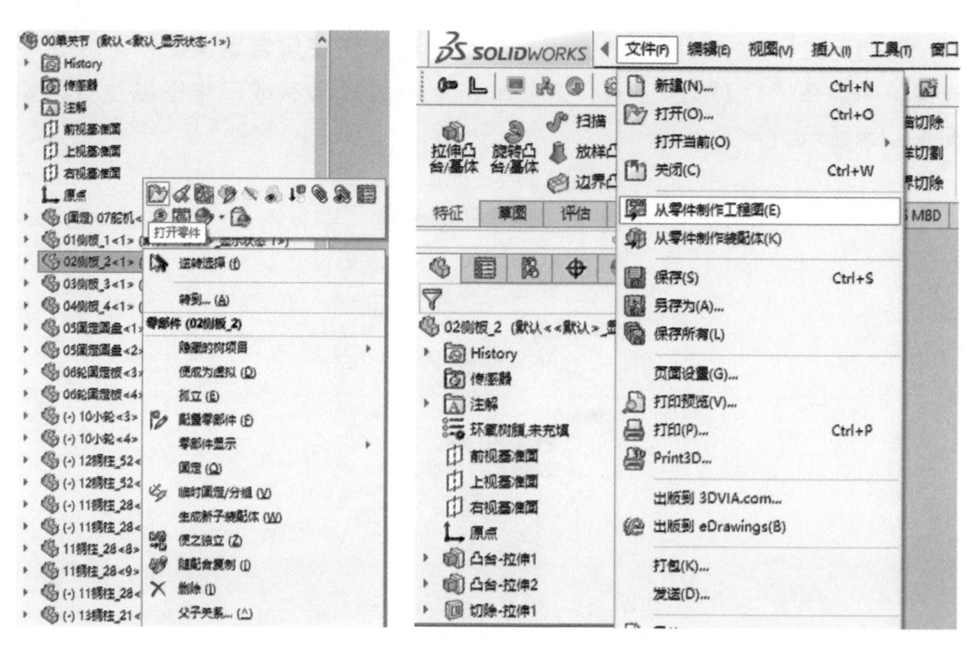

图 4－17　单关节装配图操作界面（部分）

图 4－18　侧板 2 零件图操作界面（部分）

③出现二维图的生成对话框，单击“确定”按钮进入二维图生成界面，选择“A4 (iso)”并单击“确定”按钮进入侧板 2 的二维图绘制界面，如图 4－19 所示。

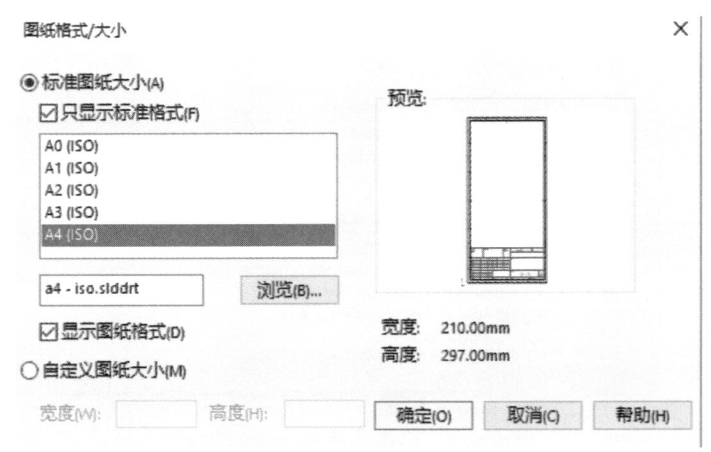

图 4－19　侧板 2 二维图绘制界面

④在侧板 2 的二维图绘制界面从右下方选择“前视”视图界面，通过鼠标将其拖动到绘图界面的正中间，如图 4－20 所示。

⑤使用鼠标单击右侧的“比例”按钮，选择“使用自定义比例”并在下拉菜单中选择“1∶1”的比例，之后单击上侧的对号完成二维图的生成，如图 4－21 所示。

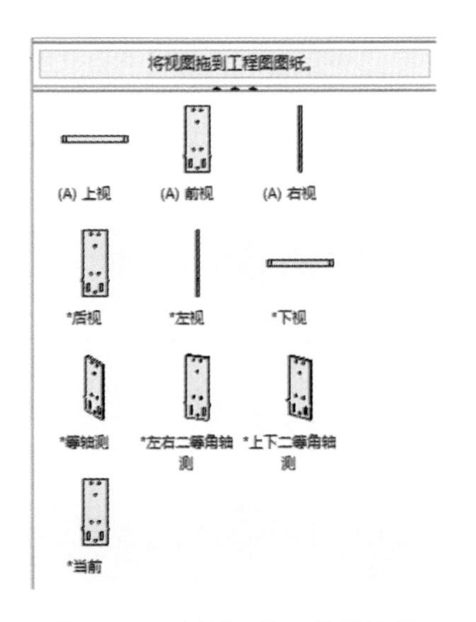

图 4－20　侧板 2 的二维图绘制

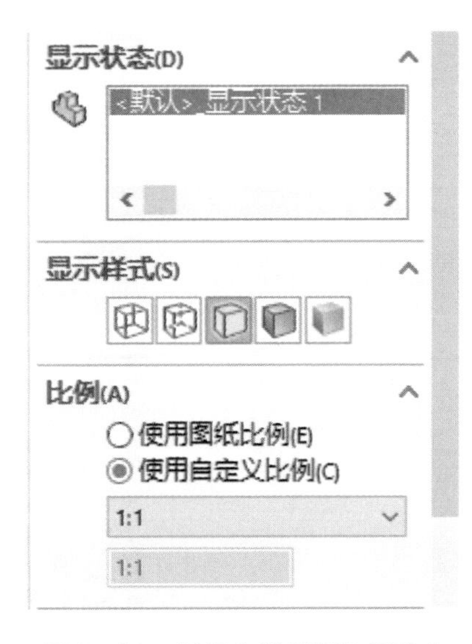

图 4－21　侧板 2 的视图比例设定

⑥在软件中，使用鼠标单击菜单栏“文件”选项的“另存为”按钮，并

将其另存为 Dwg 格式（. dwg），如图 4 – 22 所示。

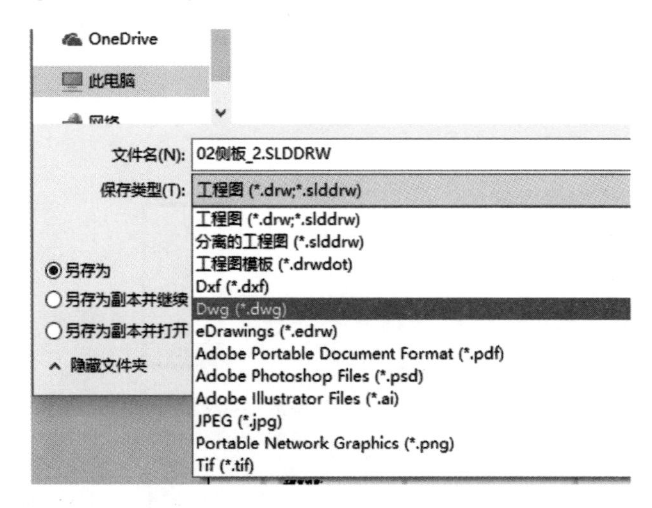

图 4 – 22　侧板 2 生成 . dwg 格式

（3）侧板 3 生成切割图。

①首先在 SOLIDWORKS 软件中打开仿蛇机器人任意一个关节的装配图，使用鼠标指向左侧选择侧板 3，鼠标右键单击打开零件，进入侧板 3 的零件视图界面，如图 4 – 23 所示。

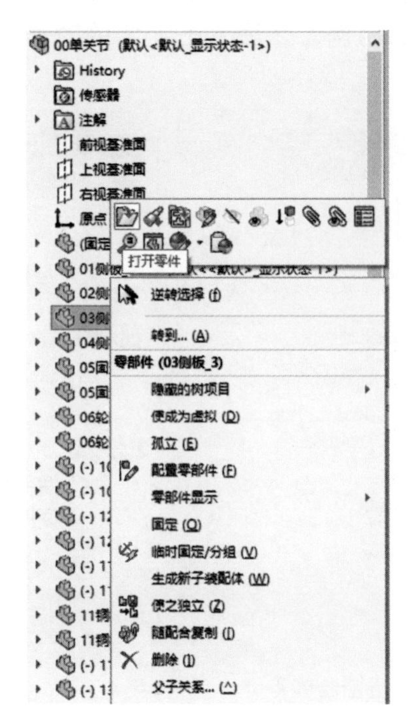

图 4 – 23　单关节装配图界面（部分）

②鼠标右键单击菜单栏的“文件—从零件制作工程图”选项，出现二维工程图生成界面，如图 4－24 所示。

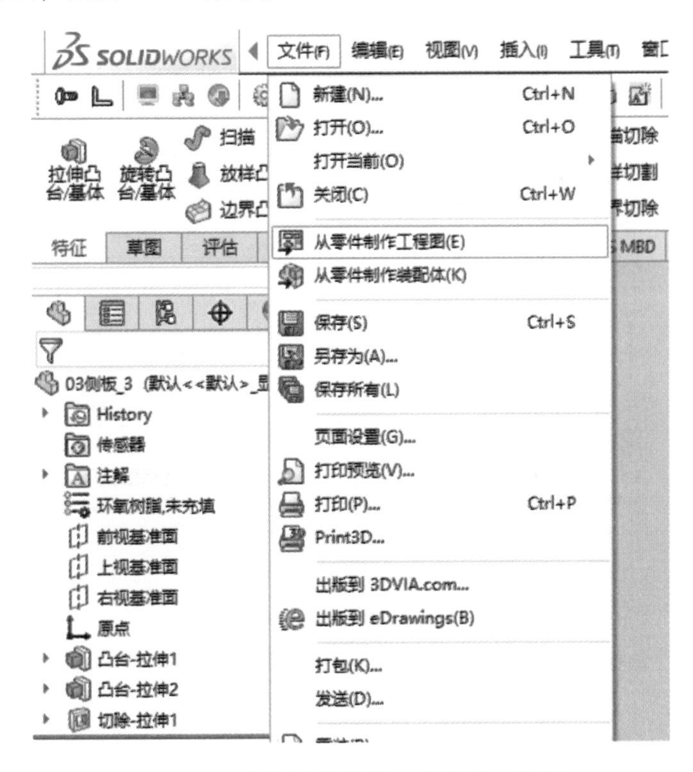

图 4－24　侧板 3 零件图生成界面（部分）

③出现二维图的生成对话框，单击“确定”按钮进入二维图生成界面，选择“A4（iso）”并单击“确定”按钮进入侧板 3 的二维图绘制界面，如图 4－25所示。

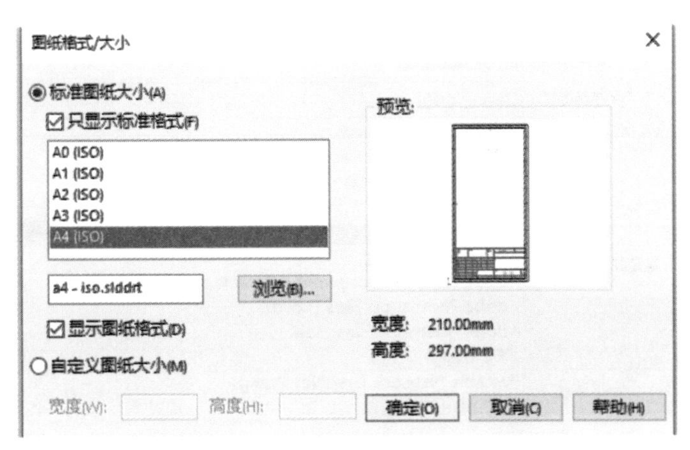

图 4－25　侧板 3 二维图绘制界面

④在侧板 3 的二维图绘制界面从右下方选择“前视”视图界面，通过鼠标将其拖动到绘图界面的正中间，如图 4－26 所示。

⑤使用鼠标单击右侧的“比例”按钮，选择“使用自定义比例”并在下拉菜单中选择“1∶1”的比例，之后单击上侧的对号完成二维图的生成，如图 4－27 所示。

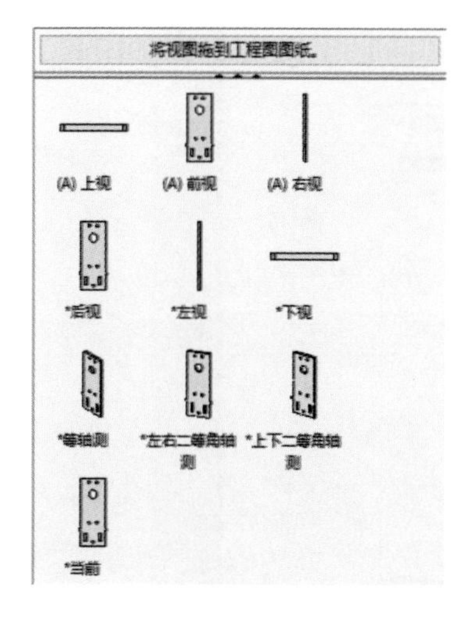

图 4－26　侧板 3 的二维图绘制

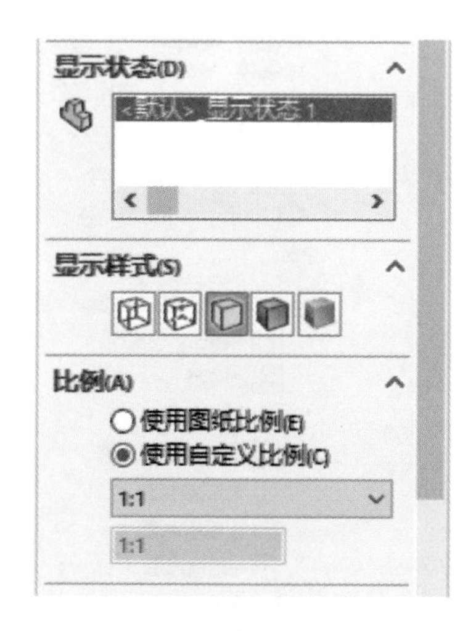

图 4－27　侧板 3 的视图比例设定

⑥最后，在软件中使用鼠标单击菜单栏“文件”选项的“另存为”按钮，并将其另存为 Dwg 格式（. dwg），如图 4－28 所示。

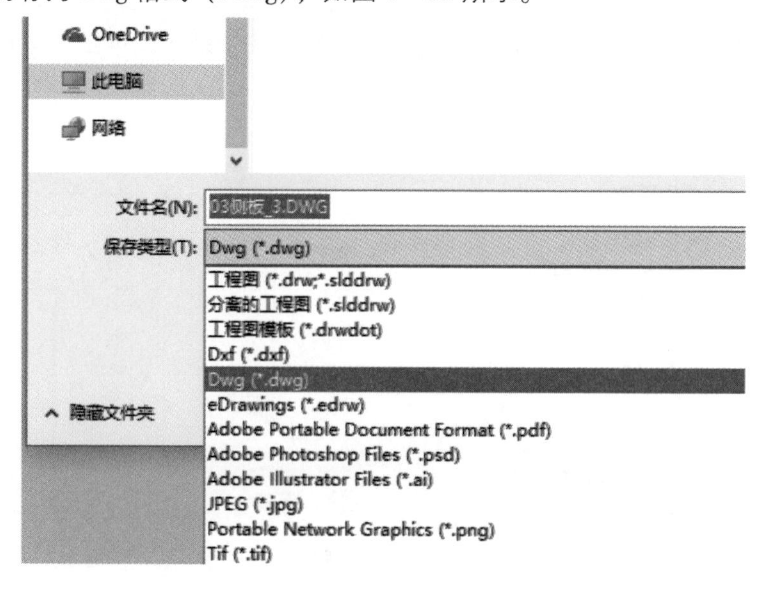

图 4－28　侧板 3 生成 . dwg 格式

（4）侧板 4 生成切割图。

①首先，在 SOLIDWORKS 软件中打开仿蛇机器人任意一个关节的装配图，使用鼠标指向左侧选择侧板 4，鼠标右键单击打开零件，进入侧板 4 的零件视图界面，如图 4－29 所示。

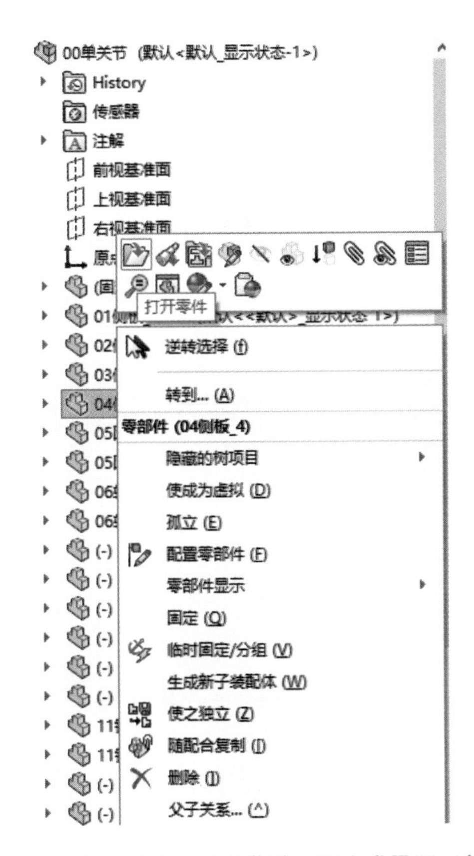

图 4－29　仿蛇机器人单关节装配图生成界面（部分）

②其次，鼠标右键单击菜单栏的“文件—从零件制作工程图”选项，出现二维工程图生成界面，如图 4－30 所示。

③在二维图的生成对话框中，单击“确定”按钮进入二维图生成界面，选择“A4（iso）”并单击“确定”按钮进入侧板 4 的二维图绘制界面，如图 4－31 所示。

④在侧板 4 的二维图绘制界面从右下方选择“前视”视图界面，通过鼠标将其拖动到绘图界面的正中间，如图 4－32 所示。

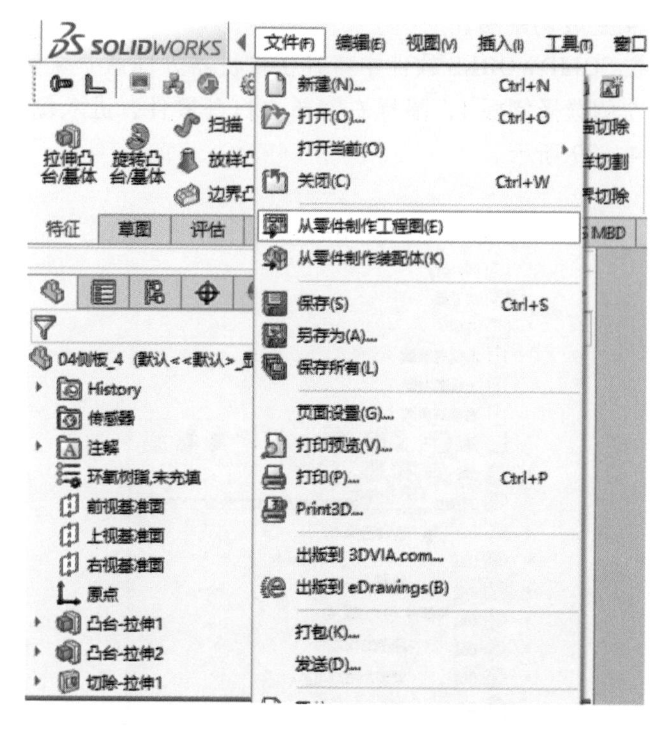

图 4－30　侧板 4 零件图操作界面（部分）

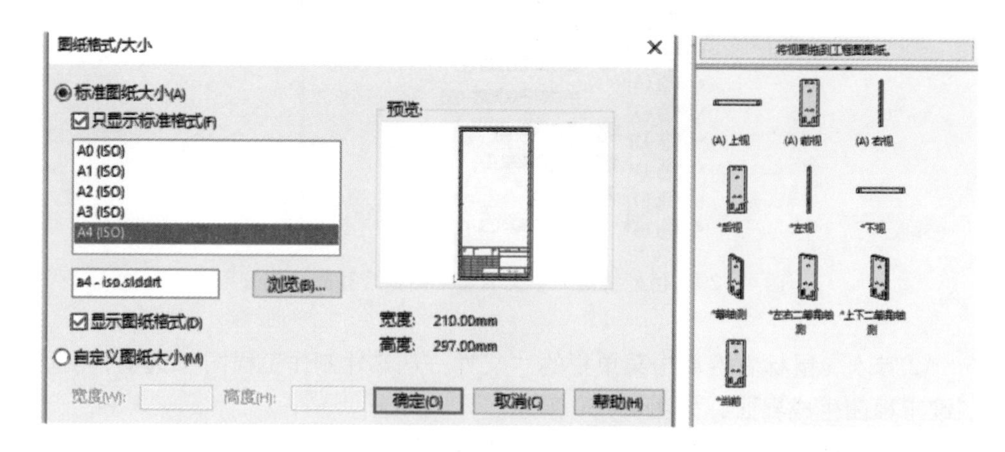

图 4－31　侧板 4 二维图绘制界面

图 4－32　侧板 4 的二维图绘制

⑤使用鼠标单击右侧的“比例”按钮，选择“使用自定义比例”并在下拉菜单中选择“1∶1”的比例，之后单击上侧的对号完成二维图的生成，如图 4－33 所示。

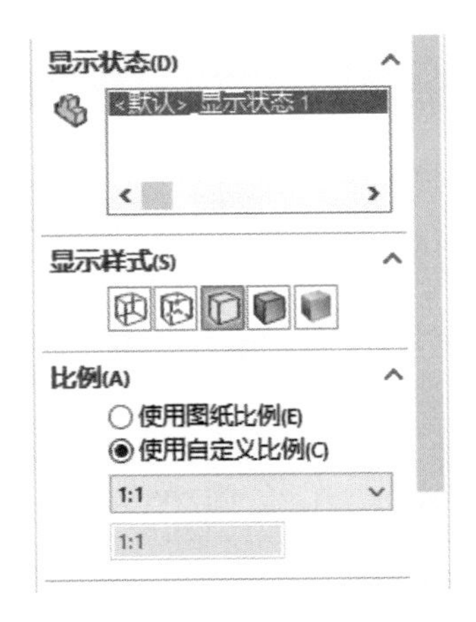

图 4-33 侧板 4 的视图比例设定

⑥最后，使用鼠标单击菜单栏“文件”选项的“另存为”按钮，并将其另存为 Dwg 格式（. dwg），将其保存，如图 4-34 所示。

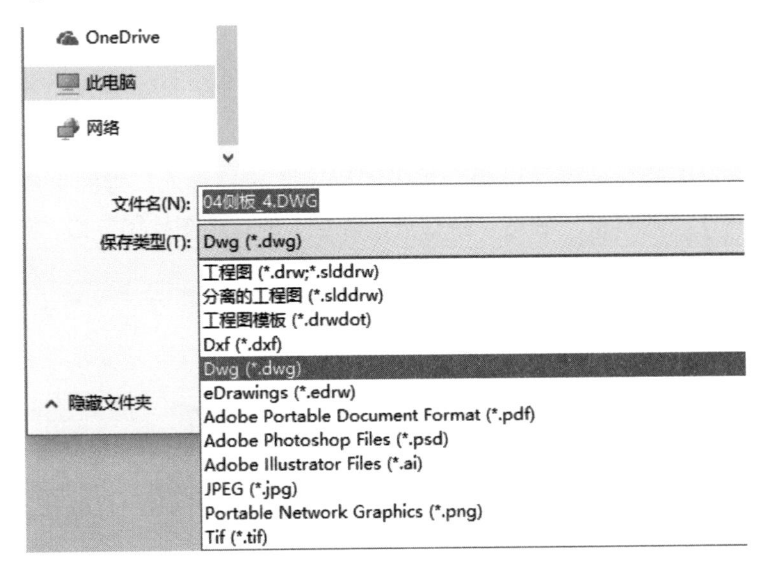

图 4-34 侧板 4 生成 . dwg 格式

（5）圆盘 1（圆盘 2）生成切割图。

①在 SOLIDWORKS 软件中打开仿蛇机器人任意一个关节的装配图，使用鼠标指向左侧选择圆盘 1，鼠标右键单击打开零件，进入圆盘 1 的零件视图界面，如图 4-35 所示。

②鼠标右键单击菜单栏的“文件—从零件制作工程图”选项，出现二维工程图生成界面，如图 4-36 所示。

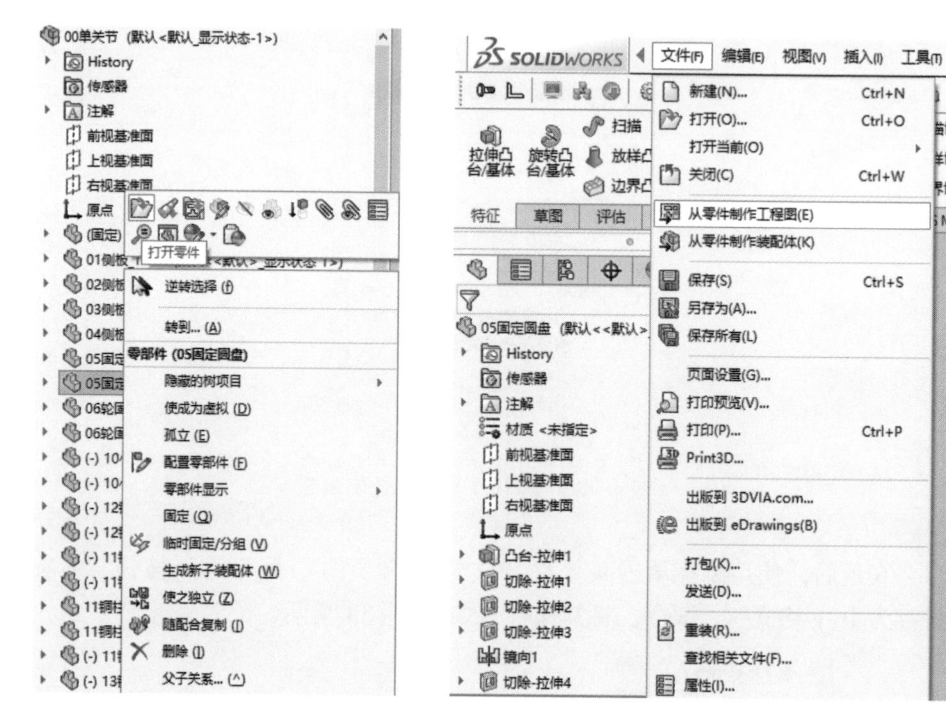

图 4-35　单关节装配图绘制界面（部分）　　图 4-36　圆盘零件图绘制界面（部分）

③在二维图的生成对话框中，单击“确定”按钮进入二维图生成界面，选择“A4（iso）”并单击“确定”按钮进入圆盘 1 的二维图绘制界面，如图 4-37 所示。

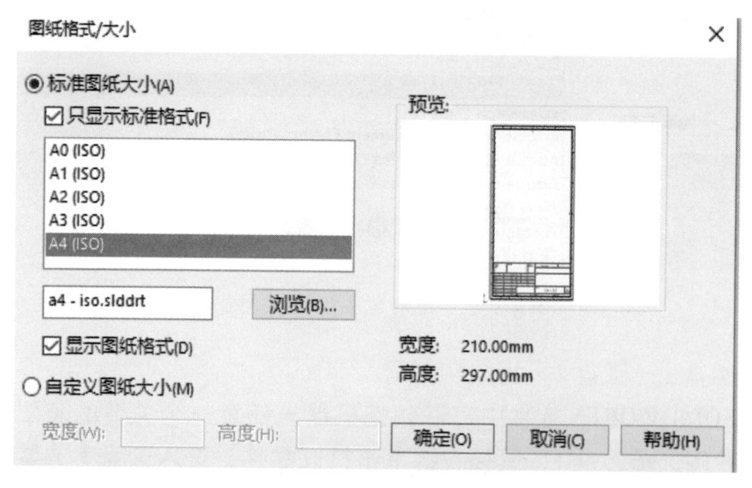

图 4-37　圆盘二维图绘制界面

④在圆盘 1 的二维图绘制界面从右下方选择“前视”视图界面，通过鼠标将其拖动到绘图界面的正中间，如图 4-38 所示。

⑤使用鼠标单击右侧的“比例”按钮，选择“使用自定义比例”并在下拉菜单中选择“1∶1”的比例，之后单击上侧的对号完成二维图的生成，如图4－39所示。

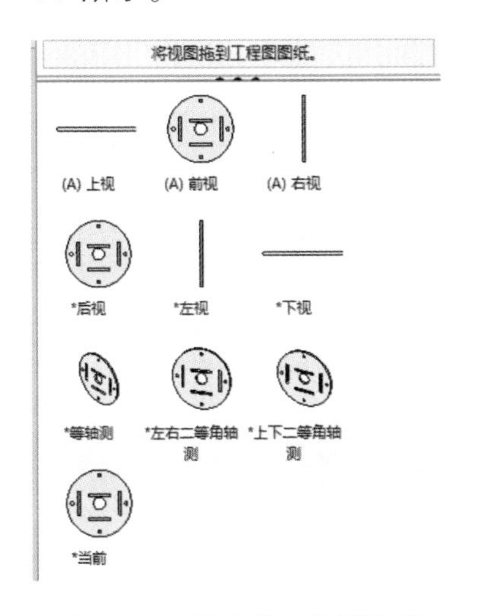

图4－38　圆盘的二维图绘制

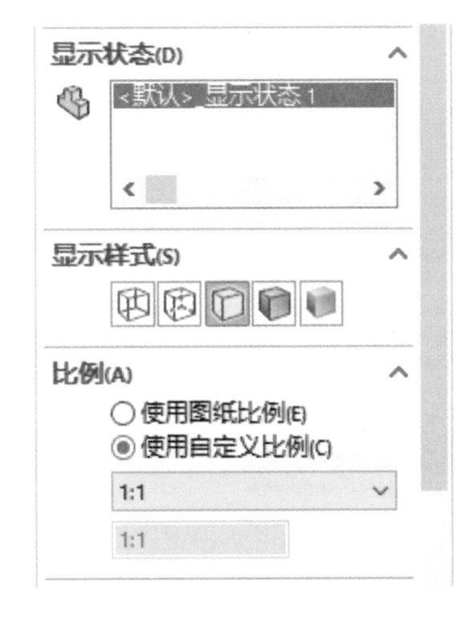

图4－39　圆盘的视图比例设定

⑥最后在软件中，使用鼠标单击菜单栏“文件”选项的“另存为”按钮，并将其另存为Dwg格式（.dwg），如图4－40所示。

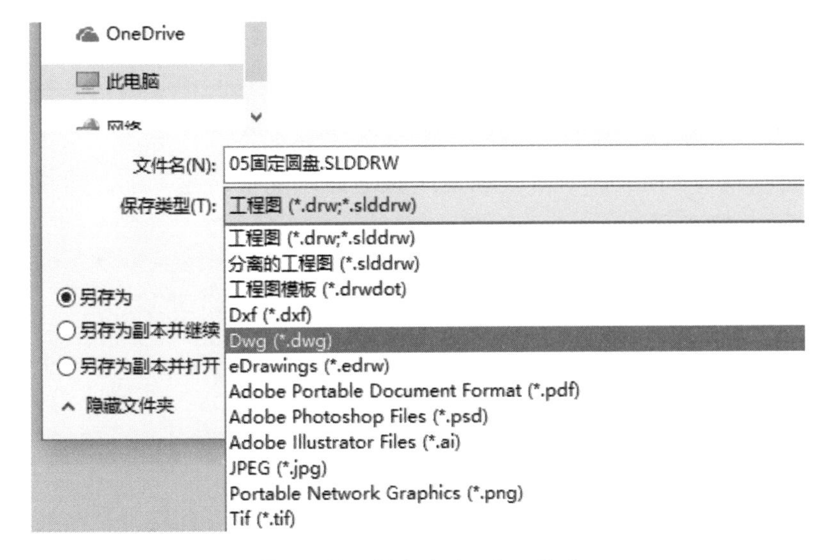

图4－40　圆盘生成.dwg格式

（6）舵机转盘生成切割图。

①在SOLIDWORKS软件中打开仿蛇机器人任意一个关节的装配图，使用

鼠标指向左侧选择舵机转盘 1，鼠标右键单击打开零件，进入舵机转盘 1 的零件视图界面，如图 4－41 所示。

②鼠标右键单击菜单栏的“文件—从零件制作工程图”选项，出现二维工程图生成界面，如图 4－42 所示。

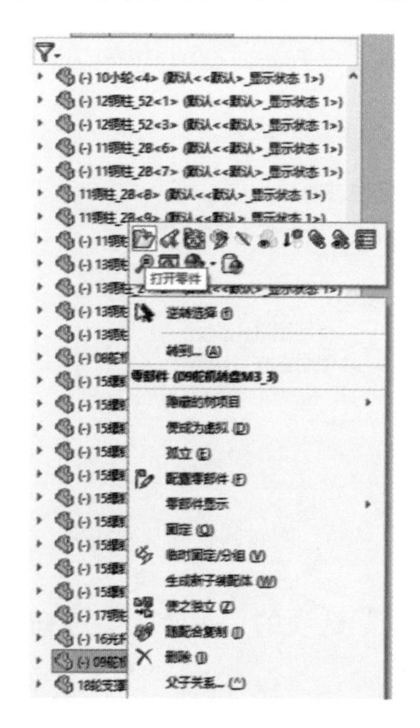

图 4－41　单关节装配图绘制界面（部分）

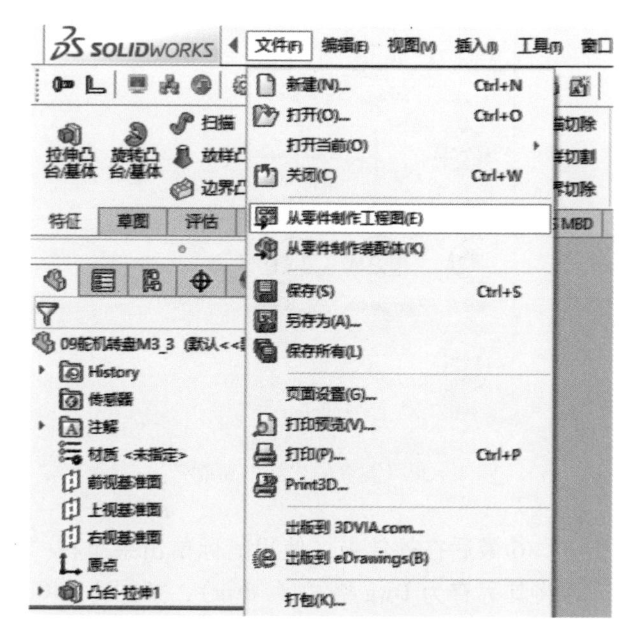

图 4－42　舵机转盘零件图绘制界面（部分）

③在出现二维图的生成对话框中，单击“确定”按钮进入二维图生成界面，选择“A4（iso）”并单击“确定”按钮进入舵机转盘 1 的二维图绘制界面，如图 4－43 所示。

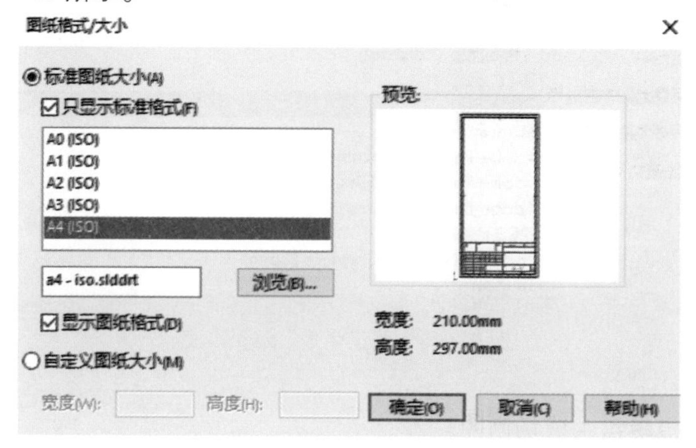

图 4－43　舵机转盘二维图绘制界面

④在舵机转盘 1 的二维图绘制界面从右下方选择“前视”视图界面，通过鼠标将其拖动到绘图界面的正中间，如图 4－44 所示。

⑤使用鼠标单击右侧的“比例”按钮，选择“使用自定义比例”并在下拉菜单中选择“1∶1”的比例，之后单击上侧的对号完成二维图的生成，如图 4－45 所示。

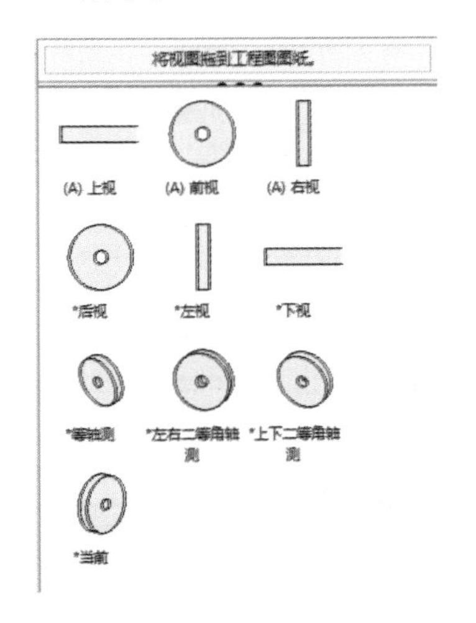

图 4－44　舵机转盘的二维图绘制

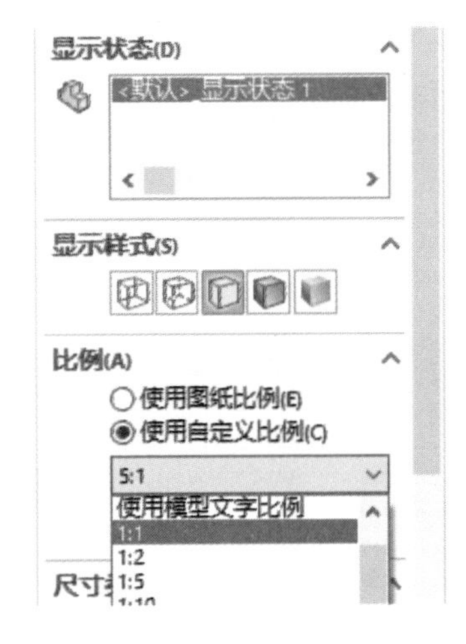

图 4－45　舵机转盘的视图比例设定

⑥最后使用鼠标单击菜单栏“文件”选项的“另存为”按钮，并将其另存为 Dwg 格式（. dwg），如图 4－46 所示。

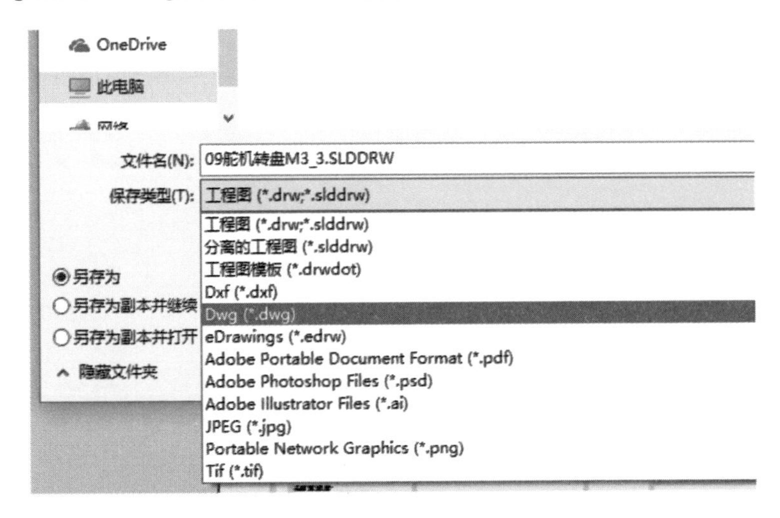

图 4－46　舵机转盘生成 . dwg 格式

（7）轮固定架生成支撑图。

①在 SOLIDWORKS 软件中打开仿蛇机器人任意一个关节的装配图，使用

鼠标指向左侧选择轮固定架 1，鼠标右键单击打开零件，进入轮固定架 1 的零件视图界面，如图 4－47 所示。

②使用鼠标右键单击菜单栏的“文件—从零件制作工程图”选项，出现二维工程图生成界面，如图 4－48 所示。

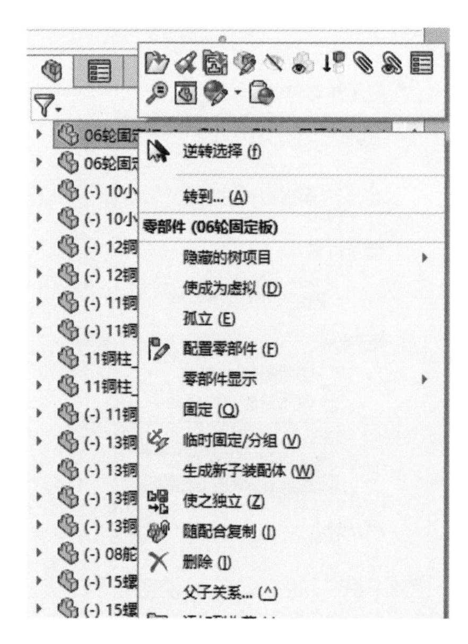

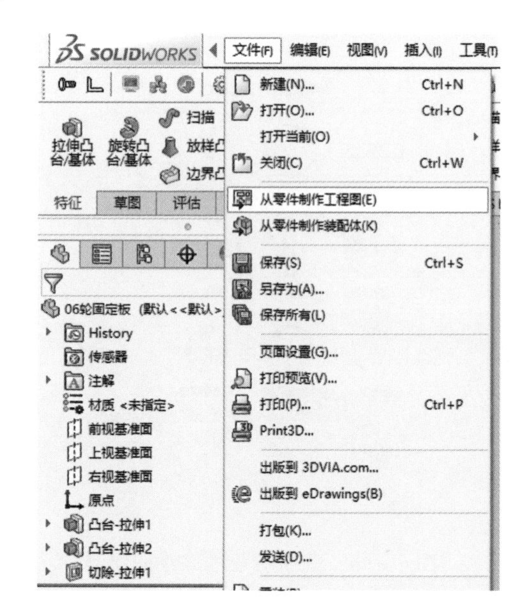

图 4－47　单关节装配图绘制界面（部分）　　图 4－48　轮固定架零件图绘制界面（部分）

③在出现二维图的生成对话框中，单击“确定”按钮进入二维图生成界面，选择“A4（iso）”并单击“确定”按钮进入轮固定架 1 的二维图绘制界面，如图 4－49 所示。

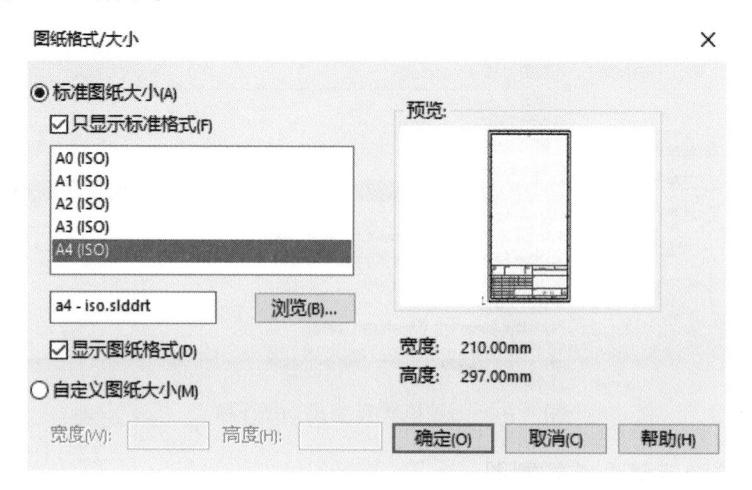

图 4－49　轮固定架二维图绘制界面

④在轮固定架 1 的二维图绘制界面从右下方选择“前视”视图界面，通过鼠标将其拖动到绘图界面的正中间，如图 4－50 所示。

⑤使用鼠标单击右侧的“比例”按钮，选择“使用自定义比例”并在下拉菜单中选择“1∶1”的比例，之后单击上侧的对号完成二维图的生成，如图 4－51 所示。

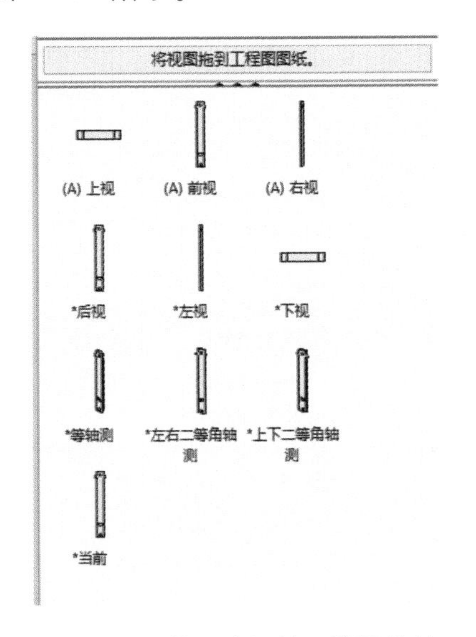

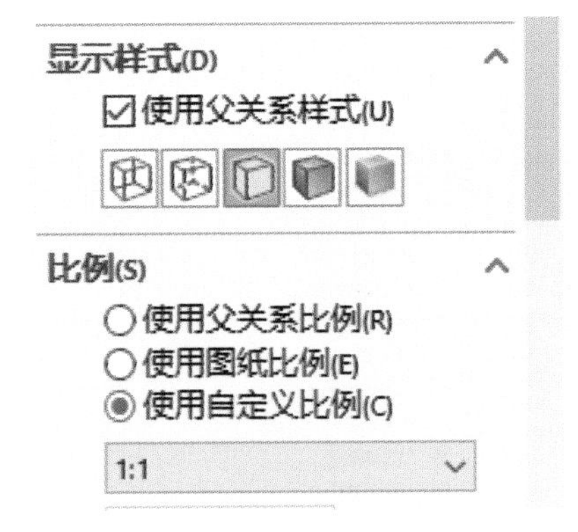

图 4－50　轮固定架的二维图绘制

图 4－51　轮固定架的视图比例设定

⑥在软件中，使用鼠标单击菜单栏“文件”选项的“另存为”按钮，并将其另存为 Dwg 格式（. dwg），如图 4－52 所示。

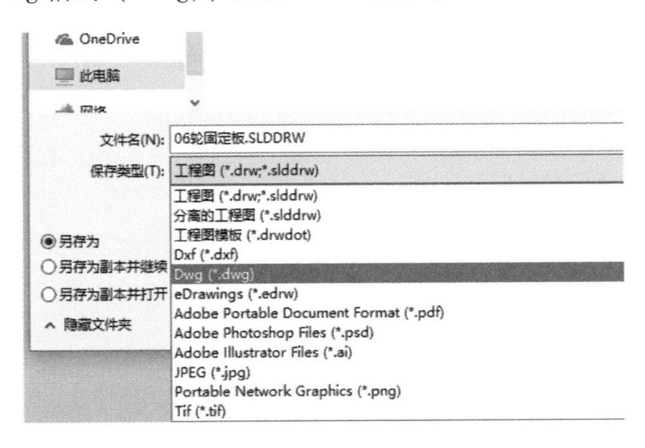

图 4－52　轮固定架生成 . dwg 格式

（8）轮支撑架生成切割图。

①在 SOLIDWORKS 软件中打开蛇型机器人任意一个关节的装配图，使用

鼠标指向左侧选择轮支撑架 1，鼠标右键单击打开零件，进入轮支撑架 1 的零件视图界面，如图 4－53 所示。

②鼠标右键单击菜单栏的“文件—从零件制作工程图”选项，出现二维工程图生成界面，如图 4－54 所示。

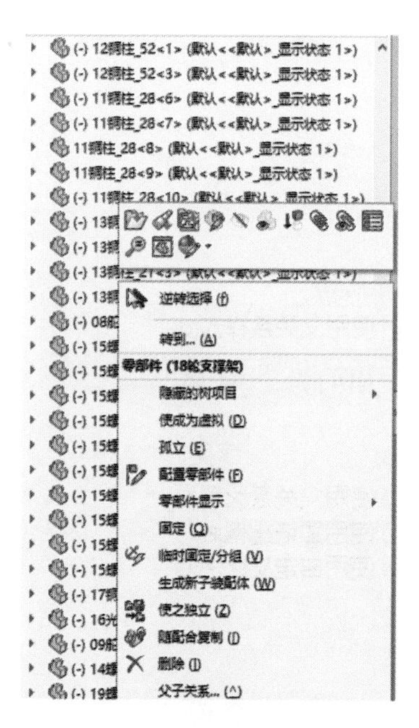

图 4－53　单关节装配图绘制界面（部分）

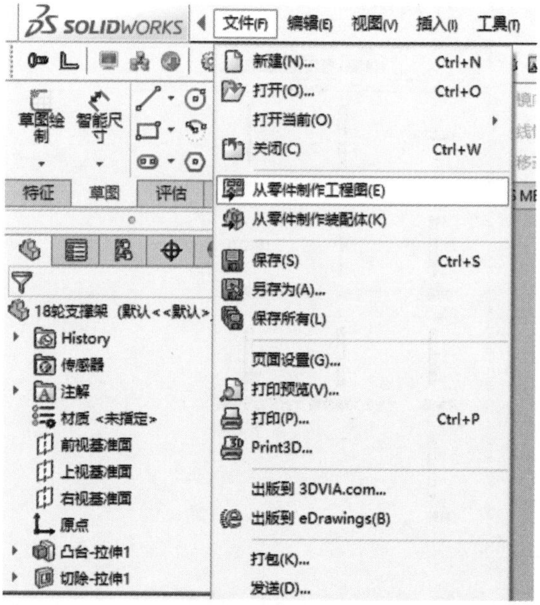

图 4－54　轮支撑架零件图绘制界面（部分）

③在出现二维图的生成对话框中，单击“确定”按钮进入二维图生成界面，选择“A4 (iso)”并单击“确定”按钮进入轮支撑架 1 的二维图绘制界面，如图 4－55 所示。

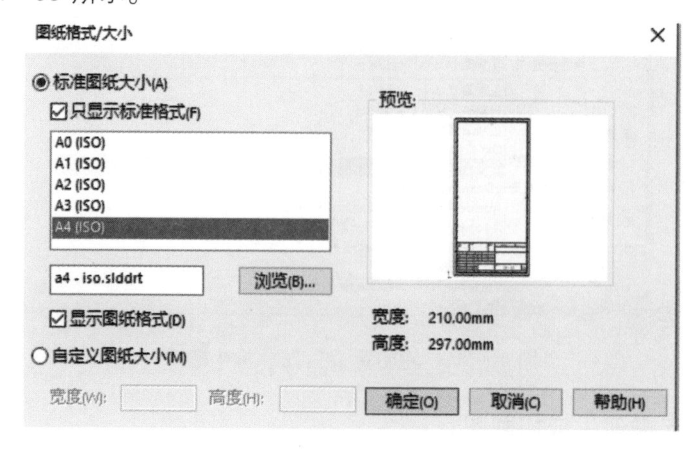

图 4－55　轮支撑架二维图绘制界面

④在轮支撑架1的二维图绘制界面从右下方选择“前视”视图界面，通过鼠标将其拖动到绘图界面的正中间，如图4－56所示。

⑤使用鼠标单击右侧的“比例”按钮，选择“使用自定义比例”并在下拉菜单中选择“1∶1”的比例，之后单击上侧的对号完成二维图的生成，如图4－57所示。

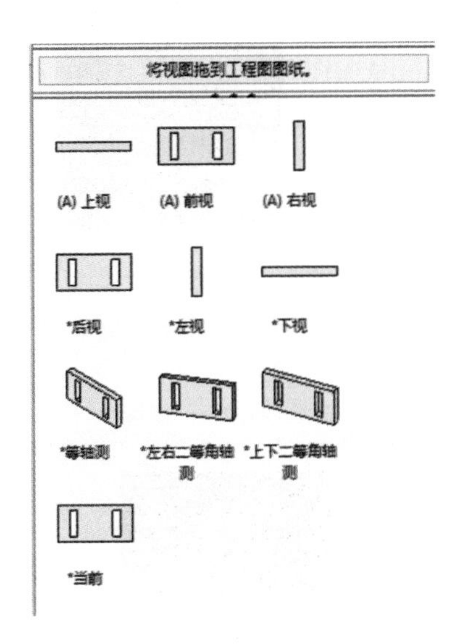

图4－56 轮支撑架的二维图绘制

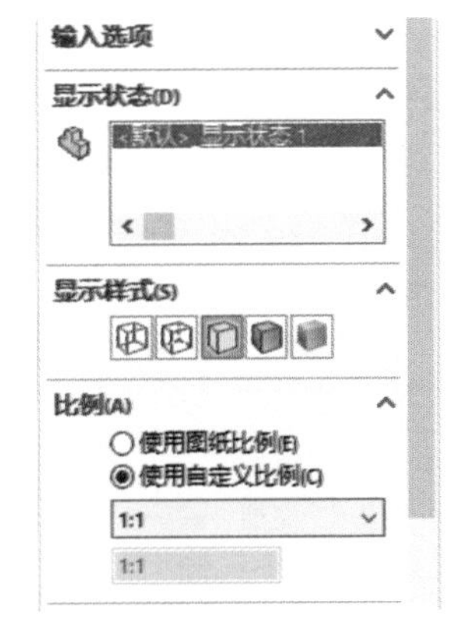

图4－57 轮支撑架的视图比例设定

⑥在软件中，使用鼠标单击菜单栏“文件”选项的“另存为”按钮，并将其另存为Dwg格式（.dwg），如图4－58所示。

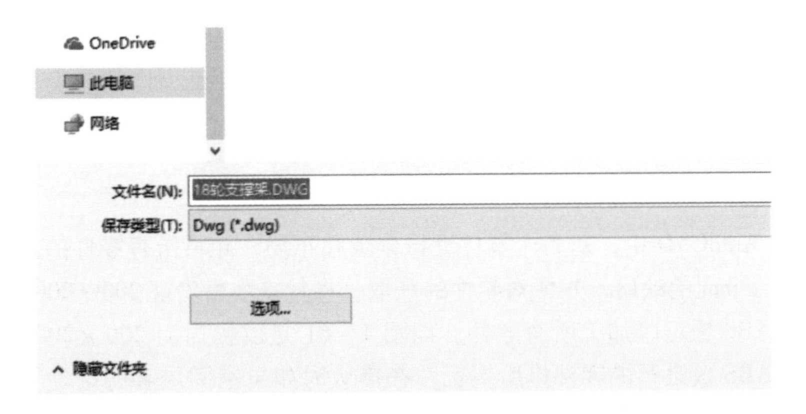

图4－58 轮支撑架生成.dwg格式

（9）工程图纸的整合。

将所有激光切割的零件按照上述步骤生成完成后，即可进行工程图纸的生成。

①用 AutoCAD 软件打开先前生成的所有的 .dwg 格式图纸，将每一张零件图纸的标题栏、边界线和中心线（虚线）删除，修改完成的结果，如图 4－59 所示。

②在 CAD 的菜单栏中选择“新建文件”选项，使用默认选项单击“打开”按钮生成新的文件，将所有打开的 .dwg 格式的零件通过复制粘贴方式放到同一张图中，如图 4－60 所示。

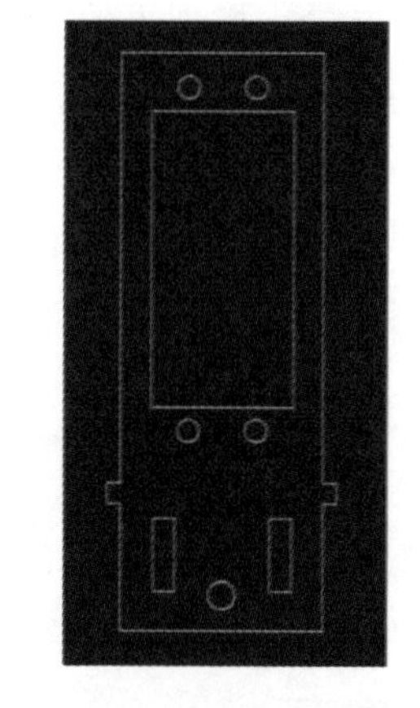

图 4－59　侧板 1 零件修正

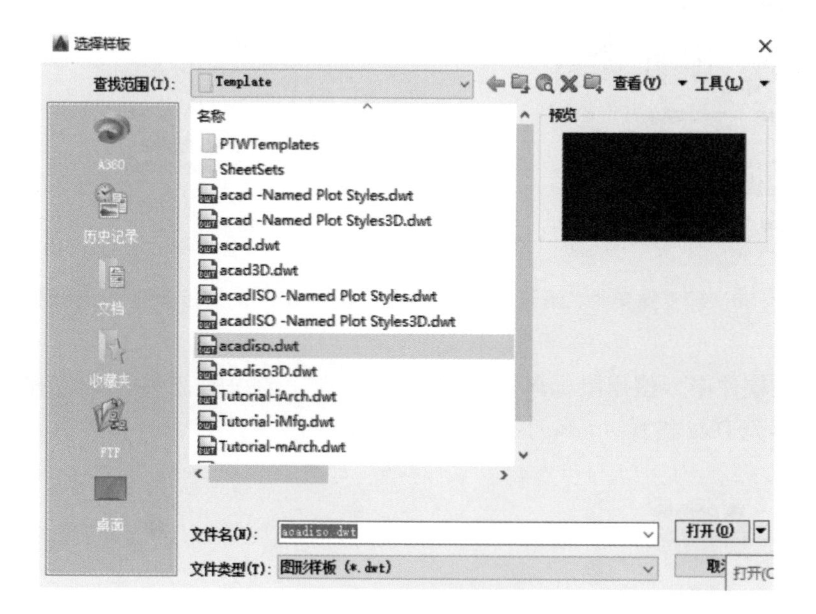

图 4－60　新建 CAD 图纸

③在 AutoCAD 中，对各个零件进行排版和布局，并将所有零件的某一边打断为一个 1 mm 的缺口，方便对零件的获取。将其排版后发现 200 × 200 （mm × mm）的 ABS 板可以加工所有零件，如图 4－61 是以幅面为 200 × 200 （mm × mm）的 ABS 板进行的零件排版情况。在排版时如果空间足够的条件下，应该考虑多加工一些常用零件或易损坏的零件。

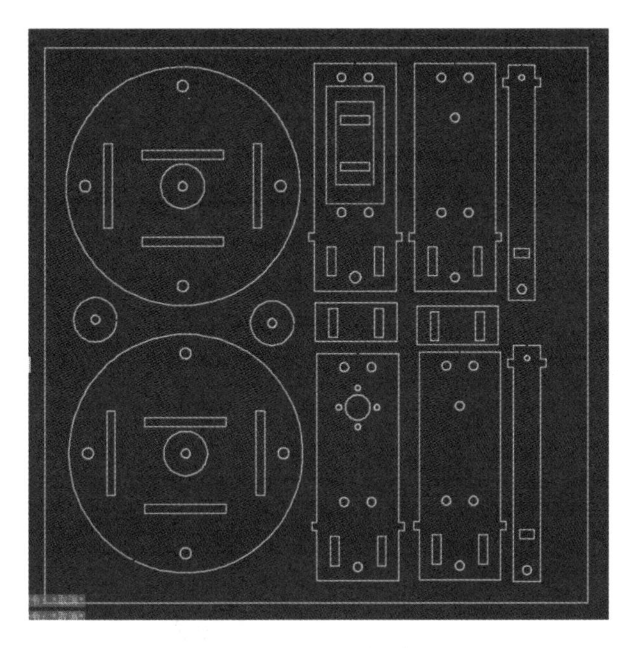

图 4 -61　所有零件的组合

④最后在 AutoCAD 中，将上述处理过的图形文件另存为 AutoCAD 2007/LT2007 DXF（ *. dxf）备用，如图 4 -62 所示。

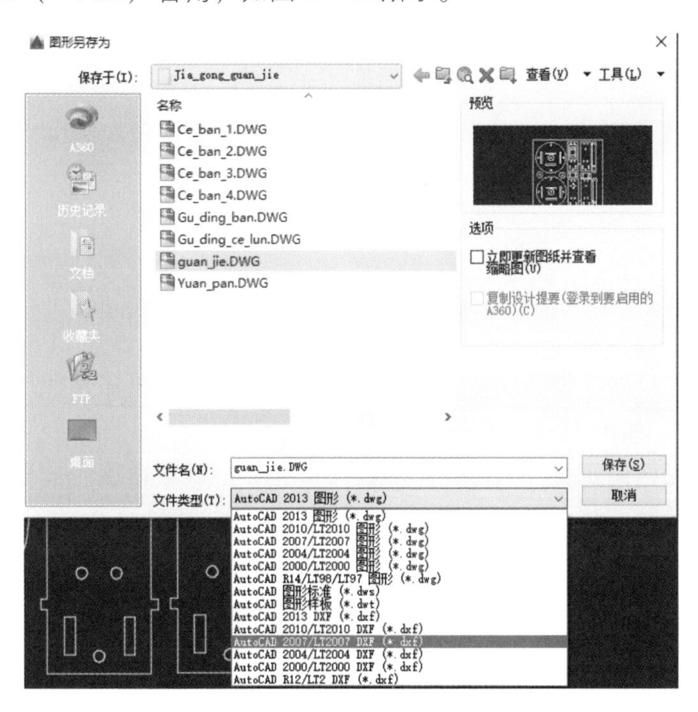

图 4 -62　激光切割图纸的生成

（10）零件的切割加工。

完成了可供加工使用的零件工程图纸的制备工作以后，便可进行仿蛇机器人相关零件的切割加工，主要操作均是在激光切割机控制电脑中完成。由于激光切割机工作时大功率的激光光束具有一定的危险性，须高度注意人身防护，确保安全。由于加工过程中可能产生较多烟尘，请注意通风换气。操作时请按以下步骤进行：

①首先打开电脑，并进入到激光切割软件主界面（见图4－63）。

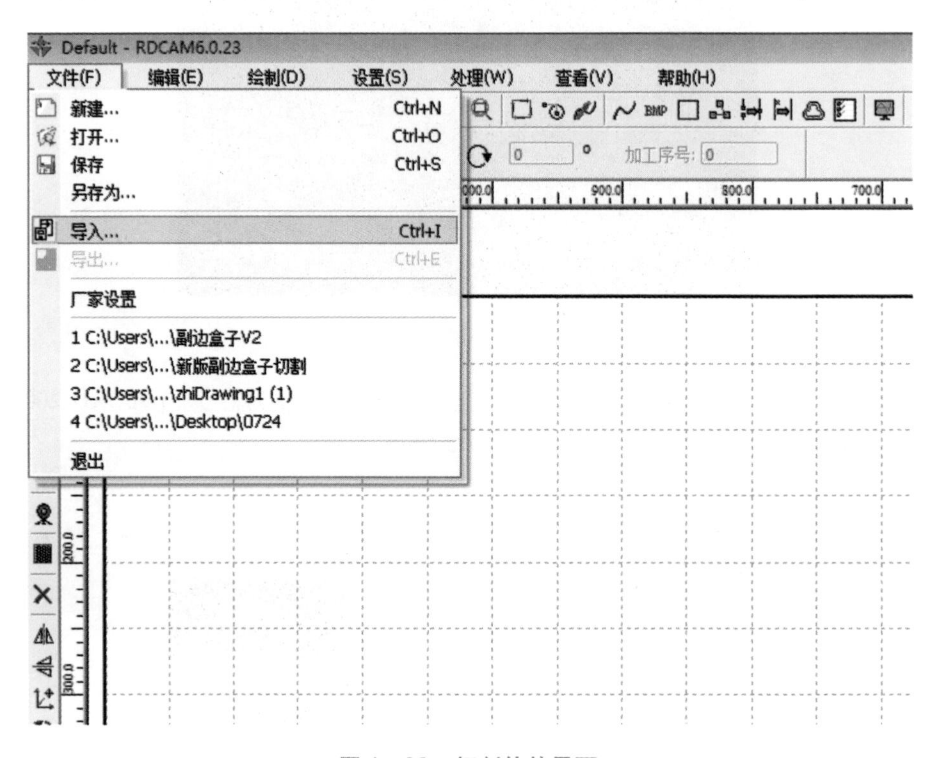

图4－63　切割软件界面

②将仿蛇机器人需要切割的单关节文件导入软件，选择并导入先前备好的dxf格式图纸，如图4－64所示。

③在激光切割机软件的右上方双击图层参数，设置速度、加工方式、激光功率等加工参数，如图4－65所示。

④先打开激光切割机，然后将事先购买好的黄色亚克力板200×200×3（mm×mm×mm）的一端点放置在激光切割机的正下方，单击激光切割软件右下方的“走边框”按钮，单击“确定”选项，如图4－66所示，观察激光器运动轨迹，如果边框不完全在亚克力板内，需要调整亚克力板，否则保持不动。

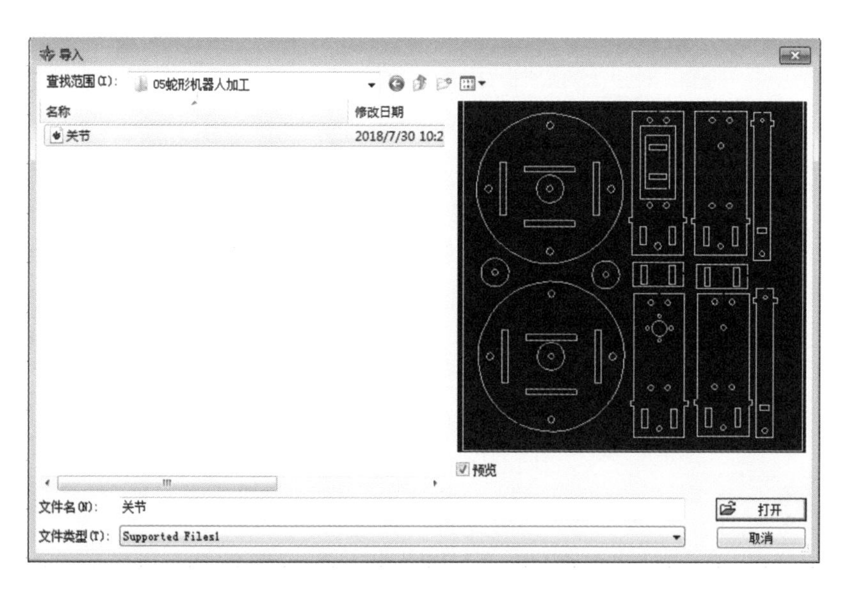

图 4－64　导入 dxf 图纸

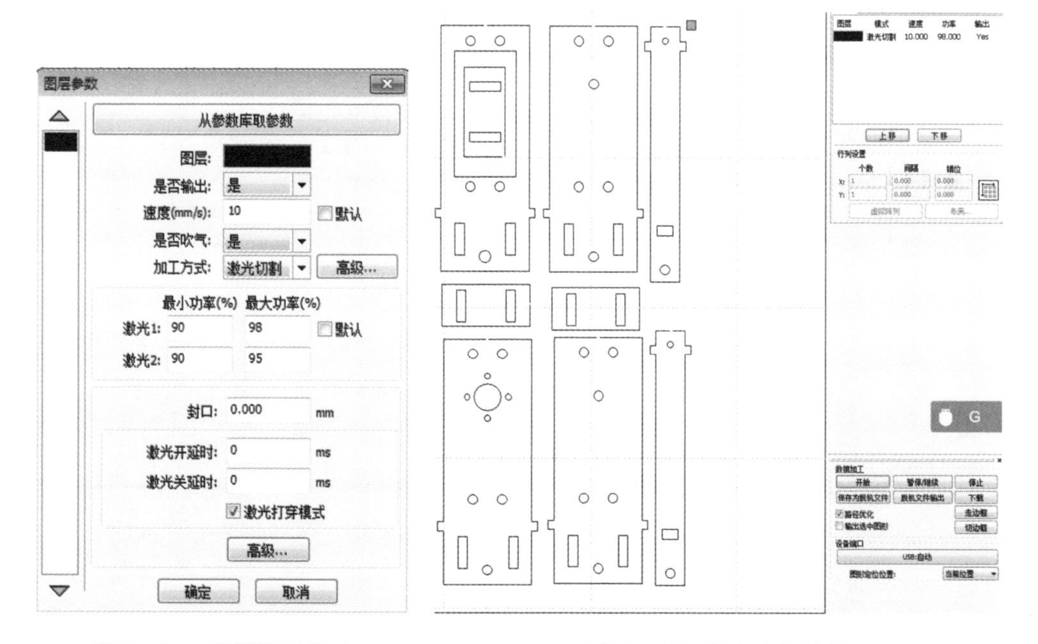

图 4－65　设置切割参数　　　　图 4－66　亚克力板放置

⑤完成上述步骤后即可单击“开始加工”按钮，如图 4－67 所示，操作激光切割机进行仿蛇机器人相关零件的切割加工。

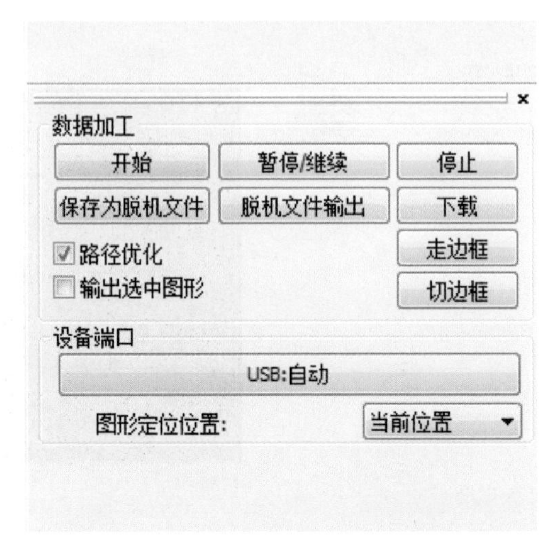

图 4－67　激光切割“开始”按键

4.1.3　购买零件的准备

1. 单关节的外购零件

通过激光切割机完成了关节零部件的制备，但要完成仿蛇机器人的组装，还需要一些外购紧固件才能实现零件之间的定位、固定、运动等功能。所以，仿蛇机器人组装之前需要购买下述物品，详见表 4－1。

表 4－1　单关节所需紧固件

序号	名称	序号	数量
1	舵机	MG996	1
2	铜柱	M3 ×6 +6	11
		M3 ×8	1
		M3 ×15	4
		M3 ×22	4
		M3 ×40	2
3	螺母	M3	5
		M2	3
4	垫片	M3	4

续表

序号	名称	序号	数量
5	螺栓	M3 ×6	12
		M3 ×10	4
		M2 ×8	2
		M2 ×25	1
6	光杆螺栓	D3 ×12 – M3 ×6	1
7	小轮	M3 ×4	2

2. 其他外购零件

通过激光切割机加工的所有零件和上述购买的紧固件可以完成仿蛇机器人单个关节的组装，然后，通过将多个关节完整的连接起来就可以实现仿蛇机器人躯干的组装。但在仿蛇机器人设计过程中，为了使仿蛇机器人与自然界中的蛇类更加的相似，本书根据蛇头的形状设计了机器人的蛇头，由于该结构在设计过程中存在许多弯曲弧面，故可通过 3D 打印机实现仿蛇机器人头部的加工。

4.2 帮我组装躯干

单个关节的装配是仿蛇机器人装配环节中最基础的一环，也是最复杂、最重要的一环，完成了多个单关节的装配后，余下的装配工作将会变得简单易行。因而下面将重点介绍单个关节装配的方法步骤和注意事项。在单个关节装配之前，已经完成了关节材料的加工部分，激光切割后所获得的零件如图 4 – 68 所示。仿蛇机器人单关节装配的主要过程分为：外购零件的组装、零件

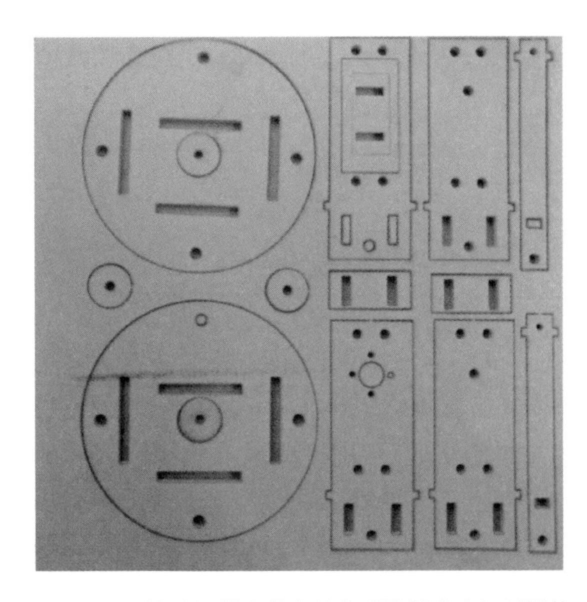

图 4 – 68　仿蛇机器人单个关节所需的激光切割零件

之间的相互组装，具体装配过程描述如下：

4.2.1　外购零件的组装

仿蛇机器人的单个关节在组装时，需要用连接铜柱保证板与板之间的位置关系，并通过铜柱将舵机完全固定在亚克力板之间以保证刚度，安装过程中应确保舵机轴的正确位置。设计所需的铜柱长度分别为 52 mm、28 mm、21 mm、14 mm。但铜柱为外购件，其尺寸是按厂家的标准尺寸生产的，与上述涉及尺寸并不对应，所以选择通过多个不同尺寸的铜柱进行组合来达到设计要求。因此，需要组装特定长度的铜柱，并配备指定的螺栓和螺母。

1. 铜柱的组装

①先组装设计所需的最长尺寸铜柱，其长度为 52 mm，仿蛇机器人单个关节需要 2 个这种尺寸的铜柱，其可由一个尺寸为 M3 ×6 +6 mm 的单通铜柱和一个尺寸为 M3 ×40 mm 的双通铜柱组合而成，组装情况如图 4 –69 所示。

②其次组装长度为 28 mm 的中等长度的铜柱（仿蛇机器人单个关节需要 4 个这种尺寸的铜柱），可由一个尺寸为 M3 ×6 +6 mm 的单通铜柱和一个尺寸为 M3 ×22 mm 的双通铜柱组合而成，组装情况如图 4 –70 所示。

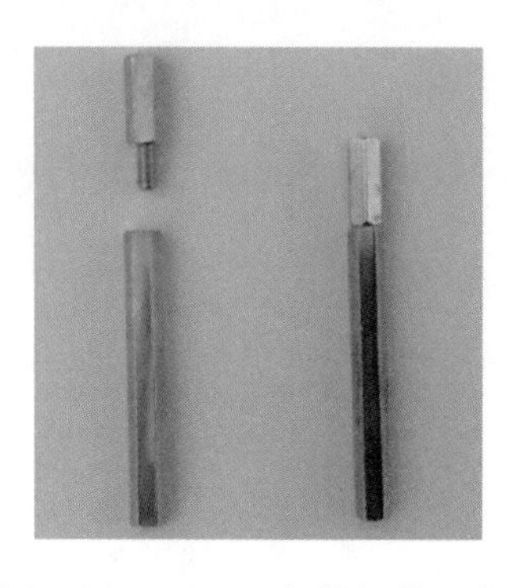

图 4 –69　52 mm 铜柱组装示意图

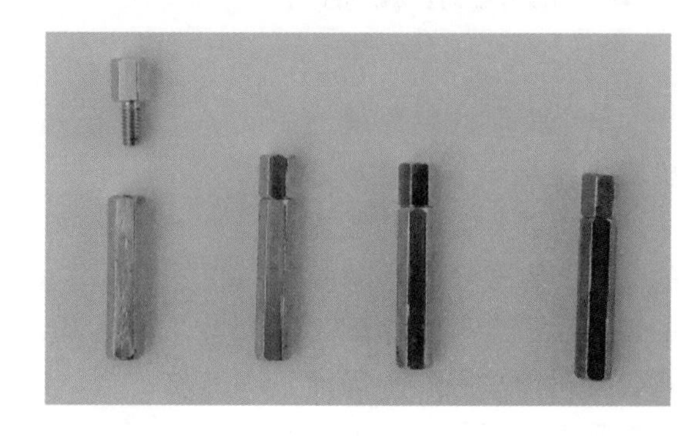

图 4 –70　28 mm 铜柱组装示意图

③然后组装长度为 21 mm 的较短铜柱（仿蛇机器人单个关节也需要 4 个这样尺寸的铜柱），可由一个尺寸为 M3 ×6 +6 mm 的单通铜柱和一个尺寸为 M3 ×15 mm 的双通铜柱组合而成，组装情况如图 4 –71 所示。

④最后组装长度为 14 mm 的铜柱（仿蛇机器人单个关节需要 1 个这样尺寸的铜柱），可由一个尺寸为 M3 ×6 +6 mm 的单通铜柱和一个尺寸为 M3 ×8 mm 的双通铜柱组合而成，组装情况如图 4 –72 所示。

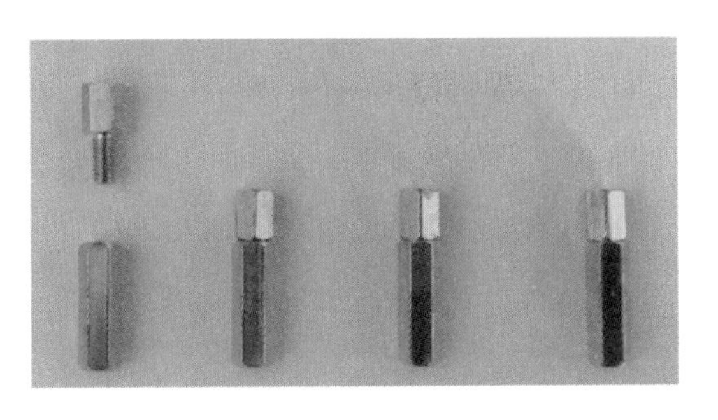

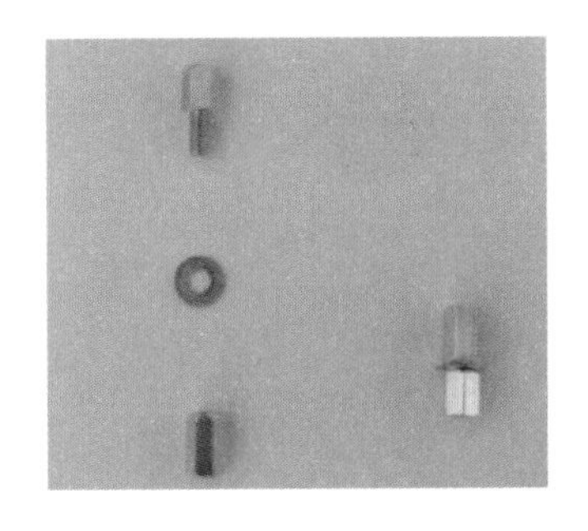

图 4－71　21mm 铜柱组装示意图

图 4－72　14 mm 铜柱组装示意图

2. 螺栓和螺母的配套

①铜柱与亚克力板间的固定是通过螺栓实现的，亚克力板的厚度为 3 mm，铜柱的螺纹直径为 3 mm，可选择螺栓的尺寸为 M3×6 mm，个数为 12 个，具体如图 4－73 所示。

②铜柱与舵机的固定同样是通过螺栓实现的。舵机固定面高度为 3 mm，亚克力板的厚度为 3 mm，铜柱的螺纹直径为 3 mm，所以可选择螺栓的尺寸为 M3×10 mm，个数为 4 个，此处还需要 4 个配套的垫片，具体如图 4－74 所示。

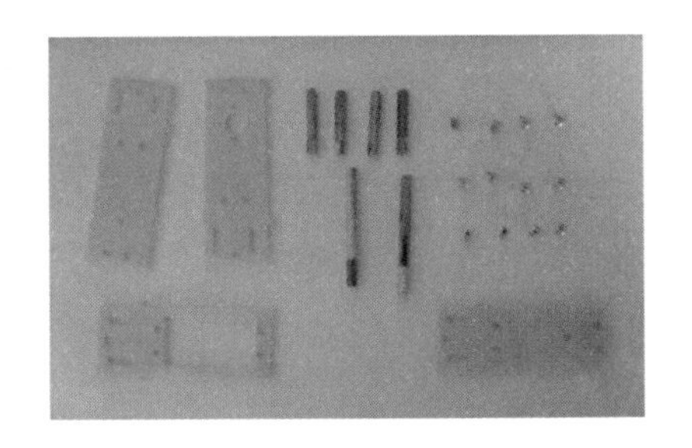

图 4－73　M3×6 mm 螺栓应用装配

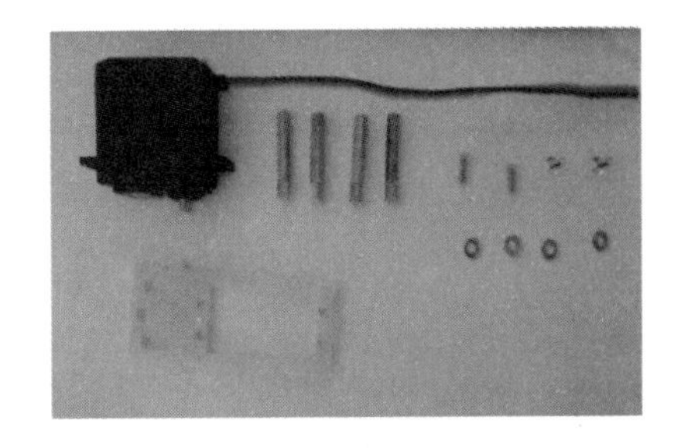

图 4－74　M3×10 mm 螺栓应用装配

③舵机与侧板 1 的固定是通过舵机圆盘和螺栓实现的，舵机圆盘的孔径为 2 mm，厚度为 1.5 mm，可选择螺栓的尺寸为 M2×8 mm，数量为 2 个，具体如图 4－75 所示。

④舵机与侧板 4 的固定是通过舵机转盘和光杆螺栓连接实现的，光杆螺栓的尺寸为 D3×12－M3×6 mm，个数为 1 个，并需要配套的螺母，具体如图 4－76 所示。

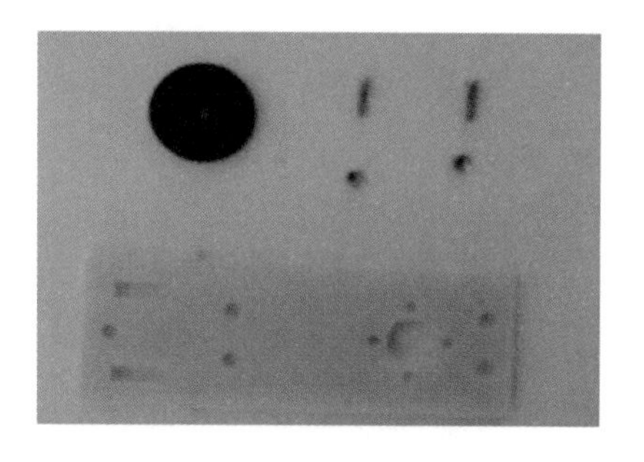

图 4-75　M2×8 mm 螺栓应用装配

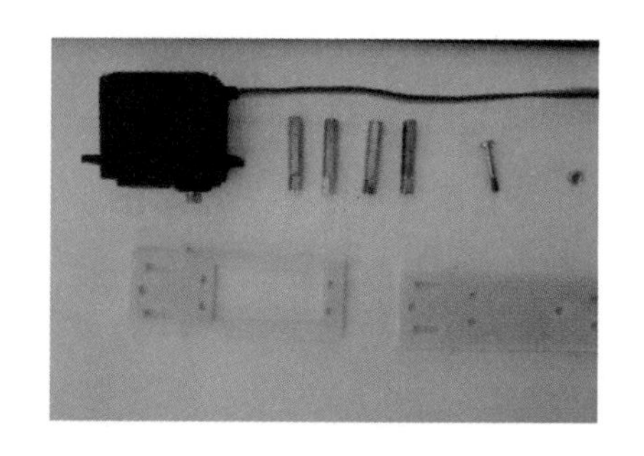

图 4-76　光杆螺栓应用装配

⑤底部小轮是通过两个轮固定架连接在一起的。为了保证两个轮固定架连接的稳定性，需要通过螺栓将其固定在一起，螺栓的个数为 1 个，尺寸为 M2×25 mm，同时需要配套的螺母和垫片，如图 4-77 所示。

4.2.2　单个关节的装配

1. 固定盘的安装

①准备好装配所需材料，具体包括：1 个舵机、1 块圆盘、1 块侧板 2、1 块侧板 3、4 个长度为 28 mm 的铜柱、4 个尺寸为 M3×6 mm 的螺栓、4 个尺寸为 M3×10 mm 的螺栓、4 个 M3 的垫片、1 个尺寸为 D3×12-M3×6 mm 的光杆螺栓，具体如图 4-78 所示。

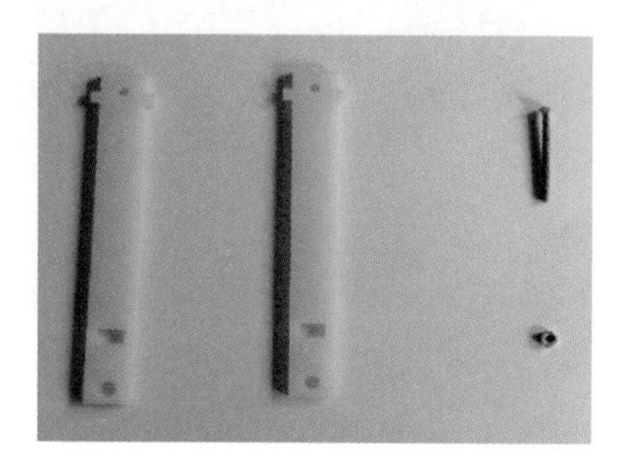

图 4-77　M2×25 mm 应用装配

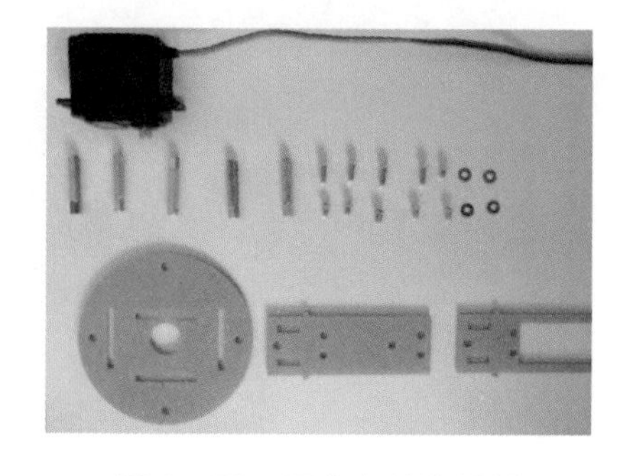

图 4-78　固定盘整体材料

②将侧板 3 插入圆盘中，通过 4 个 M3×6 mm 的螺栓将 4 个 28 mm 铜柱的铜柱固定在侧板 3 表面，并将光杆螺栓放在定位孔中，如图 4-79 所示。

③最后将侧板 2 插入圆盘中，将舵机放置在侧板 2 定位处，并通过 4 个 M3×10 mm 的螺栓和 4 个 M3 垫片的舵机完全固定在侧板 2，如图 4-80 所示。

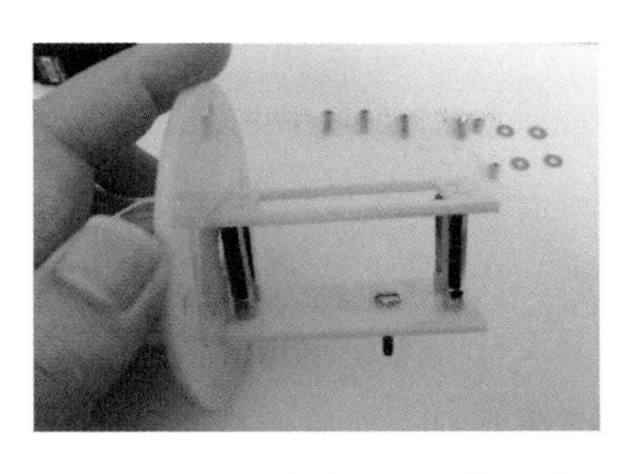

图 4-79 固定盘左侧定位安装

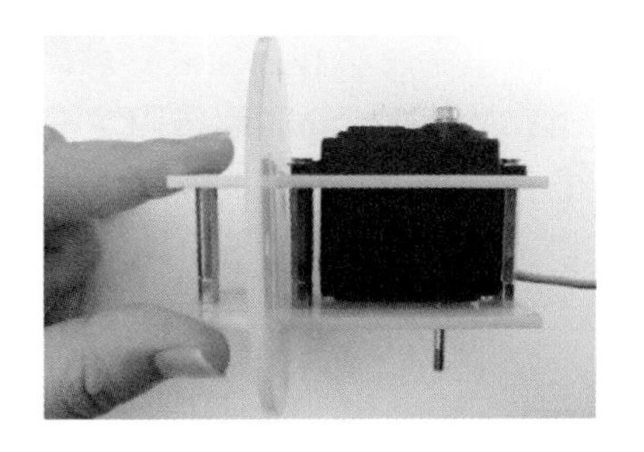

图 4-80 固定盘舵机安装

2. 转动盘的安装

①准备好装配所需材料，具体包括：1 个舵机圆盘、1 块圆盘、1 块侧板 1、1 块侧板 4、2 个长度为 52 mm 的铜柱、4 个尺寸为 M3 × 6 mm 的螺栓、2 个尺寸为 M2 × 8 mm 的螺栓，具体如图 4-81 所示。

②将侧板 1 插入圆盘中，并通过 2 个 M2 × 8 mm 的螺栓将 1 个舵机圆盘固定在侧板 1 表面的定位孔中，如图 4-82 所示。

③最后将侧板 4 插入圆盘中，并通过 4 个 M3 × 6 mm 的螺栓将 2 个 52 mm 铜柱完全固定在侧板 1 和侧板 4 之间，如图 4-83 所示。

3. 转动盘的连接

①准备好装配所需材料，具体包括：1 个舵机转盘（黄色小圆盘）、1 个 M3 的螺母、1 个装配完毕的转动盘、1 个装配完毕的固定盘，具体如图 4-84 所示。

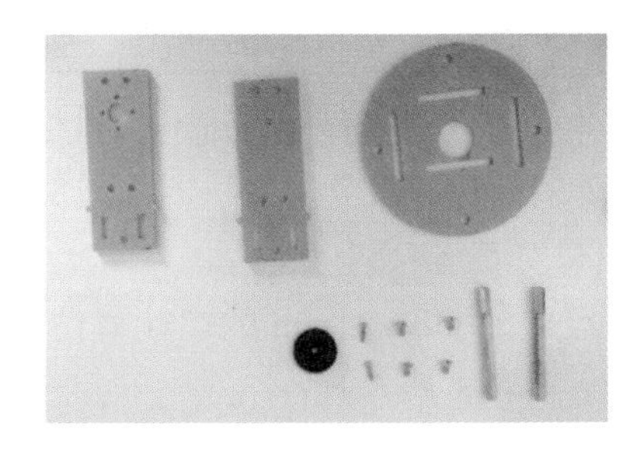

图 4-81 转动盘整体安装材料

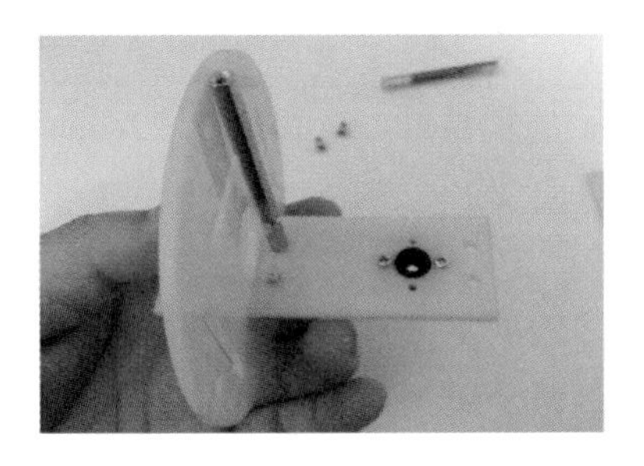

图 4-82 转动盘中舵机转盘安装

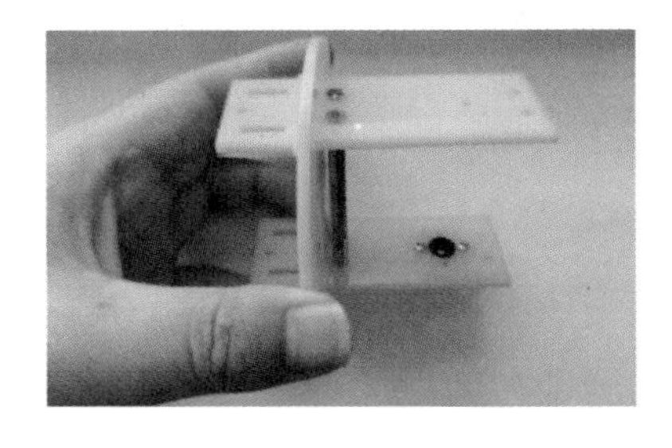

图 4-83 转动盘定位安装

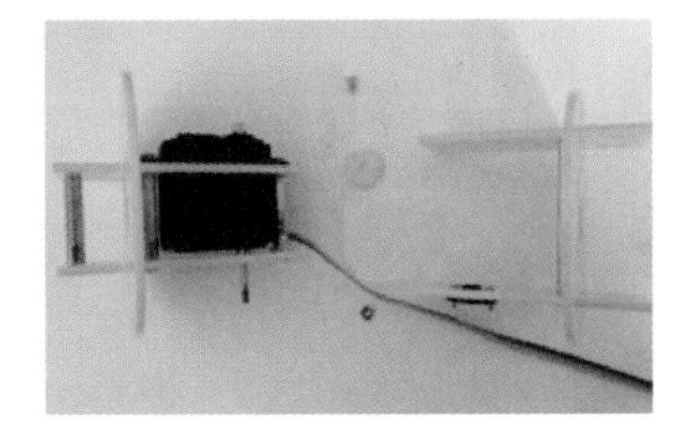

图 4-84 单关节整体材料

②将1个舵机转盘安装在装配完的固定盘的光杆螺栓上，将转动盘安装固定盘上，并将1个M3螺母固定在光杆螺栓处，如图4－85所示。

③最后用M3×6 mm的螺栓固定装配完毕的固定盘与装配完毕的舵机连接处，完成单个关节的装配，具体如图4－86所示。

图4－85　单关节定位安装

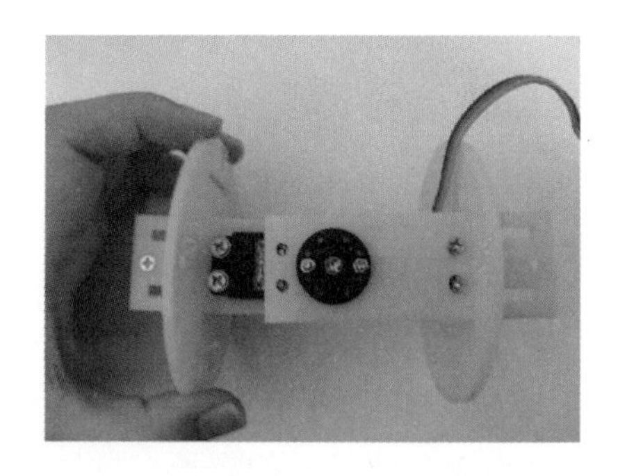

图4－86　单关节舵机固定

4.2.3　整体躯干的组装

仿蛇机器人单个关节安装完成后，由于该机器人是采用模块化设计的，所以可通过单个关节的复制来进行整体躯干的装配。仿蛇机器人整个躯干的装配即是用螺栓依次将两个单关节部分连接起来，多次继续下去，就能得到机器人整体。

①首先，需要准备多个单关节连接的基本材料，其中包括：1个长度为14 mm的铜柱、4个长度为22 mm的铜柱、8个尺寸为M3×6 mm的螺栓、1个尺寸为M2×25 mm的螺栓、1个尺寸为M2的螺母、2个仿蛇机器人单关节、2个轮固定架、2个轮支撑架和2个小轮，具体如图4－87所示。

②通过4个长度为22 mm的铜柱和8个尺寸为M3×6 mm的螺栓将仿蛇机器人的两个单关节连接在一起，具体连接如图4－88所示。

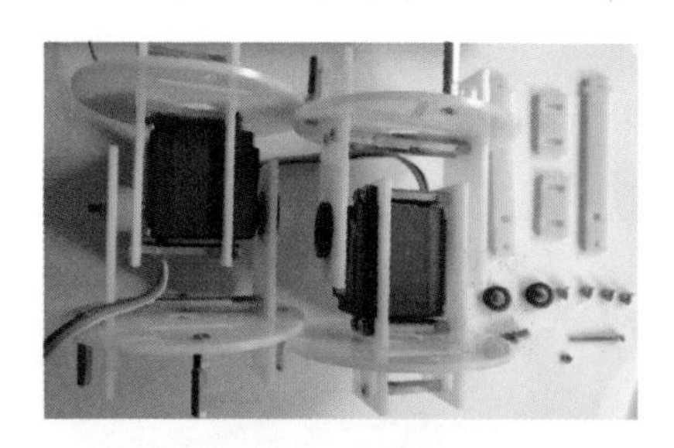

图4－87　两个单关节相连的组装材料

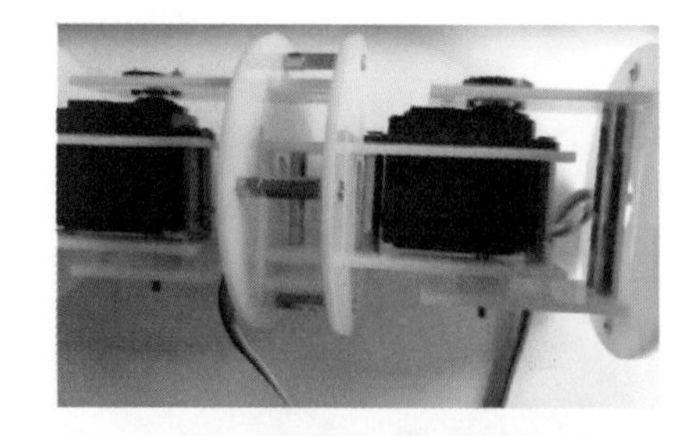

图4－88　两个单关节连接示意图

③将2个轮支持架对齐放入两关节连接位置，同时将2个轮固定架从上到

下穿通，并通过1个尺寸为 M2 × 25 mm 的螺栓和1个配套的 M2 螺母将其固定，具体如图4－89所示。

④接着将1个长度为14 mm的铜柱固定在轮固定架的下端，并通过2个小轮将其固定，至此就顺利完成了仿蛇机器人两个关节的装配工作，装配效果如图4－90所示。

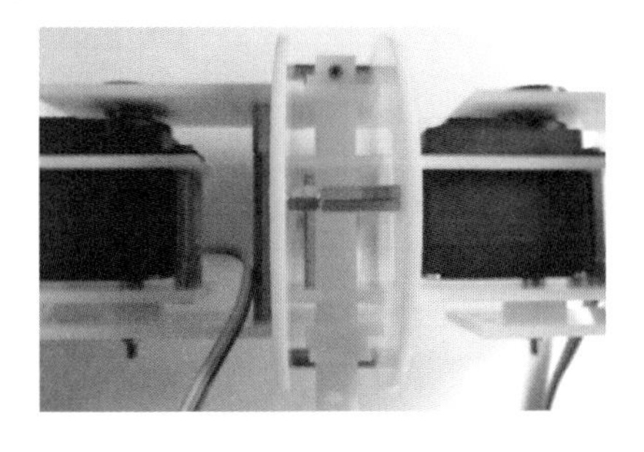

图4－89　两关节轮定位示意图

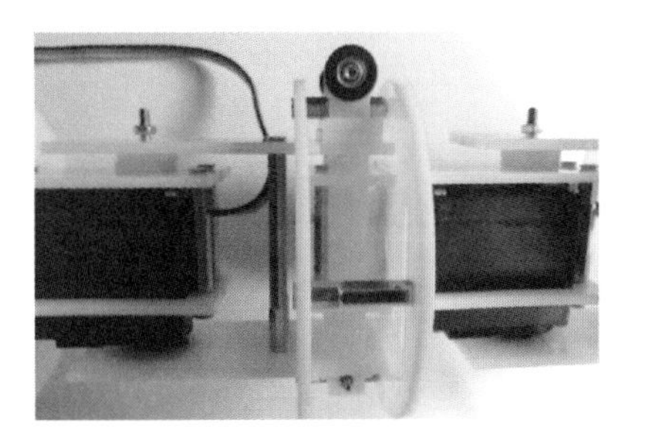

图4－90　两关节装配示意图

⑤最后，按照上述步骤，继续装配另外多个形状相同的关节，即完成了仿蛇机器人全部骨架的装配工作，其结果如图4－91所示。

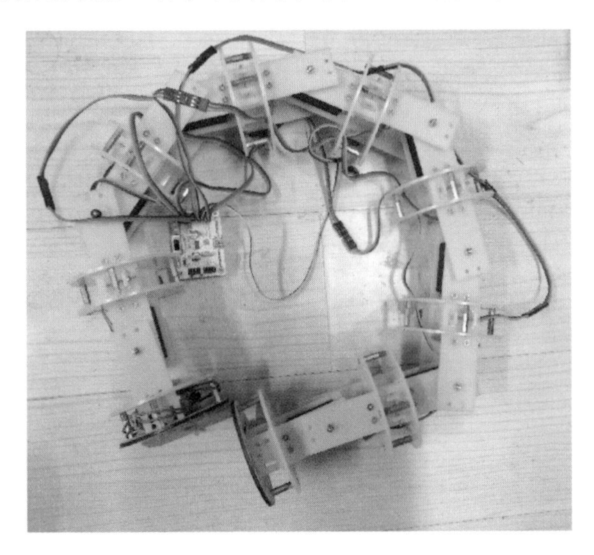

图4－91　仿蛇机器人骨架装配效果图

4.3　拼到一起看一看

至此，已将仿蛇机器人的躯干部分组装完毕，可以开始进行仿蛇机器人整体的装配了。将先前已装配完成的躯干部分与3D打印完成的仿蛇机器人头部取齐，通过4个M3×6的螺栓进行固定，其整体装配效果如图4－92所示。

图4－92　仿蛇机器人整体装配效果图

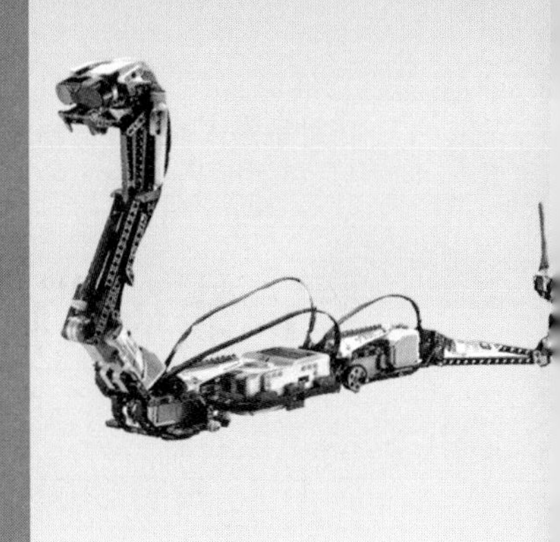

第 5 章 请你教我思考

在前述章节中，已经完成仿蛇机器人的动力源选择、单个零件加工，以及整体模型装配。但这时的仿蛇机器人仍然无法正常运动，因为它还缺乏一个最重要的器官——大脑。众所周知，自然界中的蛇类能够神出鬼没、运动自如，主要因其大脑在发挥作用。虽然人们无法将蛇类的大脑移植到仿蛇机器人头上，但人们可以为仿蛇机器人安装一个人工大脑——控制器，这个控制器将实时、准确、精妙地控制仿蛇机器人的运动。所以，本章的主要内容如下：首先，将介绍不同控制器的种类和功能，并以一种控制器为例详细介绍其基本的软件安装流程和具体的使用方法，以便青少年学生可以根据自己的实际需求合理选择一款合适的控制器，并懂得使用方法和操作流程；其次，简要介绍如何通过控制器实现仿蛇机器人视觉系统、动力源等关键器件的准确控制；最后，介绍仿蛇机器人具体的控制策略与实施步骤，从而帮助青少年学生可以独立完成仿蛇机器人的运动控制。与此同时，还介绍了如何根据实际运动需求，自己动手编写具体的运动操控程序，让仿蛇机器人能够实现带有个性化的运动。

5.1 我的大脑

5.1.1 控制器的选择

1. 控制器的功能

机器人的控制系统是其最重要的组成部分，作用就相当于人类的大脑。它负责接收外界的信息与命令，并对接收到的信号与命令进行及时处理，以形成独特的控制指令，控制机器人做出相应的反应。对于机器人来说，保证其有效工作的控制系统包含：控制器、专用的传感器、运动伺服驱动器等。同时，机器人除了需要具备基本的运动控制功能外，还需要具备一些其他功能，以方便人们与机器人开展人机交互和读取系统参数，具体包括：

（1）记忆功能。在仿蛇机器人的控制系统中，一般会配置 SD 卡，它可以用来存储机器人的关节运动信息、位置姿态信息以及控制系统运行信息。

（2）示教功能。通过示教功能寻找机器人各类运动的最优姿态和最佳流程，以便机器人照样使用。

（3）与外围设备的通信功能。主要通过输入和输出接口、通信接口实现与外部设备的通信和控制。

（4）传感器接口。仿蛇机器人的传感系统包含：位置检测传感器、视觉传感器、触觉传感器和力传感器等，这些传感器随时都在采集机器人的内部和外部的信息，并将其传送到控制系统，以实现机器人的运动控制。

（5）位置伺服功能。机器人的多轴联动、运动控制、速度和加速度控制等工作都与位置伺服功能相关，这些运动需要通过程序编写实现。

（6）故障诊断与安全保护功能。机器人的控制系统时刻监视着其运行状态，并进行故障状态的安全保护，一旦检测到机器人的运动发生故障，就立即停止工作以保护机器人。

2. 控制器的种类

（1）单片机。

单片机（Microcontrollers，见图 5－1）是一种集成电路芯片，是采用超大规模集成电路技术把具有数据处理能力的中央处理器 CPU、随机存储器 RAM、只读存储器 ROM、多种 I/O 口和中断系统、定时器/计数器等功能（可能还包括显示驱动电路、脉宽调制电路、模拟多路转换器、A/D 转换器等电路）集成到一块硅片上构成的一个小巧而完善的微型计算机系统，在控制领域应用十分广泛。

图5－1　89S52单片机

单片机自动完成赋予其任务的过程就是单片机执行程序的过程，即执行具体一条条指令的过程[138]。所谓指令就是把要求单片机执行的各种操作用命令的形式写下来，这是在设计人员赋予它的指令系统时所决定的。一条指令对应着一种基本操作。单片机所能执行的全部指令就是该单片机的指令系统。不同种类的单片机其指令系统亦不同。为了使单片机能够自动完成某一特定任务，必须把要解决的问题编成一系列指令（这些指令必须是单片机能够识别和执行的指令），这一系列指令的集合就称为程序。程序需要预先存放在具有存储功能的部件——存储器中。存储器由许多存储单元（最小的存储单位）组成，就像摩天大楼是由许多房间组成一样，指令就存放在这些单元里。众所周知，摩天大楼的每个房间都被分配了唯一的一个房号，同样，存储器的每一个存储单元也必须被分配唯一的地址号，该地址号称为存储单元的地址。只要知道了存储单元的地址，就可以找到这个存储单元，其中存储的指令就可以十分方便地被取出，然后再被执行。程序通常是按顺序执行的，所以程序中的指令也是一条条顺序存放的。单片机在执行程序时要能把这些指令一条条取出并加以执行，必须有一个部件能追踪指令所在的地址，这一部件就是程序计数器PC（包含在CPU中）。在开始执行程序时，给PC赋以程序中第一条指令所在的地址，然后取得每一条要执行的命令，PC中的内容就会自动增加，增加量由本条指令长度决定，可能是1、2或3，以指向下一条指令的起始地址，保证指令能够顺序执行。

单片机与计算机的主要区别在于：

①计算机的CPU主要面向数据处理，其发展途径主要围绕数据处理功能、计算速度和精度的进一步提高而展开。单片机主要面向控制，控制中的数据类型及数据处理相对简单，所以单片机的数据处理功能比通用微机相对要弱一些，计算速度和精度也相对要低一些。

②计算机中存储器组织结构主要针对增大存储容量和CPU对数据的存取速度。单片机中存储器的组织结构比较简单，存储器芯片直接挂接在单片机的总线上，CPU对存储器的读写按直接物理地址来寻址存储器单元，存储器的寻址

空间一般都为64KB[139]。

③通用微机中的I/O接口主要考虑其标准外设，如CRT、标准键盘、鼠标、打印机、硬盘、光盘等。单片机的I/O接口实际上是向用户提供的与外设连接的物理界面，用户对外设的连接要设计具体的接口电路，需有熟练的接口电路设计技术。

简单而言，单片机就是一个集成芯片外加辅助电路构成的一个系统。由微型计算机配以相应的外围设备（如打印机）及其他专用电路、电源、面板、机架以及足够的软件就可构成计算机系统。

（2）DSP。

DSP（Digital Signal Processor，见图5－2）是一种独特的微处理器，它采用数字信号来处理大量信息[140]。工作时，它先将接收到的模拟信号转换为0或1的数字信号，再对数字信号进行修改、删除、强化，并在其他系统芯片中把数字数据解译回模拟数据或实际环境格式。DSP不仅具有可编程性，而且其实时运行速度极快，可达每秒数以千万条复杂指令程序，远远超过通用微处理器的运行速度，是数字化电子世界中重要性日益增加的电脑芯片。强大的数据处理能力和超高的运行速度是其最值得称道的两大特色。超大规模集成电路工艺和高性能数字信号处理器技术的飞速发展使得机器人技术如虎添翼，将得到更好的发展。

图5－2　DSPIC30F4011－30I

DSP的内部采用程序和数据分开的哈佛结构，具有专门的硬件乘法器，广泛采用流水线操作模式，提供特殊的DSP指令，可以用来快速实现各种数字信号处理算法[141]。根据数字信号处理的相关要求，DSP芯片一般具有如下特点：

①在一个指令周期内可完成一次乘法和一次加法；

②程序和数据空间分开，可以同时访问指令和数据；

③片内具有快速RAM，通常可通过独立的数据总线在两块中同时访问；

④具有低开销或无开销循环及跳转的硬件支持；

⑤具有快速中断处理和硬件I/O支持功能；

⑥具有在单周期内操作的多个硬件地址产生器；

⑦可以并行执行多个操作；

⑧支持流水线操作，使取址、译码和执行等操作可以重叠进行。

（3）ARM。

ARM（见图5－3）是高级精简指令集机器（Advanced RISC Machine）英文首字母的缩写形式，是一个32位精简指令集（RISC）的处理器架构，它广泛用于嵌入式系统设计[142]。ARM 开发板根据其内核可以分为 ARM7、ARM9、ARM11、Cortex - M 系列、Cortex - R 系列、Cortex - A 系列，等等。其中，Cortex 是 ARM 公司出产的最新架构，占据了很大的市场份额。Cortex - M 是面向微处理器用途的；Cortex - R 系列是针对实时系统用途的；Cortex - A 系列是面向尖端的基于虚拟内存的操作系统和用户应用的。由于 ARM 公司只对外提供 ARM 内核，各大厂商在授权付费使用 ARM 内核的基础上研发生产各自的芯片，形成了嵌入式 ARM CPU 的大家庭。提供这些内核芯片的厂商有 Atmel、TI、飞思卡尔、NXP、ST、三星等。

图 5 - 3　STM32F103 芯片

ARM 内核采用精简指令集计算机（RISC）体系结构，是一个小门数的计算机，其指令集和相关的译码机制比复杂指令集计算机（CISC）要简单得多，其目标就是设计出一套能在高时钟频率下单周期执行的简单而高效的指令集。RISC 的设计重点在于降低处理器中指令执行部件的硬件复杂度，这是因为软件比硬件更容易提供更大的灵活性和更高的智能水平。因此 ARM 具备了非常典型的 RISC 结构特性：

①具有大量的通用寄存器；

②通过装载/保存（load - store）结构使用独立的 load 和 store 指令完成数据在寄存器和外部存储器之间的传送，处理器只处理寄存器中的数据，从而避免多次访问存储器；

③寻址方式非常简单，所有装载/保存的地址都只由寄存器内容和指令域决定；

④使用统一和固定长度的指令格式。

这些在基本 RISC 结构上增强的特性使 ARM 处理器在高性能、低代码规模、低功耗和小的硅片尺寸方面取得良好的平衡。

（4）Arduino 芯片。

Arduino（见图 5 - 4）是一款快捷灵活、易学易用的开源电子原型平台，它包含硬件（各种型号的 Arduino 板）和软件（Arduino IDE），是由一个欧洲开发团队在 2005 年冬季开发成功的。Arduino 的成员十分众多，其中包括 Massimo Banzi、David Cuartielles、Tom Igoe、Gianluca Martino、David Mellis 和 Nicholas Zambetti 等。它构建于开放的原始码 simple I/O 界面版，具有类似 Java、C 语言的 Processing/Wiring 开发环境，包含两个主要的部分：硬件部分是可以用来做电路连接的 Arduino 电路板；软件部分则是 Arduino IDE，类同于

图 5 - 4　Arduino 芯片

计算机中的程序开发环境。用户只要在IDE中编写程序代码，将程序下载到Arduino电路板后，程序便会告诉Arduino电路板要做些什么了[143]。

Arduino能通过各种各样的传感器来感知环境，通过控制灯光、马达和其他的装置来反馈、影响环境[144]。其板子上的微控制器可以通过Arduino的编程语言来编写程序，编译成二进制文件，烧录进微控制器。对Arduino的编程是通过Arduino编程语言（基于Wiring）和Arduino开发环境（基于Processing）来实现的。基于Arduino的项目可以只包含Arduino，也可以包含Arduino和其他一些在PC上运行的软件，它们之间进行通信（比如Flash，Processing，MaxMSP）来实现，因为软件比硬件更容易提供更大的灵活性和更高的智能水平，因此Arduino具备以下特性：

①跨平台运行。Arduino IDE可以在Windows、Macintosh OS X、Linux三大主流操作系统上运行，而其他的大多数控制器只能在Windows上开发[145]。

②简单清晰、易学易用。对于初学者来说，它极易掌握，同时又有着足够的灵活性。Arduino语言基于wiring语言开发，不需要太多的单片机基础和编程基础，简单学习以后，一般人也可以快速地进行开发。

③开放性。Arduino的硬件原理图、电路图、IDE软件及核心库文件都是开源的，在开源协议范围内里可以任意修改原始设计及相应代码。

④发展迅速、应用广泛。Arduino简单的开发方式使得开发者更关注创意与实现，更快地完成自己的项目开发，大大节约了学习的成本，缩短了开发的周期。

（5）控制器的选择。

通过对以上各类控制器的性能特性和使用特点进行比较，可以发现ARM和DSP的性能比单片机和Arduino芯片的性能要好，但对应软件的使用和编程的复杂度较大。由于本教程和教具的目标群体是青少年学生，这个群体的专业知识和编程能力偏低，所以，在设计仿蛇机器人的控制系统时选择Arduino作为主控芯片，比如，可从网上直接购买Arduino开发板（见图5-5）。

Arduino UNO R3是一款市场中较为常见、价格较低的开发板，即使小学生也可以在一周内完成简单操作，包括硬件连接、软件打开、程序下载等。该开发板是基于ATMGA328的单片机，它拥有14个数字I/O引脚，其中6个可以作为PWM输出，6个模拟输入、1个16MHz振动器、1个USB连接端、1个电源端、1个IC5P接头、1个复位键。该Arduino开发板包含组成微控的所有结构，同时仅仅需要一条USB数据连接线就可以实现与电脑相互通信、程序的下载，同时也支持外部电池直接供电运行。

图5－5 Arduino 开发板

5.1.2 大脑工作的准备材料

1. 硬件电路工具

（1）面包板。

面包板这一名称的得来可以追溯到真空管电路时代，当时的电路元器件体积都比较硕大，人们通常用螺丝和钉子将它们固定在一块切面包用的木板上进行连接，因而得名。后来电路元器件的体积越做越小，但面包板的名称沿用了下来。面包板上有很多小插孔，这是专为电子电路的无焊接实验制造的[146]。由于各种电子元器件可根据需要随意插入或拔出，免去了焊接，节省了电路的组装时间，而且元件可以重复使用，所以非常适合电子电路的培训、组装、调试工作。

面包板的整板采用热固性酚醛树脂制造，板底有金属条，在板上对应位置打孔使得无焊面包板元件插入孔中时能够与金属条接触，从而达到导电目的。一般将每5个孔板用一条金属条连接。板子中央一般有一条凹槽，这是针对需要进行集成电路、芯片试验而设计的。板子两侧有两排竖着的插孔，也是5个一组[147]。这两组插孔是用于给板子上的元件提供电源。母板使用带铜箔导电层的玻璃纤维板，作用是把无焊面包板固定，并且引出电源接线柱，如图5－6所示。

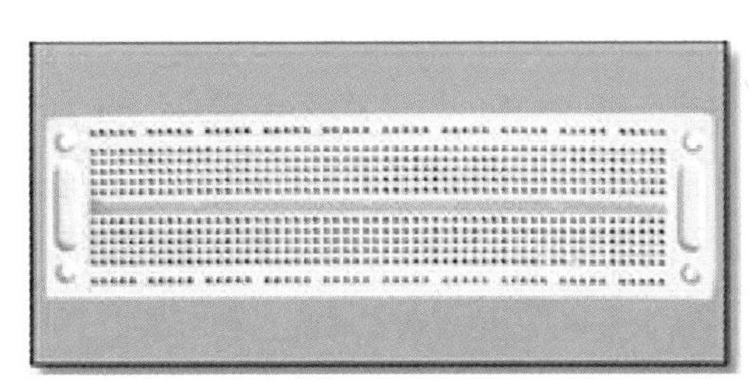

图5－6 单块面包板

组合面包板，顾名思义就是把许多无焊面包板组合在一起而成的板子，如图 5－7 所示[148]。一般将 2～4 个无焊面包板固定在母板上，然后用母板内的铜箔将各个板子的电源线连在一起。专业的组合面包板还专门为不同电路单元设计了分电源控制，使得每块板子可以根据用户需要而携带不同的电压。

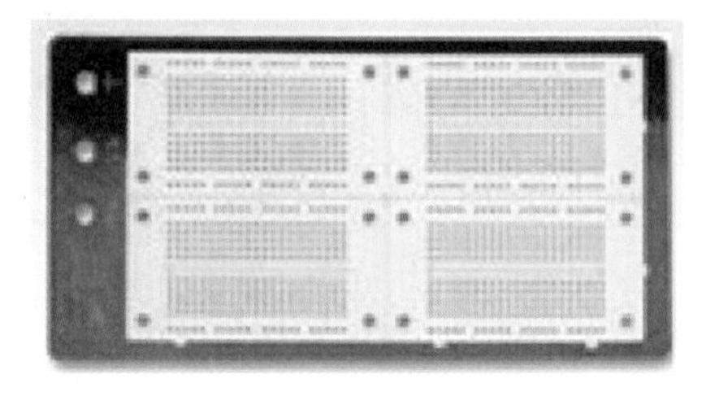

图 5－7　组合面包板

组合面包板的使用虽然与单面包板相同，但是，组合面包板的优点是可以方便地通断电源，面积大，能进行大规模试验，并且活动性高，用途很广，但缺点是体积大而且比较重，不宜携带，适合实验室及电子爱好者使用。

（2）杜邦线。

杜邦线是美国杜邦公司生产的有特殊效用的缝纫线，它可以用于实验板的引脚扩展，增加实验项目等。它还可以非常牢靠地和插针连接，无须焊接，可以快速进行电路试验。根据杜邦线端口的不同可以分为三类，即：公对公、母对母、公对母；同时，为了让青少年学生们能够快速准确地将端口之间互相连接，杜邦线的颜色共有 7 种，如图 5－8 所示。

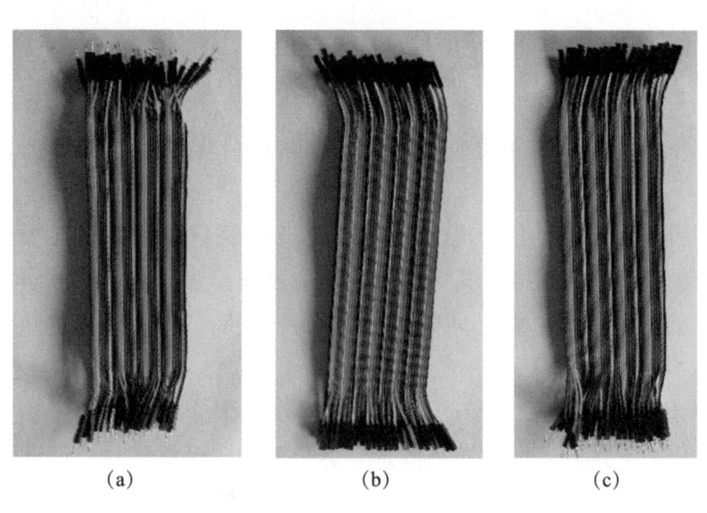

(a)　(b)　(c)

图 5－8　杜邦线实体

（a）公对公；（b）母对母；（c）公对母

2. 软件电路工具

（1）软件下载。

在使用 Arduino 开发版进行实验过程中，需要采用相应的软件开发环境来实现对硬件的控制。Arduino 的开发环境是以 AVR－GCC 和其他的开源软件为基础，采用 Java 编写的软件，该软件在 Arduino 官方网站中可以免费下载，也可以在其他软件下载平台下载。Arduino 开发环境使用的语法与 C、C ++ 相似，非常容易使用[149]。

除了应当准备 Arduino 开发软件以外，还需要安装相应的硬件驱动软件。不同的开发板对应有不同的驱动软件。在将开发板与电脑连接时，不同端口对应安装驱动后的端口位置不同，所以，最好将电脑联网后再来安装相应的驱动程序，具体安装过程介绍如下：

（2）软件安装。

①在应用 Arduino 开发环境之前，先要在电脑中添加新硬件，准备一块Arduino 开发板和一条 USB 连接线，将 Arduino 开发板与电脑连接，如图 5 –9 所示。

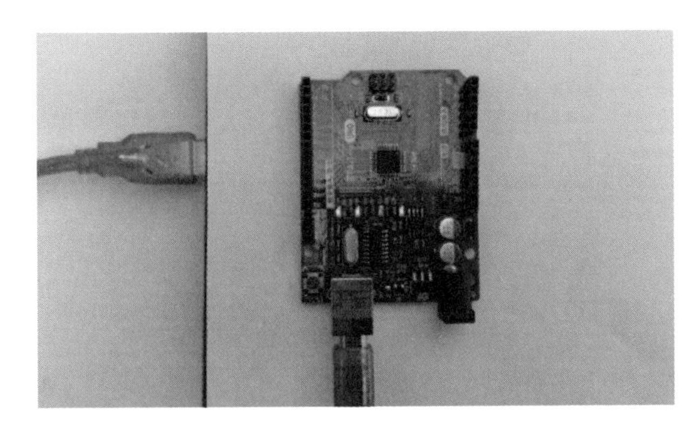

图 5 –9　软件安装的准备

②右击 win10 左下侧的图标，选择设备管理器，如图 5 –10 所示。

图 5 –10　驱动安装界面

③通过电脑的设备管理寻找添加新的设备，可用右键单击其他设备中的“更新驱动”，如图 5 –11 所示。

④使用自动安装功能安装驱动软件，进入自动安装过程，如图 5 - 12 所示。

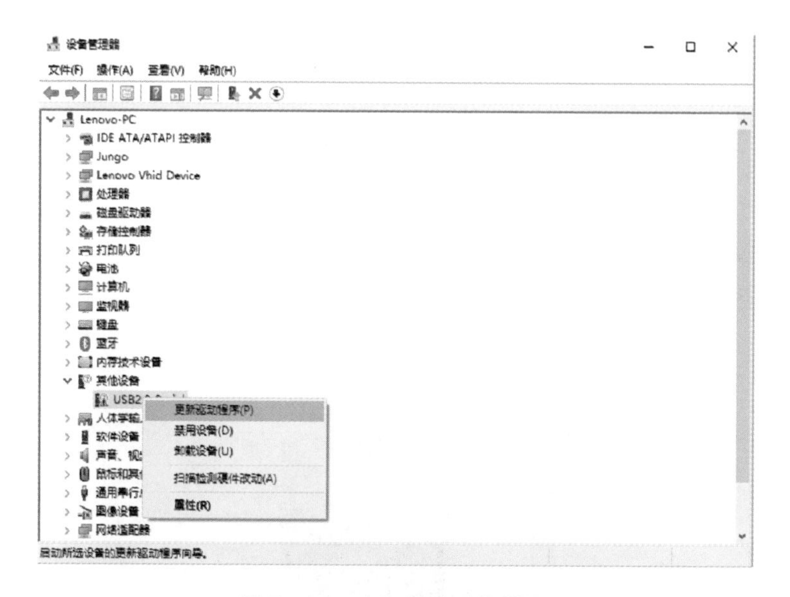

图 5 - 11　未知驱动寻找界面

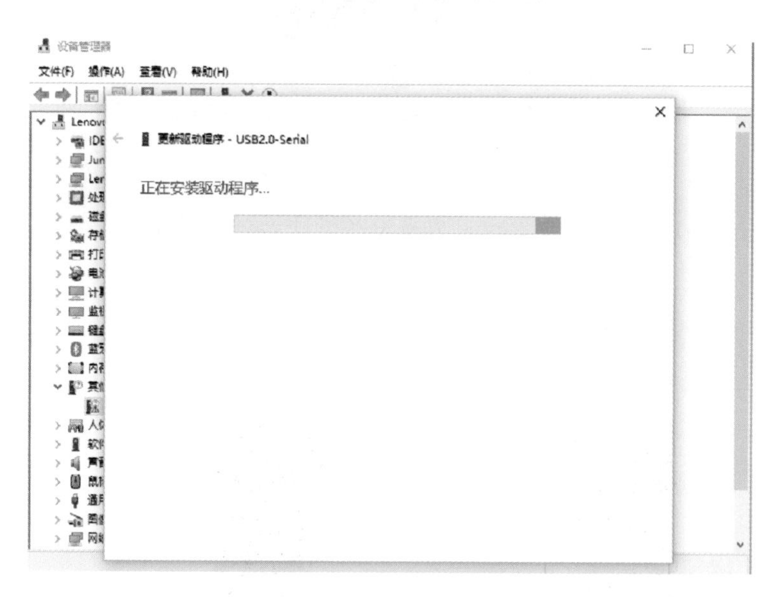

图 5 - 12　未知驱动安装界面

⑤驱动安装完成后，单击鼠标右键安装设备需要的驱动程序，并将其端口数记下，如图 5 - 13 所示。

⑥选择 Arduino 软件所在位置，单击鼠标“右键—打开”选项，进行编程软件的安装，如图 5 - 14 所示。

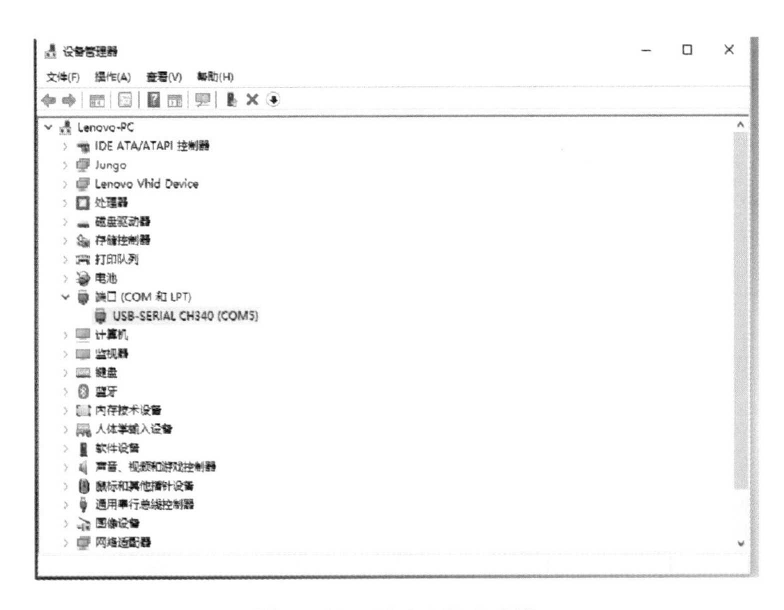

图5-13 驱动安装成功图

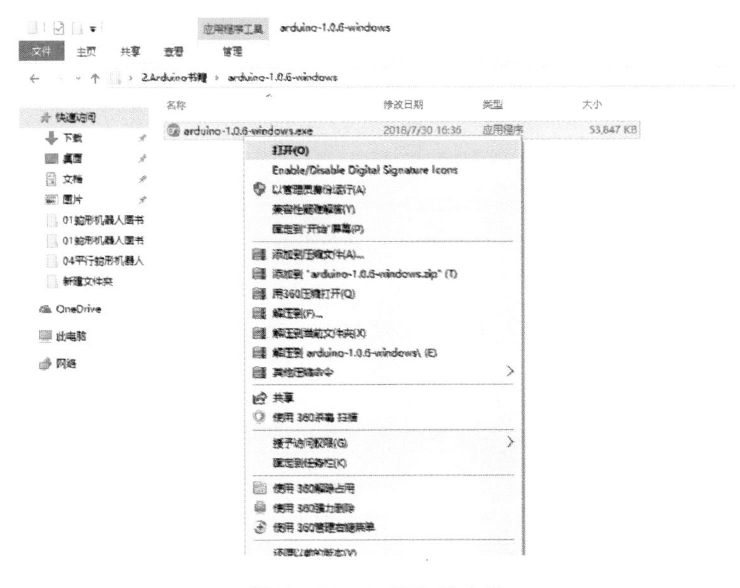

图5-14 打开软件安装

⑦进入安装文件地址选择界面，选择文件安装位置，将安装位置选择无中文名称的位置，如图5-15所示。

⑧后续使用默认选择，当出现设备安装提示界面，单击“安装”，如图5-16所示。

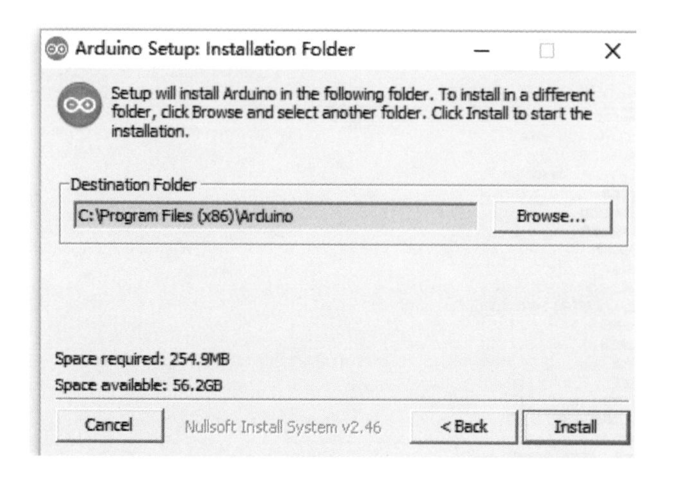

图 5－15　软件安装位置选择

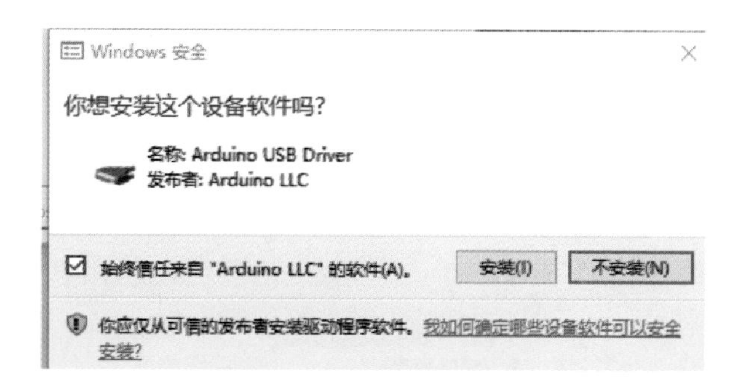

图 5－16　设备安装选项

⑨后续使用默认选择直到安装完成，在桌面出现 Arduino 图标，如图 5－17 所示。

(3) 软件使用。

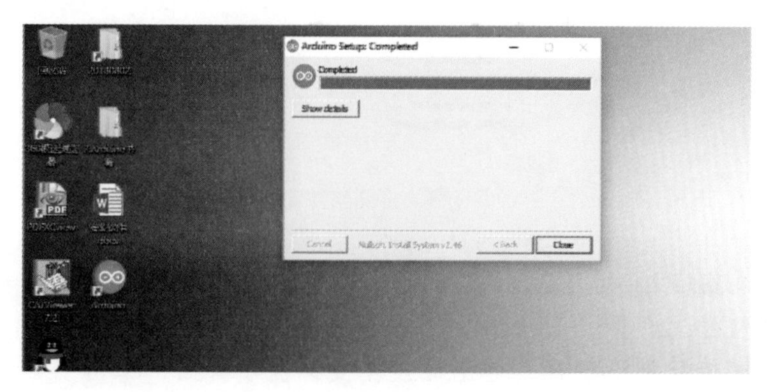

图 5－17　软件的安装完成示意图

在 Windows 或者 Linux 中安装完成 Arduino 的 IDE 软件之后，可能会存在一点小小的不同，但是，IDE 在任何操作系统上的基本功能是相同的。IDE 界面分为三个部分，顶部是工具栏，中间空白区域为代码窗口，底部则是消息窗口，工具栏中包含 7 个按钮。在工具栏下边是一个或者一系列的标签，标签上有程序的文件名，在右端存在一个按钮，如图 5－18 所示。

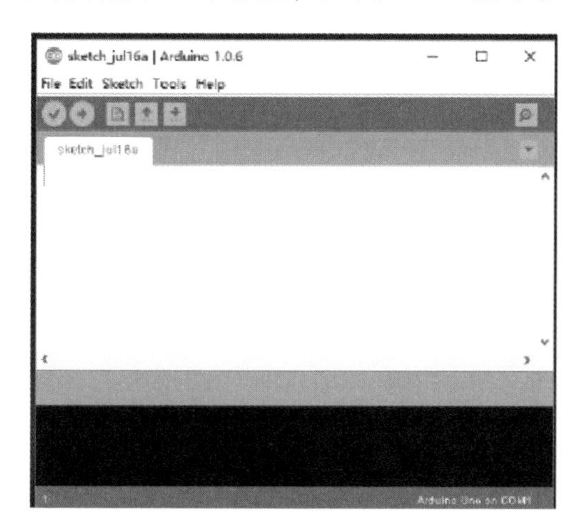

图 5－18　Arduino 的开发软件

文件菜单包含 File、Edit、Sketch、Tool 和 Help，如图 5－19 所示。

图 5－19　Arduino 的菜单栏

Arduino 菜单：主要显示目前 IDE 的版本号、软件的配置、退出等功能。

File 菜单：主要提供生成新框架、打开程序、保存程序、关闭程序、下载程序、代码打印等功能。

Edit 菜单：主要提供剪切、复制、粘贴、查找代码等功能。

Sketch 菜单：主要包含校验、导入库、显示存储文件夹、添加文件等功能。

Tools 菜单：主要提供开发版类型选择、串口选择、统一代码、代码压缩等功能。

Help 菜单：主要提供 IDE 的各类服务、参考网站、其他相关网站等。

为了方便大家使用，最常用功能的按钮则以图标的方式放置在菜单工具栏（见图 5－20），菜单工具栏的图标按钮含义如表 5－1 所示。

图 5－20　Arduino 的工具栏

表 5－1　工具栏按钮及功能

图标	名称	功能
	Verify/Compile	检查代码是否有错误
	Upload	将代码下载到 Arduino 板
	New	生成一个新的空白文件
	Open	打开一个程序文件
	Save	将程序文件保存
	Serial Monitor	显示 Arduino 发送的串口数据

Verify/Compile 按钮：用来在加载代码到 Arduino 之前检查所编代码是否错误。

New 按钮：用于生成一个空白的架构，用户可以在里面输入代码，IDE 会提示输入文件名称和文件存储位置，之后可以在空白的框架中编写代码。顶部的标签会显示文件的名称。

Open 按钮：用于打开已经编写完成的程序。用户可以通过不同的外围设备运行该程序。程序自带的编程实例非常有用，是编制自己程序的基础，根据您的设备打开不同的应用程序，人们也可以按照自己的需求连接或修改这类代码。

Upload 按钮：用于下载当前窗口程序的代码到 Arduino 开发板中，在下载之前人们需要确保已经选择正确的开发板型号和端口，并且在下载到开发板前一定保存好自己的程序，防止意外错误引起系统的死机或者程序的崩溃。在保存程序前，大家最好通过单击 Verify/Compile 按钮，验证当前程序是否存在错误，如果存在错误的话，还需对程序进行修正后，再次保存。

Serial Monitor 按钮：调试程序时它是非常有用的工具。串口监视器显示从 Arduino 开发板通过 USB 串口输入的串口数据，用户可以通过串口监视器向 Arduino 开发板中传输数据，单击串口监视器后将出现图 5－21 所示窗口。

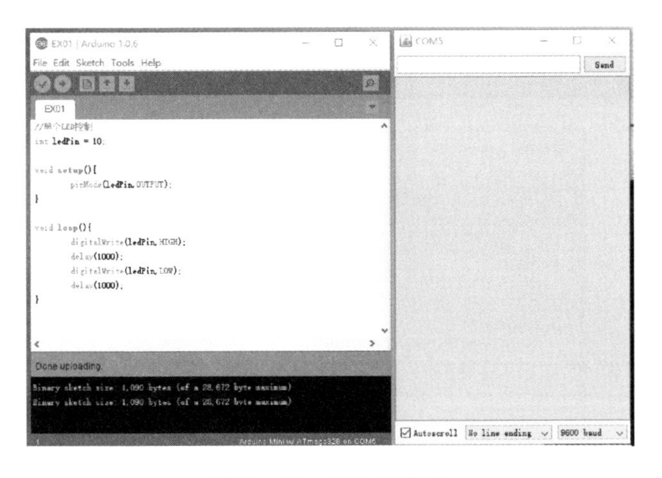

图 5－21　串口监视器

在 Arduino 开发软件 IDE 窗口的底部，大家可以看到出现错误的信息（以红色显示）。信息的提示一般会在与开发板连接、下载代码或改变代码的过程中出现。在 IDE 底部左侧，显示一串数字，该数字表示光标在程序中所在的位置，如果打开任意一个提供的实例文件，向下移动光标浏览文件过程中人们会发现 IDE 底部左侧的数字在随着变化，表示当前浏览代码的行数，通过该数据可以快速定位程序错误发生的位置。

（4）程序下载。

①打开 Arduino 开发软件，通过菜单栏的“打开”按钮，打开实例教程，如图 5－22 所示。

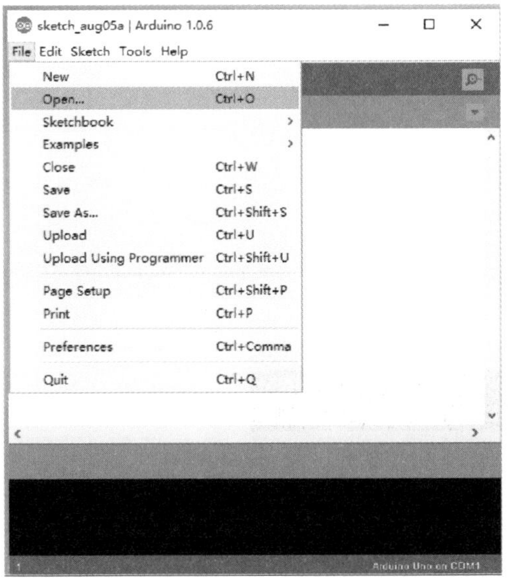

图 5－22　Arduino 开发软件打开实例教程

②将实例代码打开后，通过快捷菜单栏的对号按钮，验证程序的正确性，如果出现错误在下侧会提示出现错误的行数，否则表示正确，如图 5－23 所示。

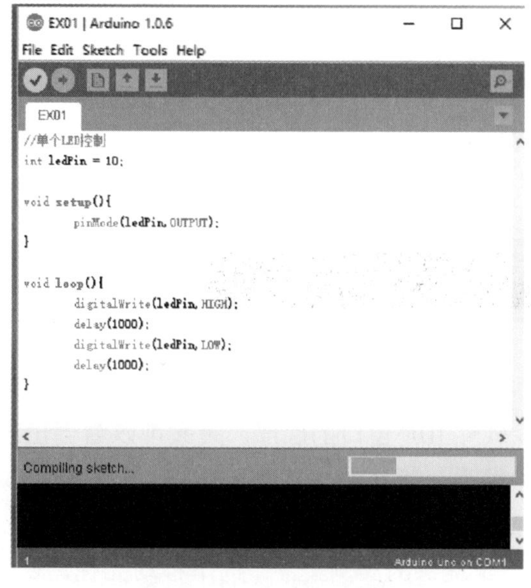

图 5－23 代码验证窗口

③需要在应用开发环境中正确配置 Arduino 开发板的型号，本次使用迷你开发板，具体型号如图 5－24 所示。

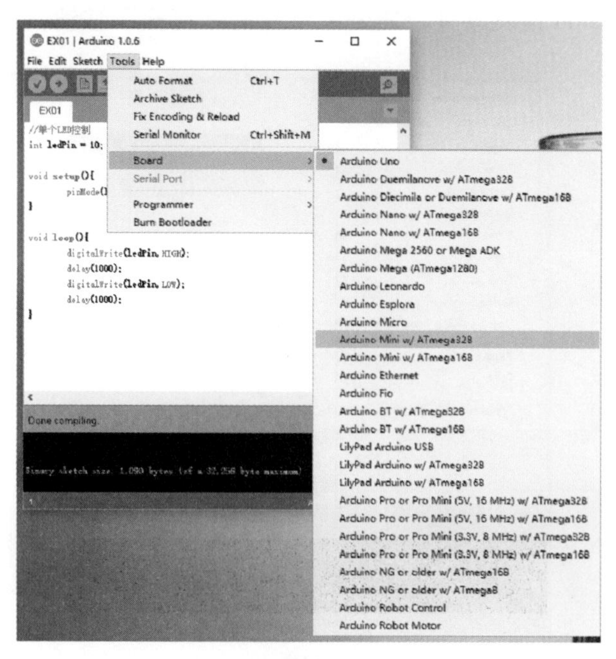

图 5－24 开发板型号选择

④同时，需要在应用开发环境中，正确的配置 Arduino 开发板在电脑中通信的具体端口位置，如图 5－25 所示。

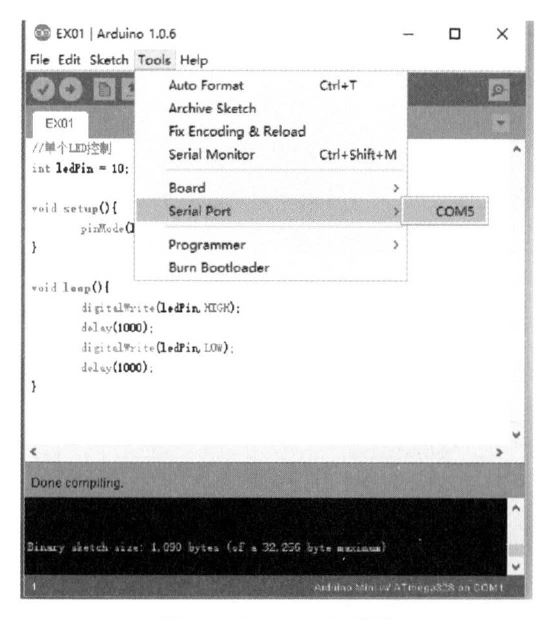

图 5－25 串口监视器

⑤当执行完上述操作后，用户可以代码下载到开发板中（见图 5－26），并观察效果。

图 5－26 程序下载

5.2 动脑想一想

5.2.1 眼睛的控制（二极管）

1. 基本材料

先准备好1块面包板、1块Arduino开发板、2个LED灯、1个100欧姆电阻、1根USB通信电缆，以及多根杜邦线

2. 基本连接控制

①首先拔掉USB电缆，保证Arduino开发板电源关闭；接着将上述材料按照图5-27所示形式进行电路连接。

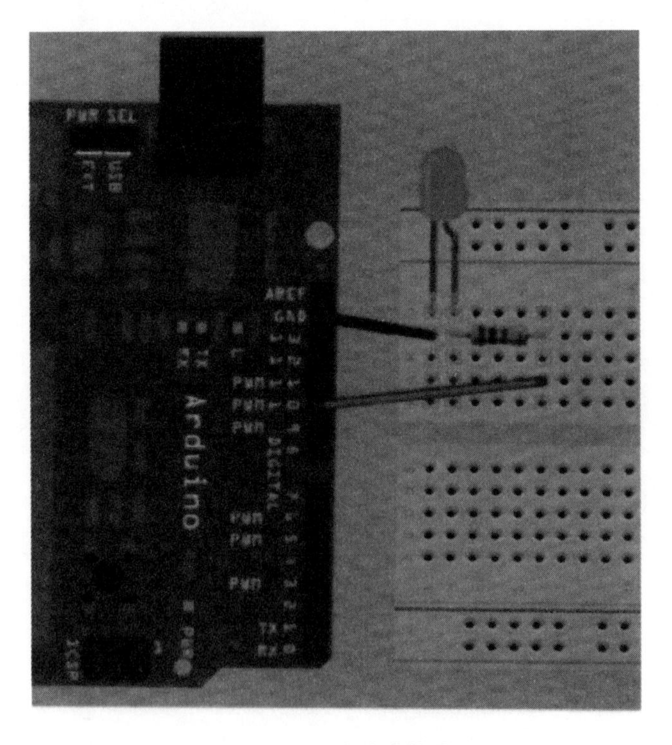

图5-27 电路连接图

②其次，打开Arduino IDE开发软件，将以下代码输入，待输入完成之后，按下IDE菜单栏中的Verify/Compile按钮，确保输入代码正确性。

```
0   //单个 LED 控制
1   int ledPin =10;
2
3   void setup(){
4       pinMode(ledPin,OUTPUT);
5   }
6
7   void loop(){
8       digitalWrite(ledPin,HIGH);
9       delay(1000);
10      digitalWrite(ledPin,LOW);
11      delay(1000);
12    }
```

③最后，将 Arduino 开发板的 USB 电缆连接到电脑，在软件界面中选择下载端口，单击 UpLoad 按键，将编写的代码下载到 Arduino 开发板中，如果以上工作完全正确，则会发现面包板上面的 LED 灯在一闪一闪的发光。

3. EX1 代码讲解

（1）单个 LED 的控制。

上述代码的第一行被称之为注释，是该段代码的说明文字。在 Arduino 编程过程中，当出现“//”符号，其之后的所有文字都将会被编译器忽略，该注释功能对于用户理解该语句的工作原理十分重要。如果所做的项目非常复杂，代码总量可能有几百行，甚至有几千行，因此，代码的注释是非常重要的，它可以帮助用户理解每一段代码的功能。有人可能会写出一段非常完美的代码，但是，这个人不一定会永远记得它是如何工作的，而代码的注释功能可以帮助人们回忆代码的具体功能。同样，如果大家给其他人看自己编写的代码，注释可以帮助其他人理解自己编写的代码。Arduino 的特征是具有开放性，即与他人分享自己的代码，希望大家在编写自己的代码时，将重要的注释标注在代码后面。

接下来的代码如下：

```
int ledPin =10;
```

这就是所谓的变量，变量是用来存储数据的。在上面的例子中定义了一个变量，类型是 int 或者说整型。整型表示一个数，范围在 -32 768 到 32 767 之间，接下来指定了这个整型数的名称为 ledPin，并给它赋了一个数值 10。在该段代码中，数值 10 并非数字，而是表示开发板的数字引脚 10。最后，以分号结尾，表示该行代码到此处结束。

其中变量的名称不一定会命名为 ledPin，大家可以随意命名，但是为了方便记忆，希望将其名称赋予一定的意义。同时，在 C 语言中，变量的名称必须以字母开头，之后可以包含数字、字母和下划线，需要注意的是：C 语言中字母的大小写是不同的。还有一点要注意：不能使用 C 语言中的关键字作为变量名，例如 main、while、switch 等，其中，关键字被定义为语言的一部分，为了避免使用关节字作为变量名，程序中关键字会被标注。

将变量作为存储盒子，在盒子中存储着一些东西，而在该程序中，变量在内存中开辟了一个空间来存储一个整数，以上的定义表示在变量开辟的存储空间内存放一个数字 10。

接下来是 setup() 函数

```
void setup(){
    pinMode(ledPin,OUTPUT);
}
```

Arduino 程序必须包含 setup() 函数，否则其不能工作。setup 函数在程序的开头运行一次，该段程序里可以在主循环开始前为程序设定一些通用的规则，如：设置引脚的形式、设置波特率等。一般情况下，函数是一组集合在一个程序块中的代码。例如：如果生成一个函数来完成某一特定功能，其需要有许多行代码，这些代码可以运行许多次，每次使用这些代码只需要简单的调用函数名称即可，而无需将这些代码重新编写一次。当人们开始动手编写自己的项目时，大家将会对函数有更深的了解，在本程序中，setup() 函数只有一行。函数以下面的形式开始：

```
void setup()
```

它告诉编译器函数叫 setup，它不返回数据（void），并且也不传递参数给它（空括号），如果函数返回整型值，并且需要给它传递一个整型数（如让函数处理）作为参数，它可以写成如下形式：

```
int myFunc(int x,int y)
```

在这里所生成的函数（或一段代码）叫做 myFunc。人们需要给这个函数传递两个整数作为参数，叫做 x 和 y，如果函数运行完成，它将在程序调用函数处返回一个整数值。

在这个程序中，setup() 函数的主要目的是在函数运行之前为程序做必要的设置。Setup 函数内只有一条语句，也就是 pinMode 函数，该函数设置引脚的模式为输出模式，而非输入模式。在函数的后面括号内，设置引脚和模式(OUTPUT 或 INPUT)，引脚是 ledPin，该引脚在之前设置为数值 10。因此，该段函数的主要意义为：将开发板的数字引脚 10 设置为 OUTPUT 模式。

接下来，移步主函数：

```
void loop(){
    digitalWrite(ledPin,HIGH);
    delay(1000);
```

```
        digitalWrite(ledPin,LOW);
        delay(1000);
    }
```

loop() 函数是主要的过程函数，只要开发板处在开启状态就一直运行。每一条 loop() 函数中的代码需要执行，并且需要按照顺序来逐个执行，直到函数最后。之后，loop() 函数再次从头开始，从函数的顶部开始运行，一直循环下去，直到关闭开发板或者按下重启按键。

在该项目中，希望 LED 灯亮保持 1 s，然后灯灭保持 1 s，并重复以上动作。因为希望重复以上动作，所以，Arduino 要设置在 loop() 函数内。函数内第一个语句是：

```
digitalWrite(ledPin,HIGH);
```

在这个语句中，写一个 HIGH 或 LOW 值到引脚（在该段代码中，数字引脚为 10）。当设置一个 HIGH 到引脚中，引脚将输出一个 5 V 的电压，当设置一个 LOW 到引脚中，引脚将输出一个 0 V 的电压，或者数字地。因此上面的语句表示输出一个 5 V 电压到数字引脚 10，将 LED 灯点亮。接下来的代码为：

```
delay(1000);
```

这条语句只是告诉开发板在执行下一条语句之前等待 1 000 ms（1 s）。下一条语句是：

```
digitalWrite(ledPin,LOW);
```

该句将关闭数字引脚 10 的电源，因此会熄灭 LED。之后是另外一个延时 1 000 ms 的语句，然后函数结束。因为这个函数是在 loop() 函数内，所以这个函数将重新从头开始再一次运行。

再一步一步回看该段程序，读者就会发现该程序是非常简单的。从指定一个名为 ledPin 的变量开始，向这个变量赋值 10。之后，执行 setup() 函数，此处设置数字引脚 10 为输出模式。在主程序循环里设置数字引脚 10 为 HIGH，输出为 5 V，之后等待 1 s，关闭数字引脚 10 的电源，等待 1 s，之后，loop 重新开始执行。只要开发板上电，LED 灯将持续地交替开关。

现在读者已经知道代码是如何工作的，你可以通过改变代码去打开 LED 灯，并保持一段时间，或关闭 LED 灯并保存一段时间。例如，想要持续打开 3 s，之后关闭 0.1 s，可以按照以下代码执行：

```
void loop(){
    digitalWrite(ledPin,HIGH);
    delay(3000);
    digitalWrite(ledPin,LOW);
    delay(100);
```

```
}
```

如果想要持续打开0.2 s，之后关闭1 s，可以按照以下代码：

```
void loop(){
    digitalWrite(ledPin,HIGH);
    delay(200);
    digitalWrite(ledPin,LOW);
    delay(1000);
}
```

大家通过改变LED灯的开关时间，可以产生各种不同的控制效果。为了了解其他更加复杂的功能，下面，再学习两个LED灯的控制。

(2) 多个LED的控制。

①完成基本的调试之后，需要再次拔掉USB电缆以保证Arduino开发板的电源关闭；将上面准备好的材料按照图5-28所示电路进行连接。

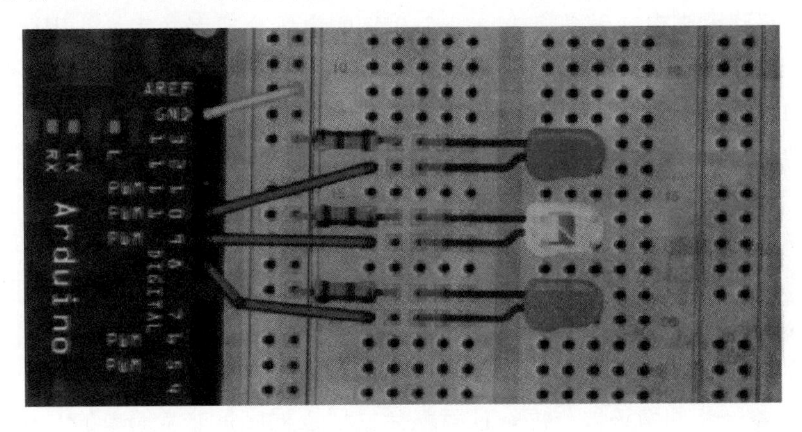

图5-28 电路连接图

②打开Arduino IDE开发软件，按照以下代码将其输入到开发软件中，输入完成之后，按下IDE菜单栏中的Verify/Compile按钮，确保输入代码正确无误。

```
0  //三个LED控制,模仿交通灯
1  int redPin =10;
2  int yellowPin =9;
3  int green Pin =8;
4
5  void setup(){
6      pinMode(redPin,OUTPUT);
7      pinMode(yellowPin,OUTPUT);
8      pinMode(greenPin,OUTPUT);
```

```
 9  }
10
11  void loop(){
12      digitalWrite(redPin,HIGH);
13      delay(5000);
14      digitalWrite(yellowPin,HIGH);
15      delay(2000);
16      digitalWrite(greenPin,HIGH);
17      digitalWrite(redPin,LOW);
18      digitalWrite(yellowPin,LOW);
19      delay(10000);
20      digitalWrite(yellowPin,HIGH);
21      digitalWrite(greenPin,LOW);
22      delay(2000);
23      digitalWrite(yellowPin2,LOW);
24  }
```

③将 Arduino 开发板的 USB 电缆连接到电脑，在软件界面中选择下载端口，单击 UpLoad 按键将编写的代码下载到 Arduino 开发板中。

4. EX2 代码讲解

程序的第一段代码如下：

```
//三个 LED 控制,模仿交通灯
```

该段为注释代码，表示在该程序运行过程中需要 3 个 LED 灯进行指示，其中各灯的变化情况如同交通灯的变化。接下来代码为：

```
int redPin =10;
int yellowPin =9;
int greenPin =8;
```

该段代码指定了三个整型数的名称为分别为 redPin、yellowPin、greenPin，并给它赋了一个数值 10、9、8，表示开发板的数字引脚 10、数字引脚 9 和数字引脚 8。最后，以分号结尾，表示该行代码到此处结束。下面的程序为 setup( ) 函数：

```
void setup(){
    pinMode(redPin,OUTPUT);
    pinMode(yellowPin,OUTPUT);
    pinMode(greenPin,OUTPUT);
}
```

此处执行 setup( ) 函数，设置数字引脚 10、数字引脚 9 和数字引脚 8 全部为输出模式。接下来进入 loop( ) 函数。

```
void loop(){
```

```
    digitalWrite(redPin,HIGH);
    delay(5000);
    digitalWrite(yellowPin,HIGH);
    delay(2000);
    digitalWrite(greenPin,HIGH);
    digitalWrite(redPin,LOW);
    digitalWrite(yellowPin,LOW);
    delay(10000);
    digitalWrite(yellowPin,HIGH);
    digitalWrite(greenPin,LOW);
    delay(2000);
    digitalWrite(yellowPin2,LOW);
}
```

该段代码为主函数，需要一直循环。首先，红灯亮并保持，5 s 后黄灯亮；其次，2 s 之后，红灯和黄灯熄灭，而绿灯开始亮；再次，等待 10 s 后，绿灯熄灭，黄灯开始亮；最后，等待 2 s 之后，黄灯熄灭，红灯开始亮。按照以上顺序一直循环。

5.2.2 舵机的测试

1. 基本材料

先准备好 1 块 Arduino 开发板、1 块 840 针面包板、1 个舵机、1 个电阻器、1 根 USB 通信电缆，以及多根杜邦线。

2. 基本控制

①拔掉 USB 电缆以保证 Arduino 开发板电源关闭；接着将上述材料按照图 5－29 所示进行电路连接。

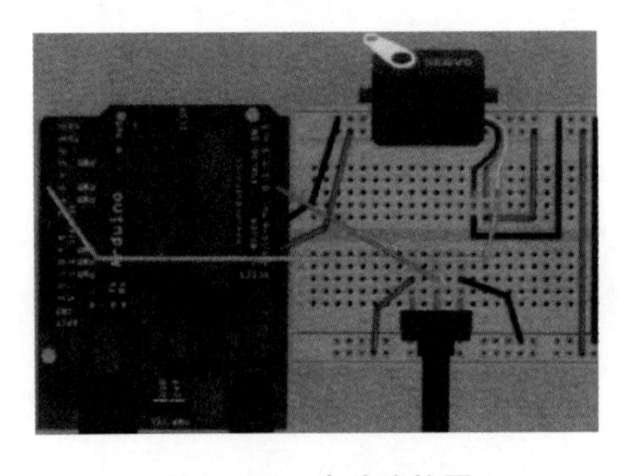

图 5－29　电路连接图

②打开 Arduino IDE 开发软件，按照以下代码将其输入到开发软件中，输入完成之后，按下 IDE 菜单栏中的 Verify/Compile 按钮，确保输入代码无误。

```
00  //单个舵机控制
01  #include <Servo.h>
02
03  Servo servo1;
04  void setup(){
05      servo1.attach(5);
06  }
07
08  void loop(){
09      int angle = analogRead(0);
10      angle = map(angle,0,1024,0,180);
11      servo1.write(angle);
12      delay(15);
13  }
```

③最后，将 Arduino 开发板的 USB 电缆连接到电脑，在软件界面中选择下载端口，单击 UpLoad 按键将编写的代码下载到 Arduino 开发板中。

3. EX3 代码讲解

首先，舵机的控制已经集成到开发的软件中，需要导入舵机库函数如下：

```
#include <Servo.h>
```

在此之后，特地声明一个为 servo1 的 Servo 对象，如下：

```
Servo servo1;
```

其次，在 setup( ) 函数中，可将舵机连接到引脚 5 上，注意该引脚具有 PWM 波输出控制功能，具体如下：

```
void setup(){
  servo1.attach(5);
}
```

attach 函数连接一个舵机对象到指定的引脚上，attach 函数可以有 1 或 3 个参数[150]。如果使用 3 个参数，第一个参数表示引脚，第二个参数表示最小角度的脉冲宽度，单位是 ms（默认是 544），第三个参数表示最大角度的脉冲宽度，单位 ms（默认是 2400）。在通常情况，只需要设置舵机的引脚，忽略第二和第三个参数。

最后，为 loop( ) 函数，具体如下：

```
void loop(){
     int angle = analogRead(0);
     angle = map(angle,0,1024,0,180);
```

```
        servo1.write(angle);
        delay(15);
    }
```

该函数先从连接在引脚 0 的变阻器中读取模拟量数值，之后，为舵机对象写入正确的角度（范围在 0°到 180°），再之后，延时 15 ms，使舵机转动到指定位置。

5.3 调整姿态，让我爬一爬

5.3.1 动脑思考爬行

为了让仿蛇机器人可以像自然界中的蛇类一样实现基本二维平面的运动，人们需要对仿蛇机器人的电路连接方法、基本运动控制方法、遥控器基本功能、机器人的运动状态等具体情况进行比较深入和细致的了解[151]。

1. 大脑主控系统的连接

对于仿蛇机器人而言，结构设计与加工装配完成以后，还需要对控制系统进行设计并对控制程序进行编写。主控制器的功能是通过电脑程序指挥和控制机器人各部件的工作，本书采用 Arduino UNO 开发板作为主控系统，由其构成的仿蛇机器人的主控制器如图 5－30 所示，其主要接口有：

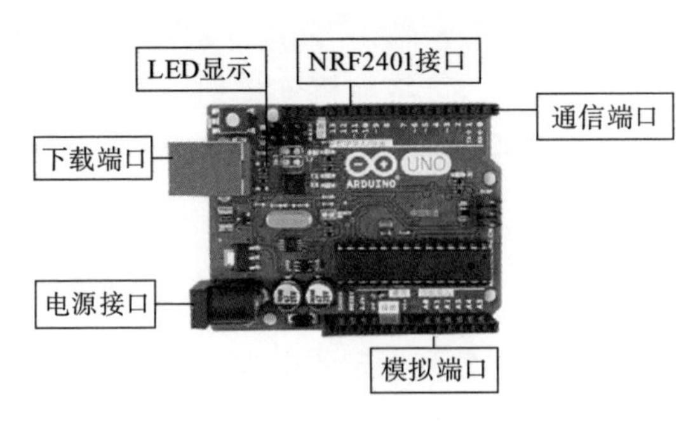

图 5－30　仿蛇机器人主控制器

①LED 显示：该接口负责显示控制器状态；

②电源接口：该接口负责机器人与外接电源的连接；

③模拟端口：该接口连接其他传感器，提供输入输出模式；

④下载端口：负责为控制器下载控制代码；

⑤nRF2401 接口：该接口连接无线通信模块，使机器人可实现无线遥控与编程。

2. 舵机驱动板

只有将主控制器和仿蛇机器人身体的各个部分进行连接后，主控制器才能真正起到控制仿蛇机器人运动的作用。主控制器上的这些接口与线缆就像机器人的神经系统，可用来控制仿蛇机器人身体各部位的运动。但由于所选择的控制芯片只有 6 个数字 PWM 波控制端口，而仿蛇机器人最少有 9 个模块，每个模块都需要单个舵机进行控制，所以还需要购买外置的多路舵机控制板来实现对多个舵机的控制。在此选择了最为常见的 24 路舵机控制器/控制板，具体如图 5－31 所示。

图 5－31　24 路舵机驱动板

24 路舵机控制器/控制板的具体性能参数如表 5－2 所示。

表 5－2　24 路舵机控制器具体性能参数

电气参数	24 路舵机控制器
工作电压	5 ~ 8. 4 V
USB 控制	支持
舵机个数	24 个
存储空间	16M
信号隔离	支持
外接单片机	支持
低电压报警	支持
过流保护	支持

该类型的多路舵机控制器/控制板具有如下特点：

①内部嵌入高性能的控制芯片，可以实现多路舵机的高精度运动控制；

②电路供电连接方便，直接连接直流电压的正负端；

③开关内部植入，使用方便，降低布线难度；

④带有 24 路过载保护功能，降低舵机损害，方便使用；

⑤16M 的大容量存储，可以容纳 230 个动作组，同时每个动作组可以容纳 510 个动作；

⑥低电压报警功能，当电压较低时，会提醒用户进行及时充电；

⑦支持串口通信，可以与多种控制器连接，实现智能控制。

3. 多路舵机连接

仿蛇机器人的运动控制本质上就是对其每个关节的舵机进行控制，由于开发板端口有限，单靠一块开发板就想实现对多个舵机的同时控制是不可能的。因此，还需要添加多路舵机控制器，于是，整体的控制模块包括：Arduino UNO 开发板、24 路舵机控制器/控制板、多个舵机等，只有将上述三个模块有效连接在一起才可以实现对多路舵机的实时控制，而 24 路舵机控制器预留了串口通信接口，可以与单片机进行 TTL 电平的串口通信，具体的接口形式如图 5 - 32 所示。三个模块之间的具体工作方式则如图 5 - 33 所示。

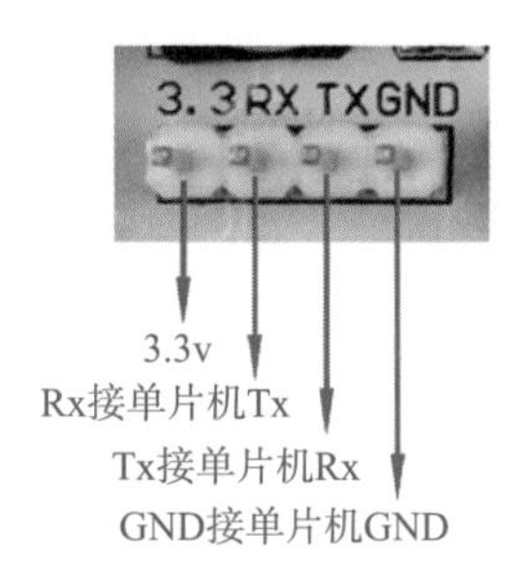

图 5 - 32　24 路舵机控制器通信串口

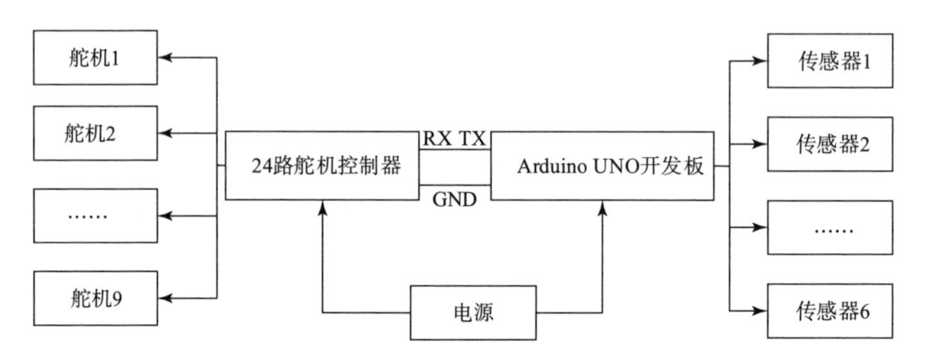

图 5 - 33　多路舵机控制原理图

在实际工作过程中，Arduino UNO 开发板与 24 路舵机控制器/控制板电路连接的具体方式如图 5 - 34 所示。

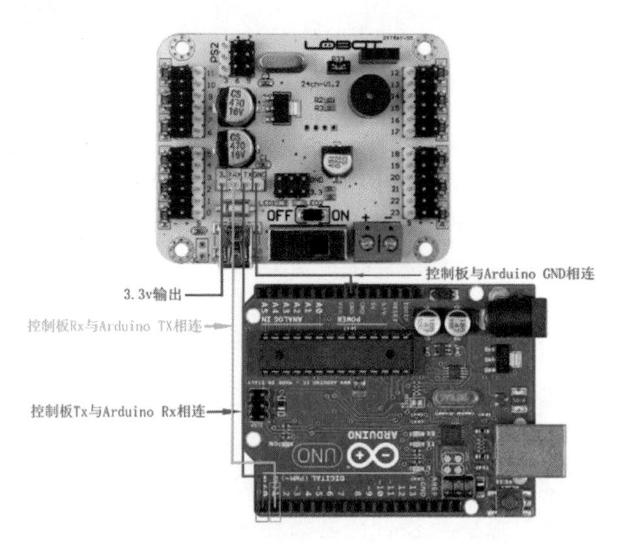

图 5 - 34　Arduino UNO 开发板接线图

为了让青少年学生能够对仿蛇机器人的关节舵机进行正确的连接，需要对仿蛇机器人的每一关节进行标号，同时将通信通道进行标注，结果如图 5-35 所示。

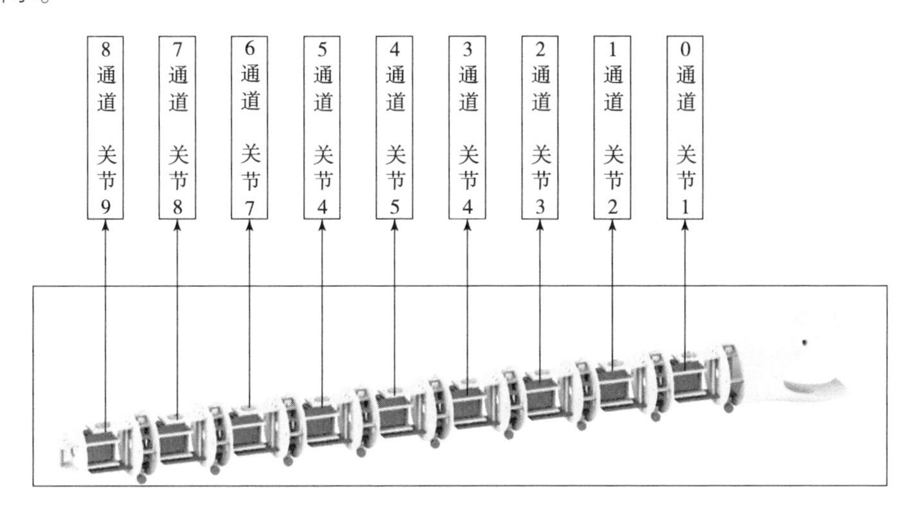

图 5-35　仿蛇机器人舵机通道与名称对应关系图

同时，可对 24 路舵机控制器的每一通道进行标号，并将连接关节进行标注，结果如图 5-36 所示。

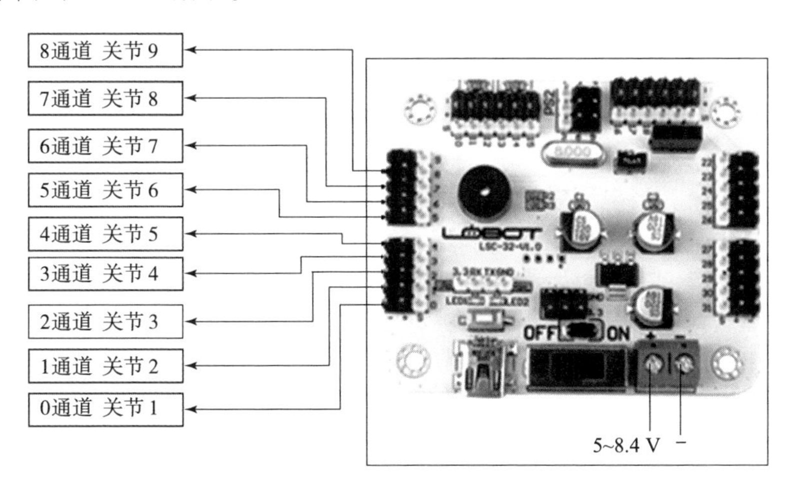

图 5-36　仿蛇机器人舵机控制器与舵机通道对应关系图

4. 遥控器的通信

本书研制的仿蛇机器人采用了自主研发的遥控器（见图 5-37）进行控制，该遥控器集遥控、编程、调试等多项功能于一体，是使仿蛇机器人能够具有高超运动特性和精彩表演技能的利器。通过遥控器，使用者可以十分轻松地编写仿蛇机器人的动作，可以让仿蛇机器人“随心所动”。仿蛇机器人专用遥控器功能模块分布情况如图 5－38 所示，各个模块的作用简介如下：

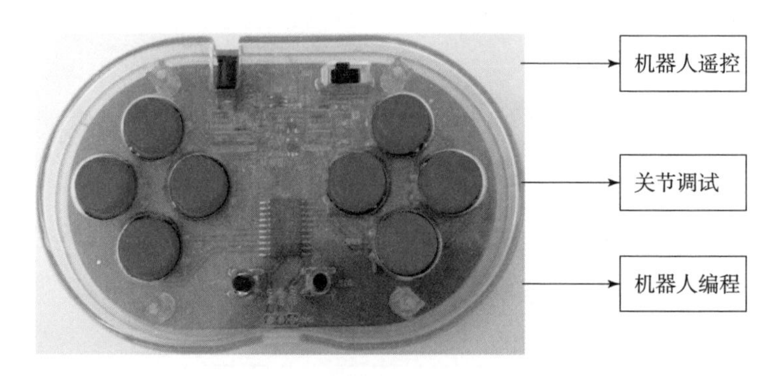

图 5－37　仿蛇机器人遥控器功能示意图

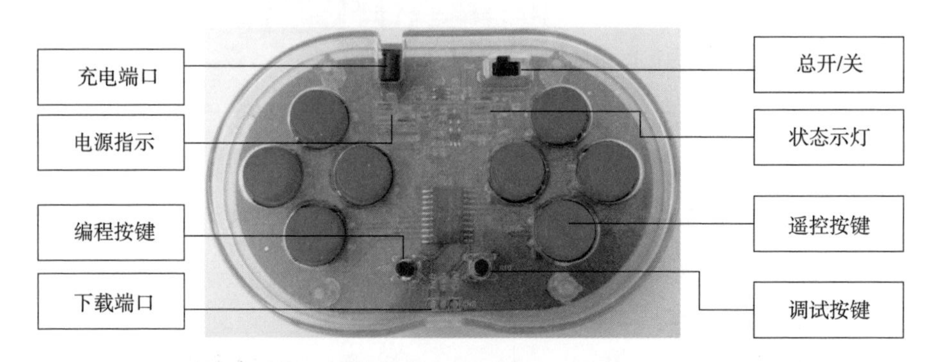

图 5－38　遥控器功能分布示意图

①充电端口：当电压较低时，通过该端口对遥控器进行充电。

②电源指示：主要用于检测机器人的电量，或指示程序运行情况。

③编程按键：主要用于进入仿蛇机器人的编程控制模式。

④下载端口：主要应用在遥控器发生失调时，对其重新导入遥控器程序。

⑤总开/关：主要用于对遥控器的开机与关机。

⑥状态指示：主要用于对机器人目前所处的状态进行显示。

⑦遥控按键：在工作状态对机器人进行运动控制，同时在调试状态对舵机进行调试。

⑧调试按键：主要用于进入机器人调零状态，并将其保存。

仿蛇机器人专用遥控器共有 5 种运行模式，包括：初始化模式、遥控模式、编程模式、调零模式、对频模式。现对这几种模式进行详细介绍。

模式 1：初始模式

初始模式表示仿蛇机器人将会进入开始设定的状态。当仿蛇机器人未进行软件调零，则初始状态表示第一次组装后的结构；如果仿蛇机器人已经进行软件调零，则仿蛇机器人会进入上一次调零后的状态。

进入初始模式无须操控遥控器的任何按键，当每一次仿蛇机器人开机后，其所在的状态就是初始模式。该模式可以调整仿蛇机器人的不合理运动状态，其具体情形如图 5－39 所示。

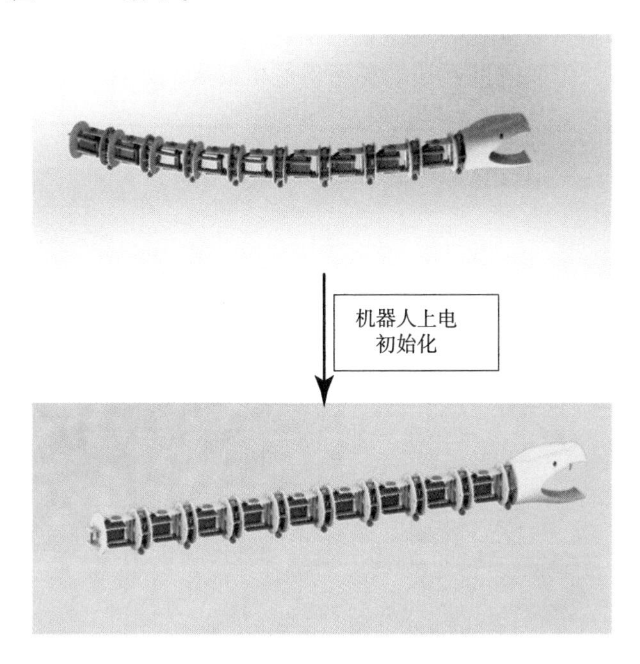

图 5－39 初始模式情形图

模式 2：遥控模式

遥控模式表示仿蛇机器人可以通过遥控器来控制其运动步态、快慢方式、方向转变等。进入该模式的具体方法为：首先将仿蛇机器人开机，并等待 2 s 时间；其次再将遥控器的按键打开，等待 2s 时间；最后，当遥控器的状态指示灯发生变化则表示已进入遥控模式，如果未发生变化则需要再次重启遥控器，进入遥控模式。在该模式下，可以通过遥控器遥控机器人执行使用者编写好的动作，其情形如图 5－40 所示：

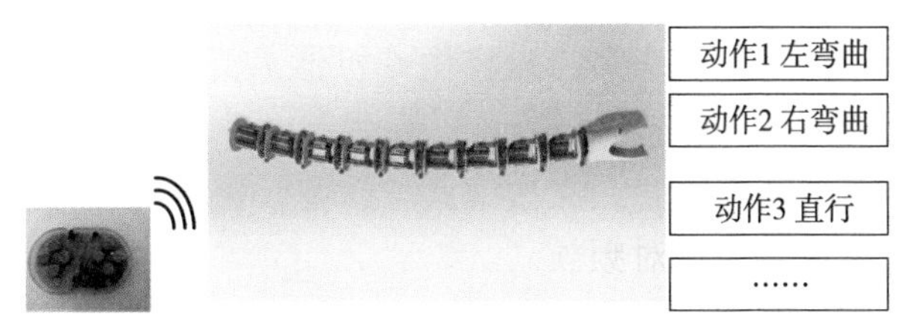

图 5－40 遥控模式情形图

模式 3：编程模式

编程模式表示仿蛇机器人可以通过遥控器编辑各个关节不同的运动步态、快慢方式、方向转变等，同时可以将编辑的动作进行保存，之后通过遥控器完成对其运动的控制。进入编程模式的具体方法为：先将仿蛇机器人开机，等待 2 s 时间；其次再将遥控器的按键打开，等待 2 s 时间；最后，当进入遥控模式之后，长时间按编程按键就会进入编程模式。

在该模式下，可以通过遥控器编写仿蛇机器人的动作，让机器人具有“学习”能力，其情形如图 5－41 所示。

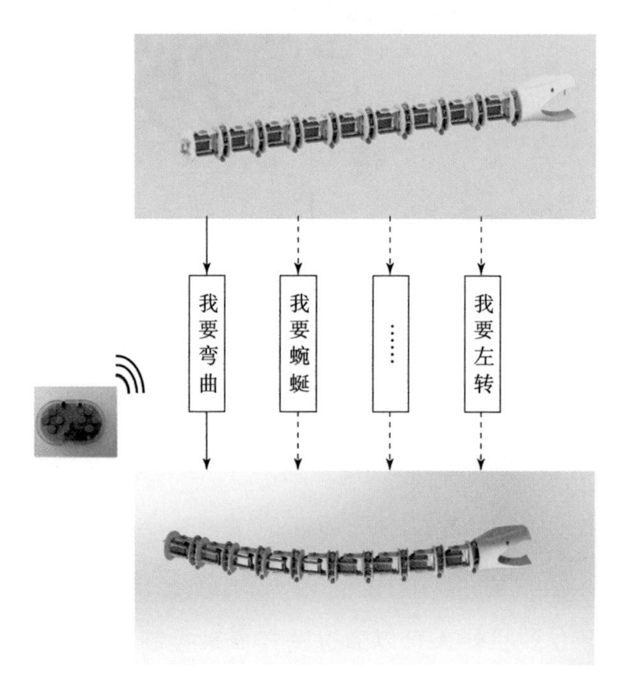

图 5－41　编程模式情形图

模式 4：调零模式

调零模式表示仿蛇机器人可以通过遥控器调节各个关节舵机的初始状态，同时可以将编辑的状态进行保存，并将其变为仿蛇机器人下次开机时的初始状态。进入调零模式的具体方法为：先将仿蛇机器人开机，并等待 2 s 时间；其次将遥控器的按键打开，等待 2 s 时间；最后，当进入遥控模式之后，长时间按调试按键就会进入调零模式。在该模式下，可以通过遥控器编写机器人的初始状态，让机器人具有恢复能力。

模式 5：对频模式

对频模式可以通过不同的遥控器对不同的仿蛇机器人进行对频，一旦某一遥控器和某一机器人对准通信频率以后，就形成一对一的对应关系，不会再发生指挥错乱现象，让机器人的群体活动变得有序起来。进入对频模式的具体方法为：先将仿蛇机器人开机，并等待 2 s 时间；其次将遥控器的开关打开，等待 2 s 时间；最后观察仿蛇机器人的指示灯，是否形成一对一的关系。当多个仿蛇机器人都确定了一一对应关系之后，即所有仿蛇机器人都处于遥控模式时，则表示对频模式结束。该模式下，可以通过遥控器控制仿蛇机器人的运动状态，让机器人具备群体协调控制能力。

5. 初始姿态的调整

仿蛇机器人的基本结构组装完成之后，各关节之间还会存在一定误差，即各个关节之间会存在微小的偏移，这对仿蛇机器人的运动控制会产生极大的影响，例如：每一个关节的极限位置不同、运动过程发生偏移等。因此，为使仿蛇机器人具有相同的运动性能和控制效果，可取仿蛇机器人的标准姿势为机器人开机时的初始位置（见图 5－42）。只有统一了仿蛇机器人的初始姿态，才有可能让机器人具有更丰富的动作和更协调的配合。

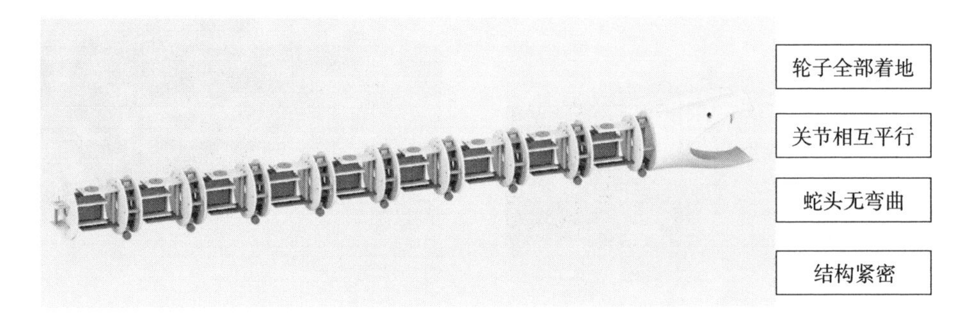

图 5－42　设置仿蛇机器人的初始姿态

5.3.2　请你帮我恢复初始的姿态

1. 第一次姿态调试

将仿蛇机器人安装舵机的螺丝拧出来，并将仿蛇机器人的舵机圆盘散开，目的是释放舵机，让其自由松弛，找到初始姿态所在的位置。当完成仿蛇机器人的拆解步骤后，将进行机器人第一次初始姿态的校准工作，具体的操作步骤如下：

①首先确认开关已经关闭，再将仿蛇机器人的主控制器与电池电源接口相连。具体情形如图 5－43 所示。

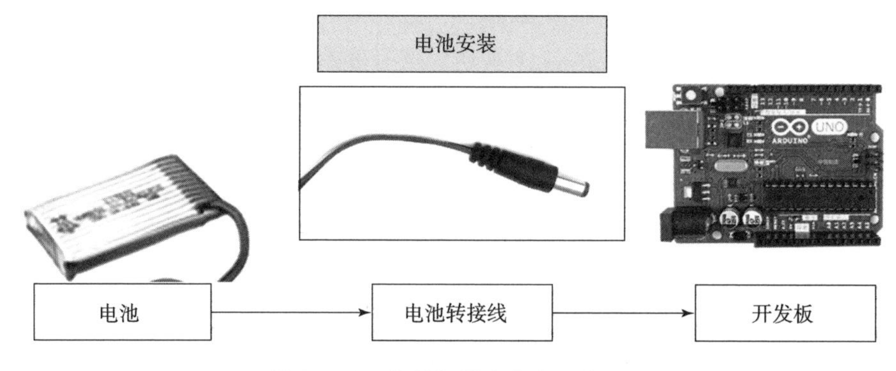

图 5－43　仿蛇机器人上电示意图

②打开开关，舵机将自行运转。此时在不关闭开关的情况下，重新安装已经拆散的机器人（见图 5－44），安装时按照下述方法确定机器人的初始状态。

③初始状态的确定标准如图 5－45 所示，安装仿蛇机器人时应尽可能地照此标准进行，如果存在一定的角度偏差也没有关系，下一步使用遥控器可以进行姿态的精细调整，可将此偏差纠正过来。

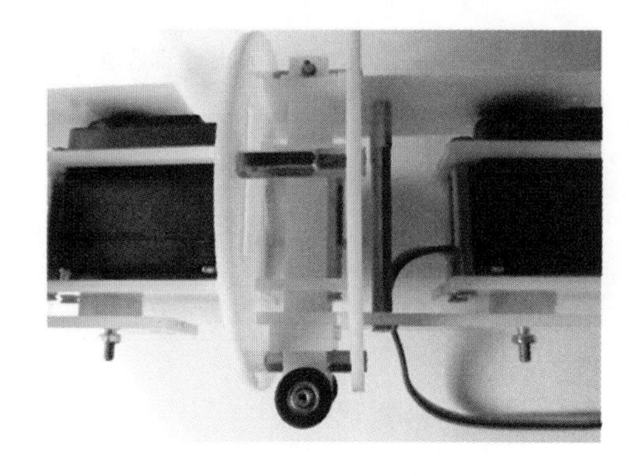

图 5－44　仿蛇机器人关节重新安装

图 5－45　机械调整误差

2. 第二次姿态调试

为了使仿蛇机器人达到最佳运动状态，在完成第一次姿态调试工作之后，即进行完仿蛇机器人的机械调零以后，还需要进行第二次姿态调试，第二次调试是在第一次调试的基础上对初始状态进行微调，可以称作软件调零，具体步骤如下：

①首先打开仿蛇机器人的开关，然后打开遥控器的开关，等待 3 秒钟以后，按住遥控器的按键 10，指示灯亮表示机器人进入调零状态，此时放松按键 10。其情形如图 5－46 所示。

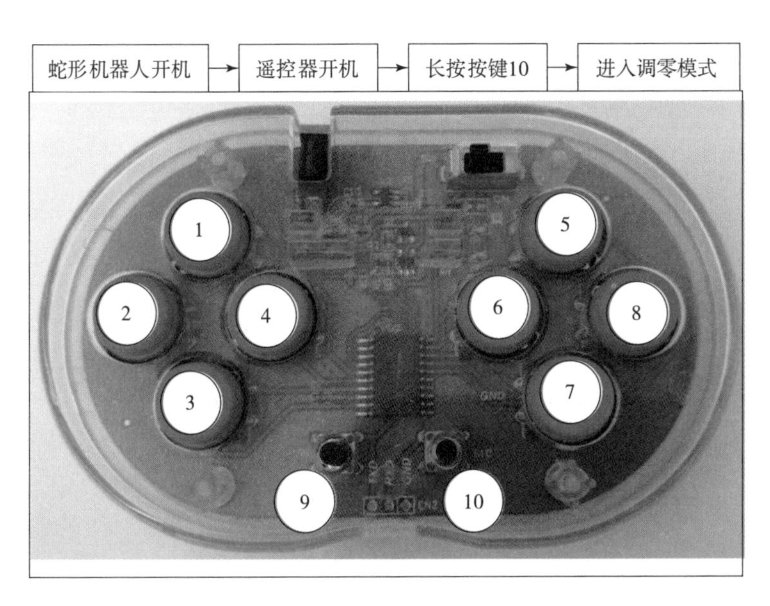

图 5－46　进入调零模式

②首先按下按键 1 到按键 8 调整仿蛇机器人的姿态，这时可调整对应位置的舵机初始姿态（微调），然后按下按键 9 切换到关节的调整，（可循环切换）。待调整完毕后按下按键 10，进行保存，如果不需要保存，则只需要直接关闭遥控器开关即可。

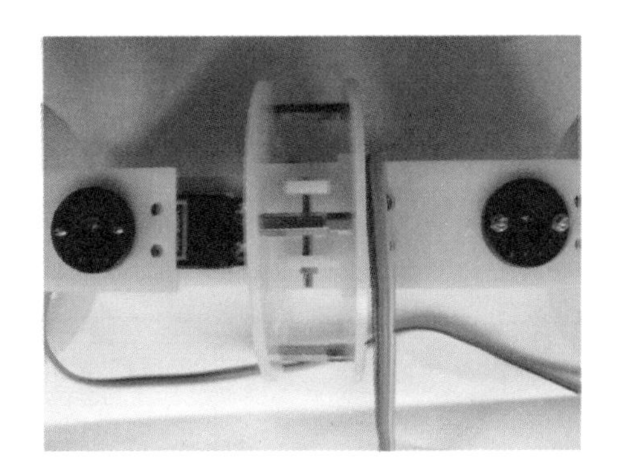

图 5－47　仿蛇机器人初始姿态微调

上述操作步骤的详细情况如图 5－47 所示。通过遥控器可以进一步调整仿蛇机器人的初始状态，使机器人的初始姿态更标准。

5.3.3　请你帮我选择爬行方式

为仿蛇机器人的动作编写程序既是一项遵守规则和严谨求实的工作，又是一种充满想象力和创造力的过程。其中，既需要充分发挥设计者在技术方面的优势，也需要设计者充分利用智能构想方面的潜力。为此，可依照下述步骤进行仿蛇机器人动作程序的编写。

1. 进入编程模式

①首先选择需要编写的动作空间，其情形如图 5－48 所示；

②确定仿蛇机器人需要编写的动作，该机器人一共有 8 个动作空间，分别

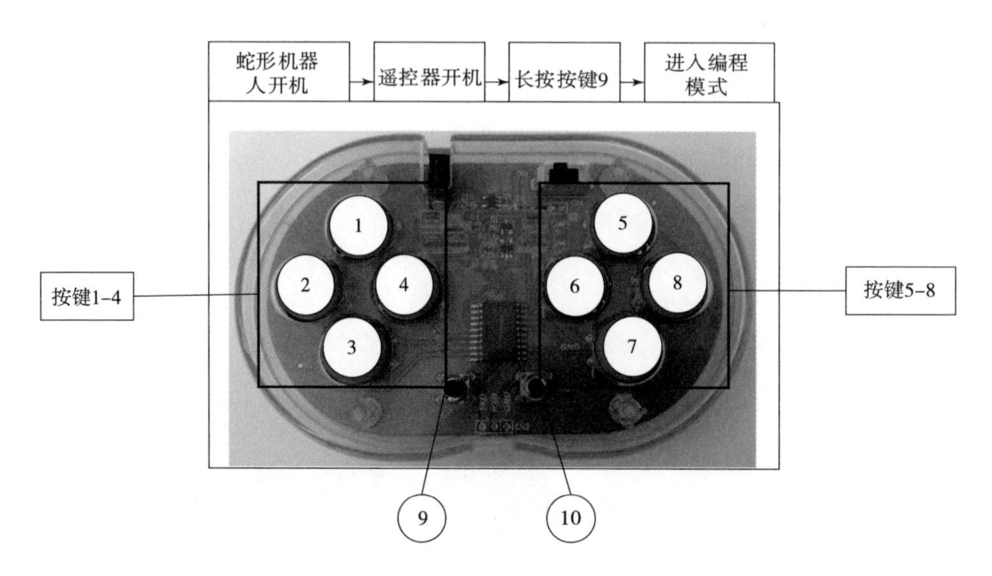

图 5-48　进入动作空间编程状态

对应着遥控器上的 8 个按键；

③然后关闭遥控器，如需编写动作 3，则按住按键 3，打开遥控器开关，等待 3 s 后，再放掉按键 3。

仿蛇机器人具有 8 个动作空间，进行编程之前需要对机器人的不同动作进行合理的设计，不同的动作空间中将编制不同的动作程序，而且不同动作空间存储不同的动作，如图 5-49 所示。

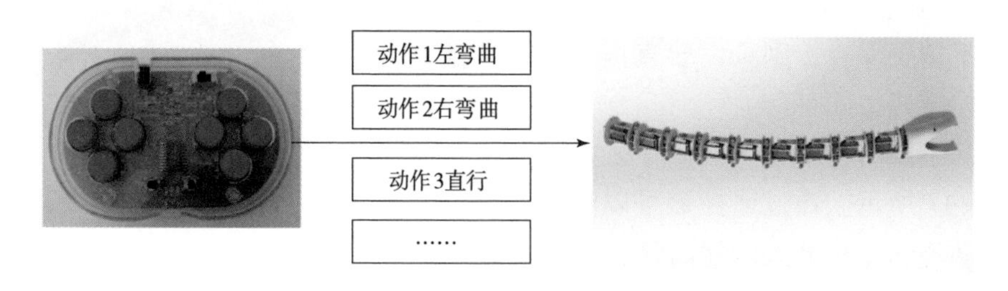

图 5-49　不同动作空间存储不同动作

2. 编写动作

进入机器人某一个动作空间的编程状态后，机器人与遥控器处于同步状态，通过遥控器可以直接控制机器人各个关节舵机的运动，进行每一个动作点的设定，不同的动作点连续起来就构成了机器人的整套动作。具体步骤如下：

①按下按键 1 到 8，编写机器人的前 4 个关节的动作；

②按下按键 9 切换到机器人的相邻 4 个关节，再按下按键 1 到 8，编写机器人动作；

③按下按键9切换到头部关节，再按下按键1到8，编写机器人的头部动作；

④按下按键10（短按），确认这个动作点的所有动作；

⑤重复上述步骤，确认好机器人的最后一个动作；

⑥至此，按住按键10不放，等待3 s（长按），保存编写好的机器人最终动作。

利用遥控器对仿蛇机器人编写动作程序的步骤如图5－50所示，由图可知，其步骤十分简单，方法十分快捷，效果十分突出，可以完全脱离电脑编程，为使用者提供了很好的技术支持和专项服务。

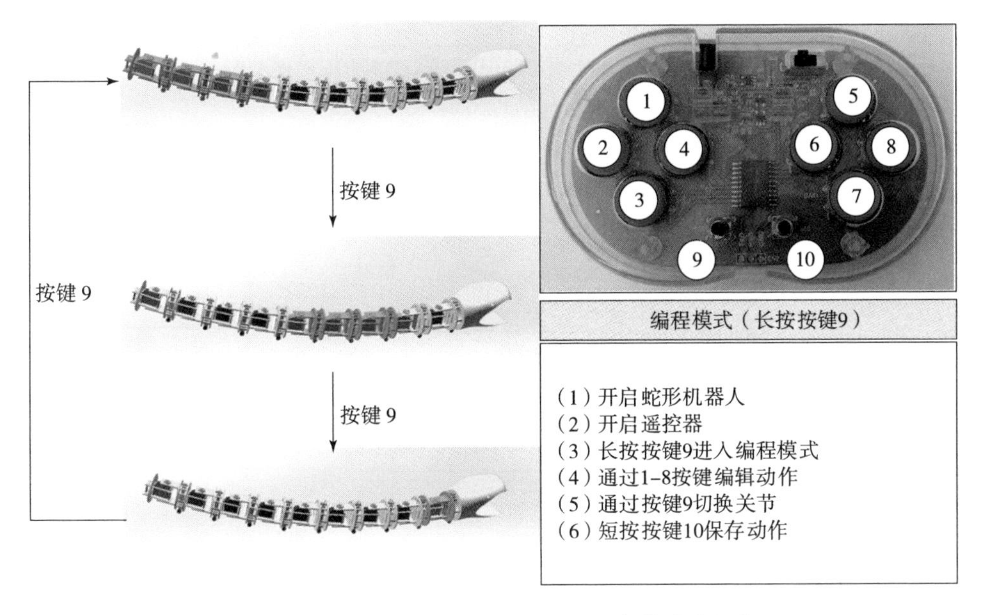

图5－50 利用遥控器编写仿蛇机器人的动作程序

5.3.4 请你对我进行控制

1. 实际控制流程

在完成仿蛇机器人的动作控制程序的编写后，可进行仿蛇机器人的运动控制，具体的操作流程如下：

①将仿蛇机器人的电池与主控器连接，并打开主控器和24路舵机驱动器开关，等待3 s时间左右。这个步骤是使机器人初始化，具体情况如图5－51所示；

②将遥控器的开关打开，等待2 s左右，与仿蛇机器人对频成功后，进入

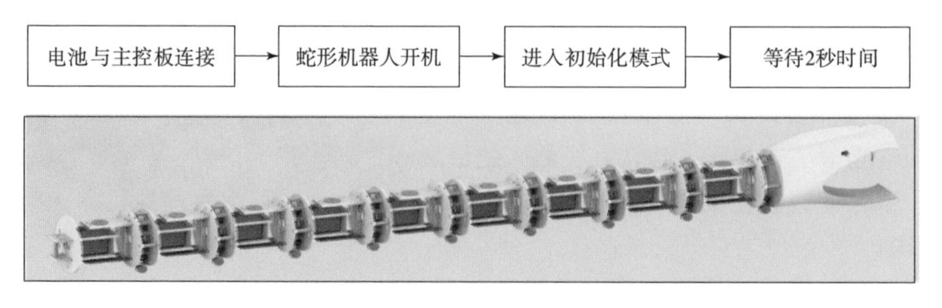

图 5－51　仿蛇机器人的初始化

机器人的遥控模式，具体情况如图 5－52 所示；

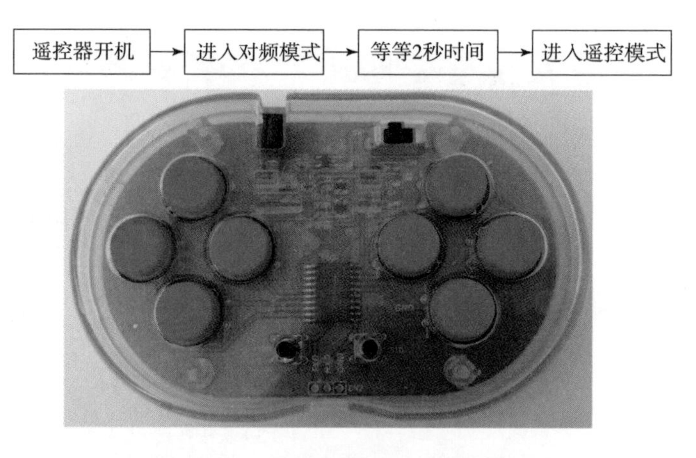

图 5－52　使用遥控器进入遥控模式

③成功进入遥控模式后，通过按下遥控器上不同的按键，这时仿蛇机器人就将按照已编写并存在对应动作空间里的动作运动了，具体情况如图 5－53 所示。

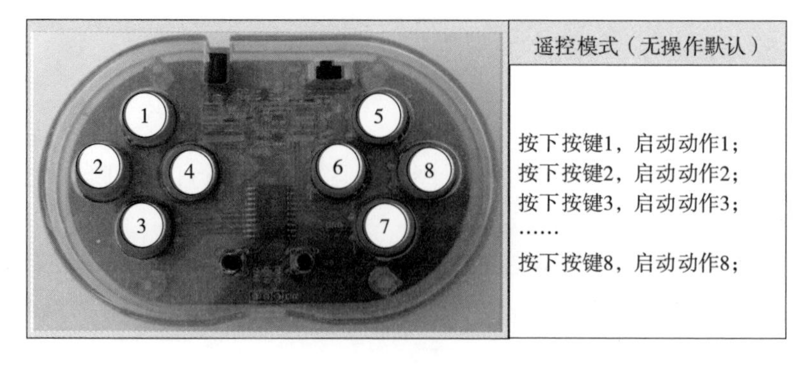

图 5－53　仿蛇机器人动作示意图

2. 使用注意事项

该仿蛇机器人主要作为仿生机器人教育系列图书的配套教具，使用时应当注意以下事项：

①当遥控器或仿蛇机器人报警，表示电量不足，请各位及时充电；

②请将仿蛇机器人保持在干燥通风的地方；

③长时间不使用时，请将电池与机器人主控板断开，防止发生损坏。

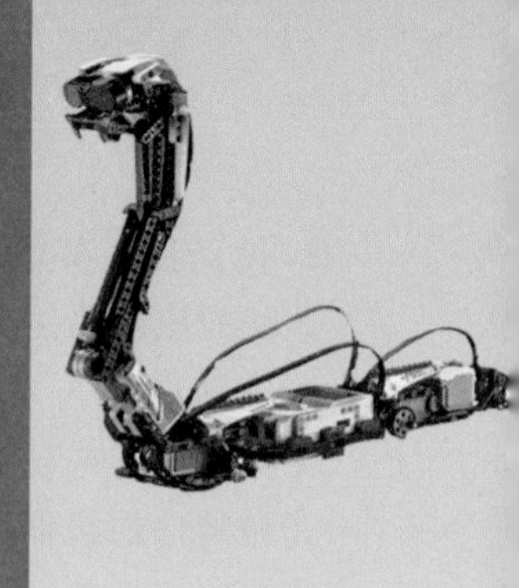

参 考 文 献

[1] 宋能松. 欠驱动蛇形机器人的设计与研究 [D]. 武汉：武汉理工大学，2010.

[2] 赵卫涛. 蛇形仿生机器人运动控制研究 [D]. 北京：北京信息科技大学，2014.

[3] 孙洪. 攀爬蛇形机器人的研究 [D]. 上海：上海交通大学，2007.

[4] 苏中，张双彪，李兴城. 蛇形机器人的研究与发展综述 [J]. 中国机械工程，2015，26 (3)：414 -425.

[5] 应利伟. 仿蛇机器人的头部控制器研制 [D]. 哈尔滨：哈尔滨工业大学，2017.

[6] 石培沛. 仿生仿蛇机器人设计及运动学研究 [D]. 宁波：宁波大学，2017.

[7] 王静. 机器人液压/气压驱动新方法研究 [D]. 上海：上海交通大学，2011.

[8] 肖婷婷. 基于多运动步态的蛇形机器人设计与研究 [D]. 成都：成都理工大学，2017.

[9] 何海东. 关于蛇形机器人结构、运动及控制的研究 [D]. 上海：上海交通大学，2005.

[10] 万小丹. 蛇形仿生机器人研究 [D]. 合肥：中国科学技术大学，2008.

[11] 佚名. 日本开发出蛇形机器人　可穿越障碍物并搜索废墟 [EB/OL]. http://www.sohu.com/a/148523778_ 268485. 2017.

[12] 季婷. 九自由度模块化机器人的整体性运动学分析 [D]. 北京：北京邮

电大学，2004.
[13] 徐兵．基于四边形机构的蛇形机器人设计［D］．长春：东北大学，2014.
[14] 崔春．仿生蛇的设计及其运动仿真［D］．哈尔滨：哈尔滨工业大学，2009.
[15] 唐超权．基于多模态 CPG 模型的蛇形机器人仿生控制研究［D］．北京：中国科学院研究生院，2012.
[16] 谭成．基于 DSP 工业缝纫机运行控制研究［D］．浙江：浙江大学，2007.
[17] 王辉．直流无刷电机控制方法研究及系统实现［D］．长春工业大学，2006.
[18] 王季秩．无刷电机的现在与将来［J］．微特电机，1999，27（5）：23－24.
[19] 宗磊．无刷直流电机控制系统若干算法的研究［D］．上海：华东理工大学，2006.
[20] 颜小平．空调室内无刷直流电机控制系统设计［D］．广州：广东工业大学，2010.
[21] 张焕琪．基于微粒群算法优化的模糊 PID 的无刷直流电机调速控制系统的研究［D］．山东大学，2011.
[22] 陈炼．深海关节电机伺服驱动电路开发［D］．武汉：华中科技大学，2011.
[23] 李利平，益斌，徐卫忠．无刷直流电机的控制研究［J］．电气自动化，2012，34（3）：15－17.
[24] 孙超英．浅谈无刷直流电机在电动工具中的应用［J］．电动工具，2014（5）：1－3.
[25] 张骥超．微小型多旋翼飞行器室内近距离三维定位技术研究［D］．沈阳：沈阳理工大学，2016.
[26] 江川．基于 SEP6020 的直流无刷电机控制驱动的设计与实现［D］．南京：东南大学，2013.
[27] 李翔．基于 DSP 的网络化直流无刷电机控制系统［D］．天津：天津工业大学，2008.
[28] 蔡睿妍．基于 Arduino 的舵机控制系统设计［J］．电脑知识与技术，2012，08（15）：3719－3721.
[29] 杨冰，张鼎男，裴锐．基于 DSP 数字化舵机无线控制系统的设计与实现［J］．工业技术创新，2014（5）：553－557.

[30] 陶福寿. 基于 STM32 的无线视频监控机器人设计与实现 [D]. 昆明：云南大学，2014.

[31] 彭永强. Robocup 人型足球机器人视觉系统设计与研究 [D]. 重庆：重庆大学，2009.

[32] 姚宇. 基于 VR 和移动机器人的三维空间探测研究 [D]. 长春：东北大学，2011.

[33] 赵卫涛. 蛇形仿生机器人运动控制研究 [D]. 北京：北京信息科技大学，2014.

[34] 韩庆瑶，洪草根，朱晓光，等. 基于 AVR 单片机的多舵机控制系统设计及仿真 [J]. 计算机测量与控制，2011，19 (2) .

[35] 韩玉龙. 基于 AVR 的体操机器人设计与实现 [D]. 南京：南京师范大学，2016.

[36] 宇晓梅. 四轮代步智能小车平台的设计开发 [D]. 青岛：中国海洋大学，2013.

[37] 徐兵. 基于四边形机构的蛇形机器人设计 [D]. 长春：东北大学，2014.

[38] 毕玉春，汪小锋. 浅谈激光切割技术 [J]. 中国水运：理论版，2007 (4)：196 - 197.

[39] 张宝玉. 3D 打印技术发展历史、前景展望及相关思考 [C]. 上海市老科学技术工作者协会学术年会. 2014.

[40] 潘师敏. 两化融合背景下三维打印设计制作紫砂壶的应用研究 [D]. 杭州：中国美术学院，2015.

[41] 张冠石，翟为. 三维打印技术及其在医疗领域的应用 [J]. 中国医疗设备，2014 (1)：66 - 69.

[42] 孙娜，栾瑞雪. 3D 打印对工业设计发展的影响 [J]. 品牌 (下半月)，2015 (8)：154 - 154.

[43] 张阳春，张志清. 3D 打印技术的发展与在医疗器械中的应用 [J]. 中国医疗器械信息，2015 (8)：1 - 6.

[44] 刘冠辰. 浅析 3D 打印技术在未来汽车工业中的前景展望 [J]. 时代汽车，2016 (3)：33 - 33.

[45] 包熊. 3D 打印技术现状及前景展望 [J]. 数码印刷，2013 (11)：50 - 51.

[46] 阿尔孜古丽·吾买尔. 浅谈 3D 打印机现状与发展趋势 [J]. 中国化工贸易，2013 (4)：48 - 49.

[47] 牛一帆. 3D 打印技术探究 [J]. 印刷质量与标准化，2014，25 (4)：

21－23.
[48] 任奕林，文友先，李旭荣．计算机三维实体造型在工程设计中的应用[J]．农机化研究，2005（4）．
[49] 谭率．基于嵌套网格的人椅系统高速流场特性的数值模拟[D]．南京：南京航空航天大学，2007.
[50] 许茏．基于 SOLIDWORKS 典型机构仿真与机械产品 CAD/CAM/CAE 技术研究[D]．江苏大学，2012.
[51] 汪海志．三维 CAD 系统 SolidWorks 及其使用[J]．湖北工业大学学报，2002（2）：35－37.
[52] 孙翰英．《数控加工原理》CAI 课件中仿真模块的开发[D]．长春：东北大学，2003.
[53] 杨钢．面向中小企业的数控车床虚拟设计方法研究[D]．广州：广东工业大学，2009.
[54] 张旭旭．基于软塑地层基坑开挖的高楼倒塌机理和防治研究[D]．长春：东北大学，2011.
[55] 佚名．SolidWorks 2010 中文版标准实例教程[Z]．2010.
[56] 于玲．浅谈机器视觉技术典型应用[J]．城市建设理论研究：电子版，2011（30）．
[57] 刘金桥，吴金强．机器视觉系统发展及其应用[J]．机械工程与自动化，2010（1）：215－216.
[58] 段峰，王耀南，雷晓峰，等．机器视觉技术及其应用综述[J]．自动化博览，2002，19（3）：59－61.
[59] 申晓彦，王鉴．用于视觉检测的光源照明系统分析[J]．灯与照明，2009，33（3）．
[60] 朱海英．机器视觉在云母叠片叠台机中的应用[D]．成都：四川大学，2007.
[61] 张艳萍．数码相机成像体系浅谈[J]．今日印刷，2003（5）：61－63.
[62] 王忠石．基于数码相机的近景摄影测量技术研究[D]．长春：东北大学，2006.
[63] 宋锋．基于掌纹验证方式门禁系统的研究[D]．成都：成都理工大学，2010.
[64] 胡晶．剖析变焦镜头的光圈系数[J]．哈尔滨师范大学自然科学学报，2001（1）：49－51.
[65] 周小平．数码相机常用技术术语[J]．影像材料，2005（2）：43－44.
[66] 武昆．可移动小型扫描仪设备的设计[D]．西安：西安电子科技大

学，2013.
[67] 卢欣春，李学胜，刘冠军．基于真空激光准直监测系统的大量程 CCD 坐标仪的研制 [J]. 水电与抽水蓄能，2013，37（1）：51－53.
[68] 金峥．CCD 相机的控制与高速图像数据传输技术 [D]. 成都：中国科学院光电技术研究所，2006.
[69] 王珍．基于机器视觉的香烟条包检测系统的研究 [D]. 南京：南京航空航天大学，2008.
[70] 刘颖君，邹学文，陈润康．基于 PLC 与视觉传感器的自动检测系统设计 [J]. 装备制造技术，2014（11）：217－218.
[71] 杨琪．CMOS 在专业摄像机领域的应用前景分析 [J]. 科技信息（学术版），2007（12）.
[72] 陈爽．基于图像处理的模具自动识别与定位技术研究 [D]. 长春：东北大学，2009.
[73] 刘昕．一种简易高识别率的信号灯识别算法 [J]. 微处理机，2013，34（6）：58－59.
[74] 卢胜伟．基于图像处理的目标识别跟踪研究 [D]. 长春：长春理工大学，2008.
[75] 黄振威．交通信号灯检测与识别算法的研究 [D]. 长春：中南大学，2012.
[76] 于涌．高速串行数字图像传输若干问题的应用研究 [D]. 北京：中国科学院研究生院（长春光学精密机械与物理研究所），2003.
[77] 王红云，姚志敏，王竹林，等．超声波测距系统设计 [J]. 仪表技术，2010（11）：47－49.
[78] 路锦正，王建勤，杨绍国，等．超声波测距仪的设计 [J]. 传感器与微系统，2002，21（8）：29－31.
[79] 张体荣，陈胜权，熊川，等．高精度超声波测距仪的设计 [J]. 桂林航天工业高等专科学校学报，2008，13（3）：36－38.
[80] 喻文倩．基于 US－100 超声波测距仪设计 [J]. 山东工业技术，2015（4）：147－147.
[81] 杨海苗，贺敬良，岳宇宾．智能避障车的设计与制作 [J]. 汽车实用技术，2014（4）：15－18.
[82] 万好．基于视觉引导的 AGV 车载系统研究 [D]. 南昌：南昌航空大学，2014.
[83] 刘锋，董蔷薇．HMP45D 温湿度传感器的工作原理及维护 [J]. 大众科技，2011（4）：13－14.

[84] 李长有，王文华. 基于 DHT11 温湿度测控系统设计 [J]. 机床与液压，2013，41（13）：107－108.
[85] 佚名. DHT11 温湿度传感器中文资料分析 [EB/OL]. http：//www.51hei.com/bbs/dpj－30362－1.html. 2015.
[86] 姚殿梅，周彬. 红外线在道路测试中的应用 [J]. 交通科技与经济，2013，15（3）：45－48.
[87] 贺银生. 激光测距仪在起重机检验中的应用 [J]. 中国科技纵横，2012（24）：96－97.
[88] 刘颜. 基于 DSP 的移动机器人控制系统设计与避障算法的实现 [D]. 北京：北京交通大学，2007.
[89] 梁毓明，徐立鸿. 移动机器人多传感器测距系统研究与设计 [J]. 计算机应用，2008（B06）：340－343.
[90] 徐叶帆. 基于标识符视觉定位的 AGV 导航系统研究 [D]. 南京：东南大学，2016.
[91] 周连杰. 温度触觉传感技术研究 [D]. 南京：东南大学，2011.
[92] 佚名. 触觉传感器发展历程、功能、分类以及应用的解析 [EB/OL]. http：//m.elecfans.com/article/620811.html. 2018.
[93] 佚名. 现代传感技术——触觉传感器 [EB/OL]. http：//m.elecfans.com/article/620811.html. 2012.
[94] 王镇兴. 移动多机器人通信网络的研究 [D]. 南京：南京理工大学，2006.
[95] 王硕. 多机器人系统协调协作理论与应用的研究 [J]. 中国科学院自动化研究所，2001.
[96] 孙亮，张永强，乔世权. 多移动机器人通信技术综述 [J]. 中国科技信息，2008（5）：112－114.
[97] 肖爱平，孙汉旭，谭月胜. 基于蓝牙技术的机器人模块化无线通信设计 [J]. 北京邮电大学学报，2004，01 期：75－78. DOI：doi：10.3969/j.issn.1007－5321.2004.01.016.
[98] 贾勇. 超带宽技术在无线个域网中的应用 [J]. 电脑知识与技术：学术交流，2007，10 期. DOI：doi：10.3969/j.issn.1009－3044.2007.10.048.
[99] 马龙. 蓝牙无线通信技术的研究 [D]. 哈尔滨：哈尔滨理工大学，2003.
[100] 李斌. 基于蓝牙的车间环境下无线通信技术研究与应用 [D]. 西安：西安理工大学，2008.
[101] 张伟伟. 蓝牙局域网接入系统的研究 [D]. 南京：南京理工大

学，2006.
[102] 董庆贺，何倩．基于 ZigBee 的无线温度监测系统设计 [J]．计算机应用，2011，31（a02）：206－208.
[103] 童林．基于 ZigBee 的区域无线控制系统 [D]．合肥：中国科学技术大学，2010.
[104] 李庆山，戴曙光，穆平安．nRF2401 无线模块在测控系统中的应用 [J]．电测与仪表，2006，43（8）：58－59.
[105] 李毅．一种基于 Xscale 处理器的便携式安防设备的设计与实现 [D]．成都：电子科技大学，2008.
[106] 秦明．锂离子电池正极材料磷酸锰锂合成方法的研究 [D]．青岛：山东科技大学，2010.
[107] 钟强．锂离子电池原理介绍 [J]．中国化工贸易，2013（4）：429－429.
[108] 陈洪立．苯基－POSS/PVDF 复合静电纺锂离子电池隔膜的制备与性能研究 [D]．天津：天津工业大学，2018.
[109] 王清琴．试论锂离子电池隔膜材料产业现状与研究进展 [J]．中国化工贸易，2016，8（9）.
[110] 仲明伟．自行车机器人的嵌入式控制系统设计 [D]．南京：北京邮电大学，2010.
[111] 曹金亮，张春光，陈修强，等．锂聚合物电池的发展、应用及前景 [J]．电源技术，2014，38（1）：168－169.
[112] 冯能莲，陈龙科，邹广才．电动汽车用锂离子电池热特性试验研究 [J]．北京工业大学学报，2017（11）.
[113] 王怀．高动态 GPS 接收机的研究和硬件实现 [D]．北京：北京邮电大学，2010.
[114] 张磊．基于 GIS 和 GPS 的车辆实时监控系统的设计与实现 [D]．苏州：苏州大学，2013.
[115] 柏立新．基于 GPRS 的移动定位监控系统的设计与实现 [D]．成都：电子科技大学，2011.
[116] 肖铁．嵌入式车载导航系统的设计与开发 [D]．兰州：兰州理工大学，2009.
[117] 曹阳．GPS 车载导航系统关键技术研究与实现 [D]．哈尔滨：哈尔滨工业大学，2005.
[118] 王立灿．北斗卫星导航系统的现状及其发展趋势研究 [J]．城市建设理论研究：电子版，2014（8）.

[119] 肖拥军. 北斗/GPS 双模智能车载终端系统研究与实现 [D]. 长沙：湖南大学，2013.
[120] 周祥. 北斗卫星导航技术在农业机械化的应用及前景 [J]. 广西农业机械化，2015 (3)：6 - 7.
[121] 杨琰. 北斗卫星导航系统与 GPS 全球定位系统简要对比分析 [J]. 无线互联科技，2013 (4)：114 - 114.
[122] 周祖渊. 全球卫星导航系统的构成及其比较 [J]. 重庆交通大学学报：自然科学版，2008，27 (B11)：999 - 1004.
[123] 周友宏. GPS 接收机跟踪环路的研究和设计 [D]. 上海：上海交通大学，2010.
[124] 佚名. BDSGNSS 全星座定位导航模块 ATGM336H - 5L 用户手册. https：//max. book118. com/html/2018/1003/8100107065001125. shtm. 2017.
[125] 关继文，孔令成，张志华. 高精度太阳能跟踪控制器设计与实现 [J]. 自动化与仪器仪表，2010 (3)：23 - 25.
[126] 沈龙腾. 一种基于参数辨识的直升机飞行动力学建模方法研究 [D]. 南京：南京航空航天大学，2013.
[127] 乔维维. 四旋翼飞行器飞行控制系统研究与仿真 [D]. 太原：中北大学，2012.
[128] 任天宇. 自稳定航拍系统算法与设计 [D]. 长春：长春理工大学，2010.
[129] 冯刘中. 基于多传感器信息融合的移动机器人导航定位技术研究 [D]. 成都：西南交通大学，2011.
[130] 张辉，黄祥斌，韩宝玲，等. 共轴双桨球形飞行器的控制系统设计 [J]. 单片机与嵌入式系统应用，2015，15 (12)：74 - 77.
[131] 孙一寒，汤尧. 浅谈工具的选型 [C]. 河南省汽车工程科技学术研讨会. 2015.
[132] 佚名. 常用零件质量检验方法 [EB/OL]. http：//www. doc88. com/p - 5793522782736. html. 2017.
[133] 梁国栋. 浅谈游标卡尺的使用 [J]. 赤子，2014 (1)：277 - 277.
[134] 唐肇川. 卡尺的来龙去脉 [J]. 中国计量，2005 (7)：46 - 48.
[135] 劳文华. IC 测试系统中时间参数测量单元的研究 [D]. 成都：电子科技大学，2014.
[136] 王琳，年喜. 浅析使用游标卡尺测量工件的操作 [J]. 科技视界，2013 (36)：132 - 132.
[137] 谭可. 游标卡尺的使用、检定和修理注意事项 [J]. 工业计量，2012

(s1)：279-282.
[138] 孙戴魏. 浅议单片机原理及其信号干扰处理措施 [J]. 企业导报，2012 (3)：290-291.
[139] 胡汉才. 单片机原理及其接口技术 [M]. 2010.
[140] 夏灿灿. 基于 DSP 的应急电源（EPS）关键技术研究 [D]. 青岛：山东科技大学，2013.
[141] 马英. 料位传感器智能信号源的研究 [D]. 太原：太原理工大学，2007.
[142] 朱丽霞. 基于 ARM-Linux 的嵌入式教学实验平台构建 [J]. 中国现代教育装备，2010 (23)：42-43.
[143] 刘力. 基于 Ardunio 和 Android 的蓝牙遥控车 [J]. 科技视界，2016 (14)：148-148.
[144] 吴元君. 基于 Android 和 Ardunio 的移动便携点名系统开发 [J]. 巢湖学院学报，2014 (3)：37-43.
[145] 王睿. 基于 Arduino 的视觉四足步行机器人的研究 [J]. 科技创新与应用，2016 (10)：71-71.
[146] 罗显东，杨建新，王成建. 基于面包板的单片机实训方案探索 [J]. 电子制作，2016 (z1)：88-89.
[147] 热孜完·阿曼. 浅议面包板在培养电子制作技能中的作用 [J]. 电子制作，2013 (5)：79-79.
[148] 佚名. 面包板的结构、分类和作用 [EB/OL]. http://www.yiqi.com/daogou/detail_ 2014. html. 2019.
[149] 李科育. 基于 Arduino 的供热数据采集系 [D]. 常州：常州大学，2015.
[150] 佚名. arduino 如何控制舵机及详细步骤 [EB/OL]. http://m.elecfans.com/article/675881. html. 2018.
[151] 罗庆生，罗霄. 小型仿生机器人的设计与制作 [M]. 北京：北京理工大学出版社，2010.